·国家社会科学基金项目"中国企业经济伦理实现机制研究"（12BZX079）最终成果

·中南财经政法大学交叉学科创新研究项目"新时代中国特色生态治理体系和治理能力现代化研究"（2722019JX008）阶段性成果

·中南财经政法大学中长期规划课题"马克思主义生态文明理论及其当代价值研究"（31510000054）阶段性成果

·湖南师范大学中国特色社会主义道德文化省部共建协同创新中心成果

中南财经政法大学
哲学院学术丛书

龚天平 ○ 著

经济伦理
价值原则与实现机制

ECONOMIC
ETHICS: VALUE PRINCIPLE AND
REALIZATION MECHANISM

中国社会科学出版社

图书在版编目(CIP)数据

经济伦理:价值原则与实现机制/龚天平著.—北京:中国社会科学出版社,2019.12

(中南财经政法大学哲学院学术丛书)

ISBN 978-7-5203-5747-0

Ⅰ.①经… Ⅱ.①龚… Ⅲ.①经济伦理学—研究—中国 Ⅳ.①B82-053

中国版本图书馆 CIP 数据核字(2019)第 269967 号

出 版 人	赵剑英	
责任编辑	杨晓芳	
责任校对	张晓萍	
责任印制	王 超	

出 版	中国社会科学出版社	
社 址	北京鼓楼西大街甲 158 号	
邮 编	100720	
网 址	http://www.csspw.cn	
发 行 部	010-84083685	
门 市 部	010-84029450	
经 销	新华书店及其他书店	
印 刷	北京君升印刷有限公司	
装 订	廊坊市广阳区广增装订厂	
版 次	2019 年 12 月第 1 版	
印 次	2019 年 12 月第 1 次印刷	
开 本	710×1000 1/16	
印 张	21	
字 数	313 千字	
定 价	99.00 元	

凡购买中国社会科学出版社图书,如有质量问题请与本社营销中心联系调换
电话:010-84083683
版权所有 侵权必究

目 录

导 论 ·· (1)
   一 选题缘由 ·· (1)
   二 基本框架、主要内容和研究方法 ··· (13)

第一篇 经济伦理范畴的探讨

第一章 经济伦理范畴的反思 ··· (25)
   一 我国学界关于经济伦理概念的研究成就 ······························ (25)
   二 经济关系的伦理观念 ··· (29)
   三 经济行为的伦理规范 ··· (32)
   四 经济主体的道德实践 ··· (34)
   五 功利论、义务论、美德论三种形态的综合统一 ······················ (37)

第二章 经济伦理实现机制的思想寻踪 ····································· (42)
   一 政体、法治、监督的优良构架：亚里士多德美德论的
      经济伦理实现思想 ··· (43)
   二 建立政府、保护产权、遵守自然法则：社会契约论的
      经济伦理实现思想 ··· (45)
   三 自由放任与适度干预：功利主义的经济伦理实现
      思想 ··· (50)

四　福利国家与最低限度国家：自由主义的经济伦理实现
　　　思想 …………………………………………………………（52）
　五　政府积极作为：社群主义的经济伦理实现思想 …………（55）
　六　技术、经济、政治、文化、社会的全方位生态化建构：
　　　生态主义的经济伦理实现思想 ……………………………（58）
　七　回顾经济伦理实现机制思想的启示 ………………………（60）

第二篇　经济伦理价值原则

第三章　经济自由原则 ……………………………………（67）
　一　经济主体拥有出于己意的经济活动权和财产权 …………（67）
　二　经济社会发展和人类文明进步的动力 ……………………（72）
　三　社会主义市场经济条件下经济自由的基本属性 …………（78）

第四章　经济平等原则 ……………………………………（83）
　一　当代思想家对"经济平等"的论说 ………………………（83）
　二　当代中国经济平等伦理原则的实质 ………………………（93）
　三　社会主义市场经济下经济平等的三个维度 ………………（97）

第五章　经济公正原则 ……………………………………（103）
　一　经济主体凭借自己的资源进行竞争并获得平等待遇……（103）
　二　经济、社会和人的发展的经济伦理基础 ………………（112）
　三　社会主义市场经济下经济公正的基本要求 ……………（115）

第六章　经济信任原则 ……………………………………（119）
　一　经济信任：内涵、实质及其种类 …………………………（120）
　二　经济信任与经济、社会和企业的发展 ……………………（127）
　三　社会主义市场经济下的经济信任 …………………………（133）

第七章 安全价值原则 ……………………………………（138）
 一 当代社会的脆弱性与风险社会特征 ………………（138）
 二 安全价值的伦理内蕴 …………………………………（141）
 三 安全如何得到实现？ …………………………………（149）

第八章 绿色价值原则 ……………………………………（154）
 一 绿色价值原则的崛起及其内涵规定 …………………（155）
 二 绿色价值：经济持续发展的约束条件 ………………（161）
 三 作为经济伦理的绿色价值原则之旨趣 ………………（165）
 四 作为经济伦理的绿色价值原则之四大规范 …………（167）

第三篇 经济伦理实现机制的建构

第九章 经济伦理实现的共识引领机制 …………………（175）
 一 社会共识：内涵与形成 ………………………………（175）
 二 社会共识对经济伦理实现的支持 ……………………（181）
 三 社会主义市场经济下关于经济伦理的社会共识 ……（187）

第十章 经济伦理实现的制度安排机制 …………………（192）
 一 制度：调整人们社会关系的强制性规则 ……………（192）
 二 经济伦理：需要制度支持才能实现的柔性约束 ……（196）
 三 制度支持经济伦理何以可能？ ………………………（199）
 四 制度如何支持经济伦理？ ……………………………（202）

第十一章 经济伦理实现的市场交换机制 ………………（210）
 一 市场交换的内涵 ………………………………………（210）
 二 市场交换的伦理价值 …………………………………（212）
 三 市场交换的道德规则 …………………………………（219）

第十二章 经济伦理实现的资本节制机制 ……………………（227）
  一 资本是非道德的吗？ ………………………………（227）
  二 资本的伦理正效应 …………………………………（231）
  三 资本的伦理负效应 …………………………………（238）
  四 扬正抑负之途 ………………………………………（243）

第十三章 经济伦理实现的利益合作机制 ……………………（247）
  一 利益合作的学理内涵 ………………………………（248）
  二 利益合作的伦理意蕴 ………………………………（254）
  三 利益合作对经济社会和企业等经济主体的价值 …（258）
  四 社会主义市场经济下经济主体之间的利益合作 …（261）

第十四章 经济伦理实现的主体调控机制 ……………………（266）
  一 关于主体调控机制的"主体" ……………………（267）
  二 价值牵引机制 ………………………………………（269）
  三 宣传教育机制 ………………………………………（273）
  四 良心自律机制 ………………………………………（276）
  五 校正更新机制 ………………………………………（280）

第四篇 经济伦理实现机制的优良后果

第十五章 伦理经济：经济伦理实现的优良目标 ……………（285）
  一 内涵与特征 …………………………………………（285）
  二 伦理与经济的关系发展的必然结果 ………………（291）
  三 伦理经济在社会主义市场经济下的发展 …………（297）

第十六章 经济共享：经济伦理实现的道德使命 ……………（302）
  一 经济共享的学理内涵 ………………………………（302）
  二 经济共享的伦理价值意蕴 …………………………（308）

三　社会主义市场经济条件下经济共享的实现方式…………（312）

参考文献 ……………………………………………………（322）

后记 …………………………………………………………（327）

导　论

自20世纪80年代以来，经济伦理问题研究成为我国社会主义现代化建设中的理论热点。经过近40年的研究，至今已取得了数量颇丰的成果，人们也已认同了经济伦理问题研究在伦理学特别是应用伦理学中的地位。但毋庸讳言的是，目前我国经济伦理发展中仍然存在一种令人忧虑的现象，即经济伦理理论研究与经济伦理实践像两股道上跑的车，处于理论是理论、实践是实践这种"知""行"不"合一"的尴尬境地，因而经济伦理不能落实。正如唐凯麟教授在为《伦理驱动管理——当代企业管理伦理的走向及其实现研究》一书所作的序言中所谈到的："我们经常看到这种现象：很多人在没有遇到利益冲突时谈论伦理谈得很好，但是一旦遇到要在道德和利益之间做出正确抉择时，他们选择的并不是道德；也有许多人同意在经济实践中应该讲伦理道德，但是他们讲伦理道德是因为这样做可以带来回报，并不是因为这样做是正确的、应当的。从这一意义上看，利益和道德的关系是经济伦理的核心问题。要解决这个问题，恐怕要深入研究经济伦理的实现机制问题。"[①]

一　选题缘由

就我国社会主义市场经济条件下的经济伦理研究来说，目前人们最为关注的并不是经济伦理要不要发展的问题，而是如何真正落实的问

[①] 龚天平：《伦理驱动管理·序一》，人民出版社2011年版，第5页。

题，是把经济伦理理论与经济伦理实践联系起来的中介，即经济伦理的实现机制问题，这是当代经济伦理研究的非常重要的价值取向。之所以这样说，是因为基于如下几点理由。

（一）经济伦理理论现实化的深沉呼唤

所谓经济伦理，是指规范和调节经济活动中各经济主体特别是企业相互关系的伦理原则和道德规范的总和。经济活动的中心问题是经济决策问题。因此，经济伦理就是关于经济主体经济决策行为的伦理，研究经济伦理就是研究经济主体决策行为的伦理问题。

经济主体特别是企业在作决策时，首先需要的是知识，知识和信息可以使决策更全面和完善，方案选择更为合理，即保证决策的科学性、准确性。这一特点决定了经济伦理研究当然首先是理论研究，属于伦理学的理论探讨部分。众所周知，整个伦理学学科构成体系中首先是理论伦理学部分，这部分的任务主要是发现道德规律，告诉人们已做的是什么，属于认识论。经济伦理研究也有认识论的内容。它要解释经济主体经济决策的道德现状，证明不道德的经济决策行为为什么不道德，并指出经济主体走出不道德决策行为的可能性选择；它要阐述经济决策的道德知识、道德规则。我们可以以经济伦理主体为依据，把经济伦理的认识论内容具体化为如下三个层次：

其一，宏观层次的经济伦理认识论。宏观层次的经济伦理主体主要是政府，因而，这部分主要探讨与政府经济决策密切相关的社会经济制度、经济秩序、经济政策、经济运行体制与方式的伦理问题。

其二，中观层次的经济伦理认识论。中观层次的经济伦理主体主要是企业或公司，因而，这部分主要探讨企业或公司这类经济组织，也包括工会、消费者组织、行业协会等的决策中的伦理问题。

其三，微观层次的经济伦理认识论。微观层次的经济伦理主体主要是个体，因而，这部分主要探讨企业家、经理、雇主、雇员、消费者、供应商、投资者等经济个体的经济决策中的伦理问题。

上述三个层次表明，经济决策活动中存在大量的复杂的伦理问题，比如指导主体决策的伦理价值观念或者伦理精神、决策行为的道德推理方式与模型的选择、决策的经济成效与伦理规约之间的关系、决策主体的社会责任的层次与限度、决策者的道德品性与人格塑造等，这些问题都首先需要研究者通过理论思维加以准确把握。

但与此同时，经济主体在作决策时也需要价值判断，好的、正面的价值能帮助决策达到更高的伦理水准，更为民主化，使决策更符合伦理道德标准，即保证决策的正当性、伦理性。这一特点又决定了经济伦理研究同时也属于实践伦理学。实践伦理学主要是应用道德规律，告诉人们实践中应做的是什么，这是实践论的。经济伦理研究的实践论，就是美国 W. A. 弗兰切（W. A. French）等人提出的"通过激发道德想象、促进道德认识……强化道德评价等手段"①，来培养经济主体在决策中的道德推理能力的部分，其目的是澄清和化解经济决策活动中存在的各种利益冲突。著名经济伦理学家乔治·恩德勒（Georges Enderle）说，经济伦理发展的动力应该是"对改进经济实践做出贡献"，是追求一种"新实践"。他把这种"新实践"解释为两个方面：一是强调实践对理论的优先性，即经济伦理研究应该面对经济实践中的决策和行动；二是强调批评和建设性的任务，即经济伦理研究不能仅仅简单地捍卫现状，而必须具有创造性、能开启实践的新视野。在他看来，决策和行动的实践是经济伦理研究的试金石，在宏观、中观和微观三个层次上改进决策和行动的伦理质量是经济伦理研究的目标②。这里的"改进"一词就充分反映了经济伦理研究又同时是实践研究的特性。

既然经济伦理研究既是理论研究，又是实践研究，那么，这就要关注"实现"问题，也就是说，要让理论与实践有机勾连起来，以达成经济伦理理论的现实化。因为经济伦理理论不过是人们关于经济决策实践中伦理问题的认识的系统化、理论化的反映，它来自于人们的经济伦

---

① 陈炳富、周祖城编著：《企业伦理学》，南开大学出版社2001年版，第9页。
② ［德］乔治·恩德勒：《面向行动的经济伦理学》，高国希、吴新文等译，上海社会科学院出版社2002年版，第5—9页。

理实践，但它是否准确，是否符合实际，是否彻底，还必须接受实践的检验。列宁说："实践高于（理论的）认识，因为它不仅具有普遍性的品格，而且还具有直接现实性的品格。"① 这就是说，实践不仅直接就是一种现实的物质活动，而且还能够把经济伦理认识和理论变成直接的、实实在在的现实。

同时，经济伦理属于伦理学问题，而伦理学比其他学科更强调实现问题。应该说，哲学社会科学领域的任何学科没有不关注自己如何变为现实的方法问题的。经济学、法学、管理学、政治学、社会学，甚至纯粹的思维科学如逻辑学，都非常注意研究如何在实践中进行运用。但与这些学科不同的是，伦理学更强调实现问题。古希腊哲学家亚里士多德（Aristotle）在其《尼各马科伦理学》中明确地指出，伦理学所探索的就是实践这种属人的活动，而且这种活动不同于一般的活动，而是实现活动。德国古典哲学家伊曼努尔·康德（Immanuel Kant）认为，伦理道德是一种实践理性。马克思（Karl Heinrich Marx）则将其改造为实践精神。其意是指，伦理道德首先是一种知识、一种精神性的价值，但它又是以指导行为方式为内容和目的的，因此它又是实践的。人们只有在理解伦理道德的基础上又认真地践履它，做到知行统一，才能算得上真正懂得了它。正是在这一意义上，马克思才说，伦理学并不是纯粹的理论问题，而是一个实践问题。"人应该在实践中证明自己思维的真理性，即自己思维的现实性和力量，亦即自己思维的此岸性。"② 同样，作为伦理学所探讨的重要问题之一的经济伦理研究也要关注其自身如何在经济决策实践中得以实现的问题。因为经济伦理是经济活动领域的实践精神，需要政府、企业组织及企业人员、其他从事经济活动的人士真心实意、心悦诚服地践履，才能取得普遍化的资格和旺盛的生命力。学界目前一般都把经济伦理研究当作应用伦理学的分支来进行研究，"应用"这一定语正好反映了经济伦理研究必须关注"实现"问题。

---

① 《列宁全集》（第55卷），人民出版社1990年版，第183页。
② 《马克思恩格斯文集》（第1卷），人民出版社2009年版，第504页。

自从经济伦理研究传入国内以来，学者们提出了许多有新意的命题，但也不得不承认的是，有些命题显得抽象、空洞，因而对经济实践产生的影响力颇显有限。经济伦理问题本应是非常鲜活的且吸引人的问题，但由于有些命题没有具体地联系经济实践和企业实际，所以经济伦理研究有日益演变为死气沉沉的知识体系或没有具体内容的纯粹的概念游戏的危险。这种理论与实践的脱节导致理论上"自说自话""自娱自乐"，而实践上经济实业人士对经济伦理结论根本就不信任。其原因就在于经济伦理研究没有面向活生生的经济实践，而与实践脱节的原因又在于经济伦理理论没有找到走向实践的中介。因此，如果人们不想让经济伦理研究演变成只会从事抽象真理的研究的书斋学问，就必须走向现实的经济生活本身，与活生生的经济世界密切接触、相互作用，为社会主义市场经济下的经济主体提供道德价值选择和行为评价标准，以广泛的现实可行性和实际操作性，让经济主体认同、接受、掌握，转变为物质力量。总之，经济伦理理论要在经济实践中现实化，就要求研究经济伦理问题者仔细研究和建构经济伦理的实现机制。

（二）政府宏观调控经济活动的内在要求

建构经济伦理实现机制的宏观层面就是政府实践经济伦理的机制。因为经济制度、经济秩序、经济政策、经济运行体制与方式等都是政府制定或选择的。所以，现代市场经活动中，政府是相当重要的经济伦理主体，其在经济伦理的实现问题上具有不可忽视的地位和影响。在政府层面，经济伦理的实现机制就是政府的宏观调控，其最大意义就在于，有利于经济伦理在政府层面的落实。

宏观调控是指政府依据经济伦理对社会经济活动进行宏观指导、调节和控制的行为。现代社会的经济当然离不开市场、价格、竞争、利润等杠杆的调节，但是也离不开政府的宏观调控。然而，政府对经济的宏观调控又是需要价值标准即经济伦理指导的。政府持什么样的经济伦理，就有什么样的宏观调控。如果政府崇尚自由主义经济伦理，那么就会有自由放任的经济；如果政府崇尚管制主义经济伦理，那么就会有政府管制经济；如果政府崇尚公正公平经济伦理，那么就会有公正平等经济；如果政府容忍贪污、腐败，那么就会有贫富两极分化严重的经济。同理，如果政府秉持"更多的民主与参与、更多的自由与权利、更多的平等和社会公正以及更多的社会福利这样一组人道社会主义的"① 经济伦理，那么就会有社会主义性质的经济。所以，政府对经济的宏观调控是必要的，但宏观调控的经济伦理价值标准更是必要的、根本的。

宏观调控有利于良好的经济制度、经济政策的制定和合理的经济秩序的形成。社会的经济生活是存在某种"秩序"的，这种秩序既有自生自发的自然秩序，也有人为建构其中主要通过政府宏观调控而形成的公共秩序。前者表现为，经济秩序即生产、分配、交换、消费秩序中的基础秩序，如市场秩序、竞争秩序，受一只"看不见的手"支配，而不以人的意志为转移；后者表现为，经济秩序中的社会公共福利秩序、保险秩序、财政秩序、产品的再分配秩序等，是通过政府有意识、有目的地制定的各种制度和规则及相应的操作措施，在一定的历史时期内确立起来的，这是以人的意志为转移的，是人的自觉活动的结果。合理的经济秩序就表现为这两种秩序的相辅相成、相互支撑、密切配合状态。也就是说，经济秩序中的自生自发部分只能被尊重和利用，人为建构部分则必须有政府的宏观调控。而政府的宏观调控又需要到价值中去寻找依据。张华夏教授说："虽然经济结构不可能截然机械地划分为自发的经济结构和自觉的经济结构两个部分，我们也至少可以找出经济结构存在与运作的两种机制：第一种是自组织机制，按照它的定义就不是自觉形成的；第二种机制是依一定价值体系自觉调节的机制，它是一定的自觉的目的性的产物，其所引起的经济结构的某种变化是需要运用一组价值来加以解释的。"② 其中用以解释"经济结构的某种变化"的"一组价值"中显然包括经济伦理，因而，从一定意义上看，政府宏观调控又是伦理调控。如果政府在进行宏观调控时，所依据的经济伦理价值是合

---

① 张华夏：《道德哲学与经济系统分析》，人民出版社2010年版，第199页。
② 同上书，第199—200页。

理的，那么经济制度、经济政策就是良性的，合理的经济秩序就有望形成。

同时，宏观调控也有利于经济发展方式的转变。经济发展方式的内容既包括通过生产要素变化（数量增加、结构变化、质量改善等），实现经济增长的方法和模式，还包括产业结构、收入分配、居民生活，以及城乡结构、区域结构、资源利用、生态环境等方面。党的十九大报告中提出："我国经济已由高速增长阶段转向高质量发展阶段，正处在转变发展方式、优化经济结构、转换增长动力的攻关期，建设现代化经济体系是跨越关口的迫切要求和我国发展的战略目标。"① 要转变发展方式，把节约资源、保护环境作为重要着力点；要建立绿色低碳循环发展的经济体系，壮大节能环保产业、清洁生产产业、清洁能源产业，推进能源生产和消费革命，构建清洁低碳、安全高效的能源体系；要推进资源全面节约和循环利用，降低能耗、物耗，倡导简约适度、绿色低碳的生活方式。显然，成功转变经济发展方式离不开政府的宏观调控。只有政府引导、提倡，并通过法律进行干预，又与市场经济体制有机配合，转变经济发展方式才有可能。而政府通过宏观调控所提倡的这种经济发展方式也是根据经济伦理而做出的，这种经济伦理是一种与环境保护目标紧密结合起来的经济伦理。其基本价值就是以"资源节约""保护环境""良好生产生活环境"为关键词，这使得新的经济发展方式不再像以往那样单纯追求经济增长，而是力图改善经济与资源、环境的关系，使经济发展与人类的可持续发展有机统一起来。它把经济发展方式、经济运行体制与环境所有的思想都整合起来，把环保意识深深植根于经济观念中，从而成为一种"既是利润和员工效率的驱动者，更是一种新商务逻辑和价值观念的源泉"②。这充分说明，经济伦理通过宏观调控机制得以落实可以催生新的经济发展方式。因此，宏观调控机制是经济伦

---

① 习近平：《决胜全面建成小康社会 夺取新时代中国特色社会主义伟大胜利——在中国共产党第十九次全国代表大会上的报告》，人民出版社2017年版，第30页。
② [美] R. 爱德华·弗里曼、杰西卡·皮尔斯、里查德·多德：《环境保护主义与企业新逻辑》，苏勇、张慧译，中国劳动社会保障出版社2004年版，第38页。

理通往实践的途径。

（三）企业落实经济伦理的重要条件

建构经济伦理实现机制的中观层面就是组织，如企业或公司、工会、消费者组织、行业协会等，实践经济伦理的机制。但由于现代市场经活动中，企业是最为重要也占主导地位的经济主体，其在经济伦理的实现问题上具有更为重要的辐射价值，所以，此处只论及企业。相比于政府和后文要论述的个体，企业实现经济伦理的机制显得更为关键。劳拉·P. 哈特曼和乔·德斯贾丁斯（Laura P. Hartman & Joe DesJardins）说："今天的问题不仅仅是伦理为什么是企业的一部分，或伦理是否应该成为企业的一部分；更为关键的是什么样的价值观和原则才能指引企业做出正确的决策，并且如何把伦理整合到企业经营当中，成为不可或缺的一部分。"① 经济伦理实现机制有利于经济伦理在企业层面的落实，从而有利于现代企业更好地生存和发展。

现代市场经济活动中，恐怕很少有企业不认同经济伦理的重要意义和价值。人们都已认识到，经济伦理能为企业从事经济活动提供伦理动力，可以帮助企业避免违法行为，引导企业正确行为。经济活动中，那些没有经济伦理或持错误经济伦理的企业是冒险的企业，它们在市场中声誉受损、股票价格下跌，并且侵蚀消费者的信誉；相反，那些具有良好的经济伦理、并视其为生命的企业则充满了高涨的士气和蓬勃向前的活力。著名经济伦理学家唐玛丽·德里斯科尔和迈克·霍夫曼（D. M. Driscoll & W. M. Hoffman）在《价值观驱动管理》一书中借用跨国会计事务所普华永道公司的主席尼古拉斯·穆尔（Nicholas Moore）的话说，经济伦理是将企业聚在一起的粘合剂②。但是，要想经济伦理真正发挥这一功能，企业就必须积极开展经济伦理建设，改进经济决策和行动的

---

① ［美］劳拉·P. 哈特曼、乔·德斯贾丁斯、［中］苏勇：《企业伦理学》，机械工业出版社2011年版，第3页。
② ［美］唐玛丽·德里斯科尔、迈克·霍夫曼：《价值观驱动管理》，徐大建、郝云、张辑译，上海人民出版社2005年版，第26页。

伦理质量。然而，企业开展经济伦理建设是要有正确方法的，否则，其经济伦理建设就无所适从，更不能持之以恒，而这种方法和途径就是经济伦理的实现机制。

经济伦理实现机制在企业层面主要表现为积极开展伦理管理。伦理管理是当今企业践履经济伦理的实现机制，它"是指企业在把握了伦理价值观后自觉地用伦理价值观来指导自己的经营管理活动的行为，或者说是企业用伦理价值观来进行公司治理的行为"①。企业行为可以分为两个方面：一是企业处理与内部员工的关系的行为；一是企业处理与消费者、供应者、竞争者、环境、社区、政府等的关系的行为。因此，伦理管理也可以分为内部的伦理管理和外部的伦理管理，主要包括伦理计划、伦理组织、伦理控制、伦理营销等环节或行为。

第一，伦理计划有利于企业从源头上践行经济伦理。伦理计划是指企业制订符合经济伦理的计划的行为。开展伦理计划的企业必定会对计划进行伦理考量，包括计划的目的和手段，即从伦理上审视计划将要做什么、如何做，也就是什么样的计划、怎样进行计划才是合乎经济伦理的。计划涉及许多经济伦理问题，如：计划的目的是否能满足企业活动所及范围内的大多数人的需要，是否仅仅为了经济目标即效率、财务业绩、市场份额、利润率等的实现，而不考虑大多数人的精神需要；企业在制订计划时的目的是什么，各层次包括基层、中层和高层的企业人员在制订计划时的目的各是什么；计划涉及目标，这种目标是否考虑了社会责任（包括帮助治理污染、消除歧视、为缓解贫困出力等）、企业成员的福利（包括关心企业成员的满意度和他们的工作生活质量等），是否考虑了服务或产品的质量，是否正确处理了长远目标与短期目标的关系；企业将要依靠什么人，采用什么方法去完成计划、达成目标等。如果在这些问题上，企业制订计划时都进行了通盘考虑和正确选择，那么企业就在计划环节落实了经济伦理。

第二，伦理组织有利于企业从组织结构上落实经济伦理。伦理组织

---

① 龚天平：《伦理驱动管理》，人民出版社2011年版，第316页。

是指企业建构符合经济伦理的组织框架，进行符合经济伦理的企业人力资源管理的行为。企业主要按照五条经典原则即劳动分工、统一指挥、职权与职责、管理跨度和部门化来建构和进行人力资源管理与开发。传统管理学认为，企业组织结构要追求精细化的分工、高度集中的统一指挥、直线似的职权与职责、尽可能窄小的管理跨度、以专业化分工为基础的部门化，即高度的专业化设计。然而，这样使得企业组织结构僵化，缺乏活力。现代管理学认为，企业组织结构要追求合理适度的分工、多维的职权与职责、扩大化的管理跨度和扁平化的组织设计、多样化的部门设计等①。这种组织结构和人力资源管理方式不仅有利于效率的提高，也有利于人的积极性的发挥，有利于人的工种交替与职能变换的能力和频率的提高和全面发展，还有利于领导者建立根据岗位需要与组织成员的实际能力相结合的公平的用人机制，等等。如果企业按照这些原则行使组织行为，那么企业就在组织环节实践了经济伦理。

第三，伦理控制有利于企业在控制环节实现经济伦理。伦理控制是指企业依据经济伦理来监视各项活动，以保证它们按计划进行并纠正各种重要偏差的行为。开展伦理控制的企业必定会对控制进行经济伦理分析。对于控制的经济伦理评判，就是指什么样的控制行为才是符合经济伦理的，什么样的控制行为是不符合经济伦理的？此中的经济伦理包括实事求是、讲究实效，上下协调、以德服人，事前施控、防患于未然，尊重被管理者的权利特别是隐私权，注意有所为、有所不为，适度施控等。伦理控制是保证整个控制过程合乎伦理的必要机制，是保证和监督企业计划活动、组织活动、指挥活动相一致，从而促使整个企业管理活动合理进行，顺利实现自己目标包括道德目标这一个过程的必要条件和精神基础。如果企业藉凭上述经济伦理实施控制，那么企业就在控制环节履行了经济伦理。

第四，伦理营销有利于企业在外部管理上落实经济伦理。伦理营销

---

① ［美］斯蒂芬·P.罗宾斯：《管理学》，黄卫伟等译，中国人民大学出版社1997年版，第229—240页。

是指企业根据经济伦理做出营销决策，进行市场调研、产品设计与开发，开展市场定价、市场竞争、广告促销、分销管理、国际营销、网络营销、售后服务等活动的行为。营销学大师菲力普·科特勒（Philip Kotler）在1997年版的《营销管理——分析、计划、实施和控制》（第7版）前言中，把"重视伦理营销"视为营销管理的发展趋势之一。当今营销学中广泛兴起的顾客满意营销、绿色营销、事业营销、社会营销等创新性的营销理论，都极有利于企业增强品牌竞争力、树立信誉、提高绩效，都属于伦理营销的范畴。这些营销理论中都蕴含着"提供安全的产品和高质量的服务""增进社会福利""担当社会责任""遵守法律和伦理""公平竞争""诚实守信""环境友好"等经济伦理观念。如果企业依凭这些观念开展营销管理，那么企业就在营销环节实现了经济伦理。

（四）个体践行经济伦理的逻辑结论

建构经济伦理实现机制的微观层面就是作为经济主体的个体，如企业家、经理、雇主、雇员、消费者等，落实经济伦理的机制。但在这些个体中，处于领导地位的企业领导者对经济伦理的实现问题具有更为重要的意义，因此，本书在此只论及企业领导者。经济伦理实现机制有利于经济伦理在企业领导者层面的落实，从而有利于领导者更好地领导企业经营。经济伦理在企业领导者上的实现机制就是伦理领导。

首先必须明确的是，企业领导者与管理者是不同的。罗宾斯（Stephen P. Robbins）说："管理者是被任命的，他们拥有合法的权力进行奖励和处罚，其影响力来自于他们所在的职位所赋予的正式权力。相反，领导者则可以是任命的，也可以是从一个群体中产生出来的，领导者可以不运用正式权力来影响他人的活动。""领导者指的是那些能够影响他人并拥有管理权力的人。"① 那么领导者在不运用正式权力的情

---

① ［美］斯蒂芬·P. 罗宾斯：《管理学》，黄卫伟等译，中国人民大学出版社1997年版，第412页。

况下又靠什么来影响他人？西松（Alejo Jose G. Sison）认为，靠的是领导力，而领导力又来自于伦理道德，他说："领导力是一种存在于领导者与其被领导者之间的双向作用的、内在的道德关系。在领导关系中所涉及的双方——领导者和被领导者——通过相互作用，在道德上相互改变和提升。"①"领导力的核心是伦理道德。"② 这表明，领导者是富有道德人格魅力的人。

西松同样指出，道德上的领导是主要的领导途径。道德上的领导即指伦理领导，是指领导者依据经济伦理来指挥、带领、引导和激励下属为实现企业目标而努力的过程。作为经济伦理的实现机制，伦理领导的意义在于以下方面。

第一，伦理领导有助于经济伦理在个体层面的落实。领导者的经济伦理就是他们持有的价值观。弗里切（David J. Fritzsche）援引罗基奇（M. Rokeach）的观点提出，这些价值观是领导者在一生的经验中形成的，可分为最终价值观和工具性价值观两类。最终价值观是关于最终目标或所希望的最终生活状态的观念和概念；工具性价值观是关于所希望的行为模式的观念或概念，这一行为模式有助于获得所希望的最终生存状态。这就是说，最终价值观是关于生活的终极目标的观念，是一种目的性价值，包括生活舒适、成就感、和平、平等、安全、自由、幸福、身心和谐、愉快等具体内容；工具性价值观是关于实现生活的终极目标的手段的观念，是一种手段性价值，包括有抱负、有能力、有勇气、有想象力、宽容、诚实、独立、智慧、理智等具体内容③。我国学者也认为，领导者应该具有政治精神、工业精神、商业精神、社会精神和人格精神，其中人格精神体现了组织理想与领导者个人理想的高度融合，通过合乎社会伦理的商业逻辑，在保证组织持续成长的同时，也完成了领

---

① ［西］阿莱霍·何塞·G. 西松：《领导者的道德资本》，于文轩、丁敏译，中央编译出版社2005年版，第50页。
② 同上书，第49页。
③ ［美］戴维·J. 弗里切：《商业伦理学》，杨斌等译，机械工业出版社1999年版，第88—90页。

导者兴趣爱好、个人理想的极大充实①。如果领导者依据这些价值观来实施伦理领导，那么经济伦理就在个体层面得到了落实。

第二，伦理领导有助于经济伦理从个体向企业组织的传递。西松说，如果领导者实施伦理领导，那么，领导者个人及其所服务的组织都会具有伦理道德性。因为"领导力丰富了个人道德，使个人道德不断成长，并有助于形成良好的组织文化"。这实际说明了伦理领导对经济伦理的传递作用。罗宾斯认为，领导者在企业中实际上担任着三个方面的角色，即人际关系角色、信息传递角色、决策制定角色②。这种角色定位使得领导者对那些人数众多的被领导者们有着强烈的影响和生动、直观的示范作用。美国学者鲍姆哈特（Raymond C. Baumhart）、布伦纳（Steve Brenner）和莫兰德（Earl Molander）、波斯纳（Barry Z. Posner）和舒米特（Warren H. Schmidt）分别于 1961 年、1977 年、1984 年对 1500 名、1200 名、1400 名阅读《哈佛商业评论》的管理者作了一项调查，要求被调查者根据影响程度大小对他们认为影响不道德行为的几个因素进行排序。调查中列举的因素是：上司的行为；组织当中同事的行为；行为或职业的伦理行为；社会的道德氛围（1961 年调查没有这一项，1977 年调查加上的）；正式的组织制度；个人财务需要。调查结果表明，上司（包括领导者）的行为，尤其是其道德素质和伦理人格对员工有着强大的影响③。这说明，领导者在影响广大被领导者的过程中同时也在传递着企业所持有的经济伦理。

二 基本框架、主要内容和研究方法

所谓实现机制，是指某一系统内部诸要素发生互动作用的关系架

---

① 李兰主编：《企业家精神：2009·中国企业家成长与发展报告》，中国人民大学出版社 2009 年版，第 163 页。
② ［美］斯蒂芬·P. 罗宾斯：《管理学》，黄卫伟等译，中国人民大学出版社 1997 年版，第 9 页。
③ ［美］阿奇·B. 卡罗尔、安·K. 巴克霍尔茨：《企业与社会——伦理与利益相关者管理》，黄煜平等译，机械工业出版社 2004 年版，第 142 页。

构，以及系统与外部影响因子之间发生联系的运作方式；如果把经济伦理作为一个系统，那么这一系统的实现机制，就是指影响这一系统的各种各样的因素发生联系、发生互动作用，以及系统自我协调、自我整饬以便相互适应的方式。所谓经济伦理的实现机制，是指我国社会主义市场经济条件下，经济主体在实践经济伦理过程中各种内外影响因素之间相互联系、相互作用的关系及其调节形式，这是经济伦理从理论走向现实的通道、从价值观到实际行动的中间环节，是把理论与实践沟通、衔接起来的桥梁或中介。在这样的界定的基础上，本书分导言和第一、二、三、四篇，共十六章，展开研究，下面将本书主要内容阐释如下。

（一）深入探讨了经济伦理实现机制的前提性问题，即反思经济伦理的内涵，追问伦理和经济思想史上思想家们关于落实经济伦理的智慧。

本部分为第一篇"经济伦理范畴的探讨"，包括第一、二章，其中第一章为"经济伦理范畴的内涵反思"。我国学界对经济伦理范畴的理解主要有经济的伦理、伦理的经济、经济与伦理三种方式。虽然各有道理，但都没有揭示经济伦理的实质。根据历史唯物主义基本原理，经济伦理是一种植根于人们经济交往关系中的伦理道德观念、规范和实践活动，其内涵有三：一是指经济关系的伦理意识即经济伦理意识，是人们关于经济关系的善与恶、是与非、正当与不正当、应该与不应该等价值取向的各种心理过程和观念；二是指经济行为的伦理准则即经济伦理规范，是指导和评价经济主体行为的善恶价值取向、调整主体与主体之间利益关系的行为规范；三是指经济主体的道德实践即经济伦理实践，是经济活动中经济主体的一切可以进行善恶评价的行为和活动，可分为经济个体道德活动和经济组织道德活动。当前经济伦理实践有提倡议、订守则，社会责任投资，创建伦理管理体系等形式。经济伦理意识、经济伦理规范和经济伦理实践这三方面相互联结、相互制约、相互依存而构成一个有机整体。

第二章为"经济伦理实现机制的思想寻踪"。伦理思想史上许多思想家针对经济伦理的实现机制问题提出了许多具有相当重要的意义和启示的真知灼见。亚里士多德提出优良政体、实行法治、权力监督三位一体的美德论方案，霍布斯（Thomas Hobbes）、洛克（John Locke）、休谟（Davie Hume）等提出建立政府、保护产权、遵守自然法则的契约论方案，边沁（Jeremy Bentham）、穆勒（John Stuart Mill，一译密尔）提出自由放任、政府适度干预的功利论方案，罗尔斯（John Rawls）、诺奇克（Robert Nozick）提出福利国家或最低限度国家的自由主义方案，麦金太尔（Alasdair MacIntyre）、沃尔泽（Michael Walser）、米勒（David Miller）等人提出政府积极作为的社群主义方案，生态主义者提出技术、经济、政治、文化、社会的全方位生态化建构的生态主义方案。通过检视这些方案，我们至少可以得出的启示是：落实经济伦理不能脱离政治体制；他律机制是经济伦理通达现实的依凭；制度安排是实现经济伦理的必要支撑。

（二）系统揭示了六大经济伦理价值原则即经济自由、经济平等、经济公正、经济信任、安全价值、绿色价值的内涵及其在社会主义市场经济条件下的实现之途。

本部分为第二篇"经济伦理价值原则"，包括第三、四、五、六、七、八章，其中第三章为"经济自由原则"。作为市场经济最为基本的首要的经济伦理价值，经济自由是自由一般向经济活动的拓展，是经济主体拥有出于自己意志的经济活动权和财产权。在内容上，它包括经济主体的生产、分配、交换和消费的自由和财产权；在性质上，它表现为经济活动的消极自由和积极自由。从经济伦理学意义上看，经济自由与经济社会发展密切联系，它是市场资源优化配置的基本要求，是经济发展和繁荣的内在动力，是人类文明进步的推动力量。社会主义市场经济下经济自由的实现需要以责任伦理为预设前提、保障财产所有权、坚持按劳分配、以社会主义制度为保障等条件。

第四章为"经济平等原则"。经济平等一直是经济伦理学关注的重大主题。当代功利主义、自由主义、阿马蒂亚·森（Amartya Sen）、分析的马克思主义者虽然较为精细地论说了经济平等，但都没有挖掘经济不平等的社会历史根源，而是囿于资本主义私有制前提进行讨论，因而都提不出实现经济平等的根本途径。当代中国社会主义市场经济下经济平等伦理观的确立要坚持历史唯物主义基本原理，立足中国现实，并契合中国优秀传统伦理道德文化。社会主义市场经济平等伦理原则主要指经济权利平等，即社会成员都拥有平等地追求自己满意的生活所需的经济条件的权利，同时包括经济机会平等、经济规则平等和经济结果正义三个维度。

第五章为"经济公正原则"。公正的一般性规定是权利平等，即人们对一定社会的制度、法律等分配权利与义务的合平等性和合平等程度的要求和判断。经济公正是指经济权利的平等。在市场经济中是指经济主体凭借自己的资源进行竞争并获得平等待遇。对于它的衡量标准是程序公正和结果公正。作为一种经济伦理，经济公正既是经济发展的伦理基础，又是社会公平正义的道德前提，还是个人的自由全面发展的工具理性。社会主义市场经济下的经济公正应达成标准统一、经济主体发展机会均等、权利与义务对等、按贡献分配、保障机制健全等要求。

第六章为"经济信任原则"。经济信任是引领当前中国完善和发展社会主义市场经济体制的经济伦理价值。作为信任一般在市场经济活动领域的延伸或体现，它以信任感为本质，表现为经济主体的一种态度，是经济主体之间以信任为纽带而发生的一种社会经济交往关系及主体对这种关系的经济伦理评价。基于制度的信任和基于信誉的信任、对企业中介机构的信任和对政府管制的信任等构成经济信任价值系统。经济信任对于市场经济的健康发展、整个社会的持续进步和企业的良性发展具有极为重大的意义。在我国发展和完善社会主义市场经济、深化经济体制改革的背景下，我们应结合当前实际情况，大力构建、培育以产权制度为基础，以法制信任、政府信任、中介信任、经济主体道德信任为内容的经济信任体系。

第七章为"安全价值原则"。科学技术、市场经济、全球化进程等增进了当代社会人们的自由，但同时也使社会的脆弱性增强，并演变为风险社会，这使安全成为人们的基本的伦理价值诉求。安全既是人的免于危险、没有恐惧的生活状态，是人的基本需要的反映；也是人们尊重生命的表现，是人们对长期自由的信心。当代社会人们的安全需要实际上是个人对社会的伦理期盼,其实现机制主要在于三方面:一是政府机制,其道德责任是提供制度和规则、保障人的生命和物质财产不受侵害,并建立相应的行使这些职能的行政机关;二是市场机制,其道德责任是以交换和竞争使冲突非个人化,以便人们和平交往、相互学习,从而获得安全;三是公民社会机制,其道德责任是以其独特的功能来保证人的安全。

第八章为"绿色价值原则"。绿色价值原则虽然拥有悠久历史,但其在当今时代的崛起则是由资本逻辑的深入推进和持续多年的经济增长所导致的严峻的环境危机促成的,是人们在深刻反思以往生产生活方式后得出的价值定律。其内涵是指以资源环境和绿色价值为前提,借助于制度和技术创新的推动,以增进绿色价值、谋求社会福祉和安康,实现经济、政治、社会和文化可持续之目标的价值原则,本质上是指经济、社会与生态环境的协调统一。绿色价值代表的是财富、自然资本和人与自然和谐共生,因而构成经济发展的约束条件。作为一种经济伦理原则,绿色价值原则意味着经济活动必须在经济要求和伦理要求上双重符合,既能创造效益价值,也能增进绿色价值,即绿色—经济双重效益。其在经济活动各个环节的具体规范是绿色生产、正义分配、公平交换和简约适度、绿色低碳消费。

(三)系统论述了经济伦理实现的六大机制即共识引领、制度安排、市场交换、资本节制、利益合作、主体调控等的内涵、意义及其建构方法。

本部分为第三篇"经济伦理实现机制的建构",包括第九、十、十一、十二、十三、十四章,其中第九、十章属于社会方面的机制,第九章为"经济伦理实现的共识引领机制"。社会共识是生活于一定时代、一定地理环境中的共同体(包括群体、政府组织)中的人们通过理性协商而共同享有的一系列价值观念、规范及形成这些共识的基本程序,主要包括价值共识和程序共识。它形成于人与人的相互交往活动,冲突是其出现的必要条件,合作则是其出现的可能条件。社会共识是经济主体经济伦理实现的现实起点,它既可以为经济伦理实现提供精神滋养和价值牵引,也可以为经济伦理实现提供舆论支持和对话平台。社会主义市场经济条件下，社会应达成经济与伦理辩证统一的社会共识，也应达成围绕经济伦理基本矛盾之子矛盾，即自由与责任、权利与义务、公平与效率、利己与利他相统一的社会共识。

第十章为"经济伦理实现的制度安排机制"。经济主体实现经济伦理必须寻求制度支持。作为协调经济关系的柔性约束，经济伦理单纯依靠经济主体的自律机制和社会的舆论作用等非强制性方式，有可能被搁置、虚化而不能实现，因此它需要寻求制度支持；作为调整人与人的社会关系的强制性成文规则，优良制度的惩恶扬善培育良知、增进信任和合作、维护自由、防范或化解冲突等功能，使制度支持经济伦理成为可能。制度支持经济主体经济伦理的实现有两种方式：一是把经济伦理制度化，这可以彰显经济伦理原则、稳定经济伦理规范、强化经济伦理行动、增进经济伦理秩序等；二是提供完善的法律制度、社会经济政治制度、现代企业制度、契约信用制度等制度环境。

第十一、十二、十三章属于经济方面的机制，第十一章为"经济伦理实现的市场交换机制"。市场交换表面上是经济主体之间的物品互换，但实质上它是主体之间的社会经济关系，是主体之间的利益交换和权利让渡。市场交换是人区别于动物的基本表达，是人的本质力量的体现；它能带动经济发展，并为个人的自由与全面发展提供充足的时间保证和丰厚的物质基础；它能塑造、匡扶良好的社会道德，帮助个人提高德性与修养；它能提升人的幸福感，帮助个人健全其人格；它是自由、平等的基础。市场交换具有交换正当、交换自由、交换平等、后果无害等道德规则。

第十二章为"经济伦理实现的资本节制机制"。市场经济下的资本并不是非道德的，而是与伦理密切相联的。它具有不容忽视的伦理正负效应。伦理正效应主要表现在三个方面：发展生产力，为道德建设提供坚实的物质基础；发展社会关系，为个人的全面发展创造可能；创造高一级的道德形态并为其提供新的精神特质。伦理负效应则表现在四个方面：腐蚀公共善；加剧人的异化；破坏社会和谐；造成自然的异化。社会主义市场经济条件下，经济主体不能忽视资本的伦理效应，必须通过坚持以人为本、合理定位资本、明晰所有权、以制度约束资本并发展经济伦理和环境伦理、提倡高尚道德等措施，才能使资本的伦理效应得以抑负扬正，从而服务于整个社会的进步和协调发展。

第十三章为"经济伦理实现的利益合作机制"。利益合作是我国经济主体实现经济伦理的机制或操作性平台。当代新兴经济理论、博弈论、伦理学和政治哲学等都对它做了富有启发的探讨。利益合作是经济主体的伦理特性，是经济活动中主体之间为达到某一共同目的而发生的相互协调的联合行动，是以主体的同情利他和利益为纽带而发生的一种社会经济交往关系，是主体之间的一种经济伦理关系。对于经济主体来说，利益合作具有实现利益需求、延续交往关系、彰显他者意识、展示道德情操等伦理意涵。利益合作是市场经济发展的动力和经济效率的源泉，是社会合作的基础，它可以强化并提升经济主体的道德素质。社会主义市场经济下经济主体之间的利益合作，需要培育社会网络，发展社群中介；准确定位政府职能，加强制度安排；确立"用心"意识，以同情心和信任伦理作为引领。

第十四章属于经济主体自身方面的机制，为"经济伦理实现的主体调控机制"。本书主要以当下社会主义市场经济条件下最为重要的经济主体即企业为个案，探讨企业作为经济主体的内部调控机制，即主体内部各种影响因素之间相互联系、相互作用的关系及其调节形式，主要包括价值牵引机制、宣传教育机制、良心自律机制、校正更新机制等。这四大机制之间相辅相成、相互配合、相互联动，从整体上构成一个主体实践经济伦理的行动系统。

（四）确立了经济伦理实现机制建构起来后中国经济主体落实经济伦理将会导致的优良后果或目标。

本部分为第四篇"经济伦理实现机制的优良后果"，包括第十五、十六章，其中第十五章为"伦理经济：经济伦理实现的优良目标"。经济主体在现实世界落实经济伦理后所应达成的结果和优良目标，是要促进经济主体按照经济伦理规则行事，从而形成一种合乎伦理的经济秩序，即伦理经济。伦理经济是经济主体运用经济伦理规则来引导、规范和塑造自身的经济行为，并监督、控制经济运行过程，以着眼于实现某些伦理性目的的经济活动。它具有伦理性、经济性特点,是经济主体对经济伦理的实践。伦理经济是伦理与经济的关系发展的必然产物,人类经济发展是一个从伦理经济到非伦理经济再到新伦理经济的历史辩证运动过程。社会主义市场经济下伦理经济的发展要从市场、政府和社会三个层面同时进行:市场层面要在社会主义基本经济制度基础上充分利用市场的自愿自发激励机制,政府层面要在社会主义民主政治制度保障下切实维护政府的公益性目标,社会层面要结合市场的自愿机制和政府的公益目标发展社会经济。

第十六章为"经济共享:经济伦理实现的道德使命"。伦理经济的发展造成的后果是整个社会的经济和财富共享,所以经济共享是经济伦理实现的道德使命。经济共享是一个与生产密切相联的分配意义上的范畴,是指人们共享经济领域得到道德和法律认可的财富、权利、机会等,是人们之间建立在利益基础上的一种经济伦理关系;它是依规公平分享,而不是平均享有;它是与劳分享,与按劳分配一致且相互制约。其伦理价值意蕴在于:增强经济发展动力,促进经济繁荣;维系社会稳定,促进社会进步;保有人的获得感,彰显人的尊严。社会主义市场经济条件下,我们必须用一整套"社会主义"制度节制、约束市场经济,以便把市场经济排斥经济共享的负面效应遏制在最低限度,采取坚持生产资料公有制和按劳分配主体地位、消除贫困、扶持弱势群体并强化社会保障制度建设等措施,才能最大程度地实现经济共享。

最后必须交待的是,本书的研究遵循理论与实践相结合、一般与特殊相统一的原则,主要运用了三种具体的研究方法:(1)规范分析法。这一方法运用于第一至八章,揭示经济伦理内涵、经济伦理实现机制的思想渊源和经济伦理价值原则的具体规范。(2)图表结构分析法。这一方法主要运用于导论和第九至十四章,导论中以图表揭示经济伦理实现机制的总体结构,第九至十四章以图表揭示经济伦理实现机制的社会、经济和经济主体自身调控机制的具体结构。(3)系统分析法。这一方法在每章都作了运用,即将每一个经济伦理价值原则、每一个实现机制、每一个优良后果目标当作一个子系统,分析其中的诸多要素及要素之间的联系，其价值和意义及它们各自的实现途径。结构总图如图 0-1。

```
┌─────────────────────────────────────┐
│         经济伦理实现机制              │
└─────────────────────────────────────┘
┌──────────────────┬──────────────────┐
│  经济伦理内涵的反思 │ 经济伦理实现机制思想史寻踪 │
└──────────────────┴──────────────────┘
                    ↓
┌─────────────────────────────────────┐
│         经济伦理价值原则              │
│ ┌────┬────┬────┬────┬────┬────┐  │
│ │经济│经济│经济│经济│安全│绿色│  │
│ │自由│平等│公正│信任│价值│价值│  │
│ │原则│原则│原则│原则│原则│原则│  │
│ └────┴────┴────┴────┴────┴────┘  │
└─────────────────────────────────────┘
                    ↓
┌─────────────────────────────────────┐
│         经济伦理实现机制              │
│ ┌─────────┬───────────────┬───────┐│
│ │ 社会机制 │   经济机制     │主体机制││
│ │ (共识引领│ (市场交换      │(主体调控)│
│ │  制度安排)│  资本节制      │        ││
│ │         │  利益合作)     │        ││
│ └─────────┴───────────────┴───────┘│
└─────────────────────────────────────┘
                    ↓
┌─────────────────────────────────────┐
│           实现机制后果               │
│   (形成伦理经济秩序) (达成经济共享目标) │
└─────────────────────────────────────┘
```

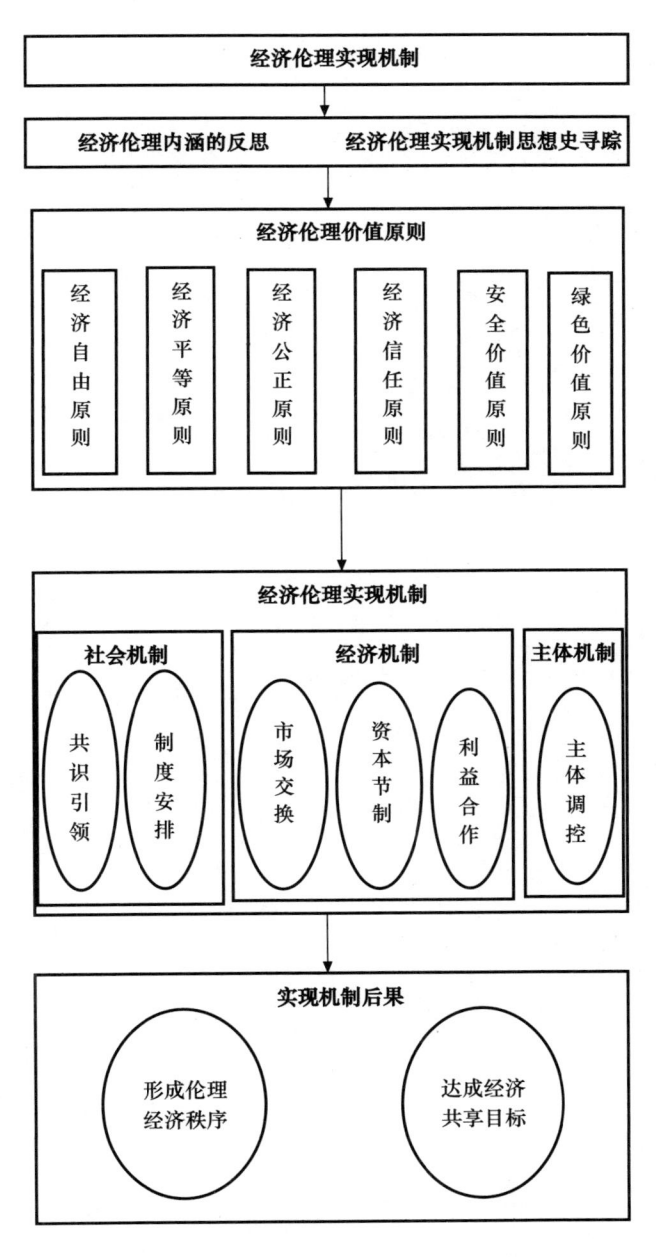

图 0-1　经济伦理实现机制结构总图

第一篇

经济伦理范畴的探讨

经济伦理范畴有着自己确定的理论内涵。但我国学界对其则有着不同的理解方式，这些方式虽然各有道理，但严格说来还有必要根据历史唯物主义基本原理进行深入反思。作为一种植根于人们经济交往关系中的伦理道德形态，一方面，从理论上看，经济伦理范畴的内涵具体地指向经济伦理意识、经济伦理规范、经济伦理实践，是这三方面相互联结、相互制约、相互依存而构成一个有机整体；另一方面，从实践上看，经济伦理既有自然（自生自发）演进的成分，也有人为（自觉自创）建构的成分，这样经济伦理就有一个转化为现实即实现的问题。伦理思想史上许多思想家如亚里士多德、霍布斯、洛克、休谟、边沁、穆勒、罗尔斯、诺奇克、麦金太尔、沃尔泽、米勒等人及当代生态主义者都针对经济伦理的实现机制问题提出过各种各样的方案。这些方案对我们落实经济伦理具有相当重要的意义和启迪价值。本篇既对经济伦理范畴的内涵进行了细致的反思，也对思想史上思想家们就经济伦理的实现问题提出的方案进行了全面的耙梳和检视。

第一章 经济伦理范畴的反思

作为一个范畴或概念,"经济伦理"一词据说是由德国著名社会学家、思想家马克斯·韦伯（Max Weber）在《世界宗教的经济伦理》一文中最先提出来的。然而，这一概念一经提出，就引起了西方经济学、管理学、哲学、伦理学学者的广泛注意和热烈的讨论，经过多年的研究、探讨和发展，这一概念的内涵不断丰富，外延不断拓展，并出现了若干以一定规律建立起密切关系的派生概念和基本原理，终于在20世纪70年代左右诞生了一门既属于经济学也属于哲学伦理学的新兴的交叉学科——经济伦理学，至今这一学科已有40余年。而在我国，经济伦理学也从90年代起成为学界研究的热点。经过近30年的讨论，至今也已取得了数量颇丰的成果。人们甚至认为，经济伦理学与生命伦理学、环境或生态伦理学一起构成当代应用伦理学的三大典型学科。但毋庸讳言的是，与后两个学科的基础性概念即生命伦理、环境或生态伦理相较，经济伦理学中人们对于"经济伦理是什么"这一问题所达成的共识度，要远低于后者。为了经济伦理学获得更好发展和经济伦理实现机制的更好构建，以便推动经济伦理的真正落实，笔者认为，首先联系国外学界的研究状况并结合我国学界的研究成果，反思一下经济伦理概念以便搞清其内涵和形态是非常必要的前提性工作。本章拟进行这一尝试。

一 我国学界关于经济伦理概念的研究成就

经济伦理在我国是一个使用度较高的词汇。但是"使用度较高"并不代表其基本含义已取得人们的较高认同,而是指人们一般把与经济活动有关的伦理问题,如商业伦理、消费伦理、营销伦理、分配伦理、市场伦理、管理伦理、经济制度伦理等,都称之为经济伦理,或者说用经济伦理概念代替。这就使得经济伦理概念成为一个内涵极为丰富的词汇。其实,从经济伦理这一概念的构成来看,我们可以把人们的理解和认识大致归纳为以下三种。

一是理解为经济的伦理。这种理解是把经济伦理当作经济活动、经济体制、经济运行机制的伦理道德价值观念、规范和实践,侧重于从经济活动的自身发展逻辑和内在本质方面来揭示其内涵和特征。这是学界目前占主流的看法,其中东方朔、王小锡、罗能生、万俊人等著名学者的观点较有代表性。比如,国内较早从事经济伦理学研究的罗能生说:"经济伦理就是社会经济生活中的伦理道德,它是一定社会经济关系在人们意识中的伦理化反映,是调节人们之间经济利益关系的一种行为规范,是主体把握社会经济生活的一种实践精神,是一定的社会道德在经济生活中的特殊反映。"[①] 万俊人说:"经济伦理实际上是一种以人类社会实践中某一特殊类型的道德伦理问题——即经济生活中的道德伦理问题——为主题对象的伦理价值研究。它所关注的首先是人类经济活动本身的道德基础、道德规范、道德秩序和道德意义问题,其次才是为人们寻求合理有效的经济伦理策略或决策提供必要的伦理咨询或伦理参考,从而最终为人类及其社会的经济生活或行为达于既正当合理又合法有效的状态,提供独特而具体的伦理价值解释。"[②] 还有许多经济学者也是从这一角度理解经济伦理的。

二是理解为伦理的经济。这种理解是把伦理当作经济活动的道德前提或先决条件,认为经济伦理是伦理经济的应用。它强调伦理目标对经济的牵引、规导和制约。这种观点以我国最早提出创立"伦理经济学"

---

① 罗能生:《义利的均衡——现代经济伦理研究》,中南工业大学出版社1998年版,第53页。
② 万俊人:《经济伦理》,载卢风、肖巍主编《应用伦理学概论》,中国人民大学出版社2008年版,第124页。

的许崇正教授为代表。他提出，伦理经济是人们以一定的伦理道德观念评判、制约和指导人们的现实的社会经济活动①。由于伦理经济中的"伦理"是指人的全面发展。因此，伦理经济又是指社会经济生活、经济行为适应和满足人们的最高需要和欲望，适应和不断促进人的自由全面发展，并以人的全面发展为标准来调节资源配置、调节市场经济、调节经济发展和经济运行过程的经济活动②。

三是理解为经济与伦理及其相互关系。这种观点以章海山、孙春晨等教授为代表。比如，章海山提出："经济伦理，简单说来就是要研究和解决经济活动与道德行为之间的关系，或者说研究和解决道德行为与经济活动的关系。"③ 孙春晨也说："经济伦理是建立在经济主体相互关系基础上的、反映经济与伦理关系的一个概念，包括经济机制和经济结构的伦理性、处理经济主体利益矛盾的伦理原则和评价经济活动主体行为是否正当的伦理规则等内容。"④ 这种理解方式主要是把经济学与伦理学相结合，以历史唯物主义为方法来阐释经济伦理。显然，经济伦理在这里是一个关系范畴。这种理解方式有其优越性和科学性，即它把经济伦理当作是研究经济与伦理的关系的范畴，这也就把经济与伦理当作两个东西，而这就使得经济伦理构成马克思主义哲学、经济哲学、伦理学等多学科中的一个问题，人们可采取多学科合作攻关的方式来综合探讨它、揭示它，也就可以使它得到更为全面、准确的回答。当然，前面两种理解方式也对经济伦理来自于经济活动自身这种认识表示了尊重，并没有不从经济活动本身来阐释经济伦理内涵的缺陷。只不过前面两种理解方式是把经济伦理当作一个整体，以整体主义的思维来阐释它而已。所以，无论是把经济伦理当作一个东西，还是如此这般地当作两个东西，都不过是研究问题的一种方法而已，而且这两种方法并不冲突。

---

① 许崇正：《人的发展经济学概论》，人民出版社 2010 年版，第 601 页。
② 同上书，第 11 页。
③ 章海山：《经济伦理论》，中山大学出版社 2001 年版，第 2 页。
④ 孙春晨：《经济伦理》，载甘绍平、余涌主编《应用伦理学教程》，中国社会科学出版社 2008 年版，第 98 页。

运用这些方式来理解的经济伦理都是成立的。

虽然上述各种理解都以自己的方式提出了论者心中的经济伦理。但是，笔者以为，这离揭示经济伦理的实质还有一段距离。据郑若娟博士在《经济伦理：理论演进与实践考察》①中所言，1985年菲利浦·刘易斯（Phillip V. Lewis）因为这个概念的混乱而进行了一项实证研究。他发现：在当时涉及经济伦理的158本教材、50篇论文中，分别只有其中的31.01%、40%对"经济伦理"给出明确定义；接着，他在对254份有效问卷分析的基础上罗列出被调查者所给出的、不同的"经济伦理"定义共计308个；以此为基础，他再次以问卷的形式，对商界人士提出这样一个问题："一个综合性的经济伦理概念应该包含哪些内容？"他综合被调查者的观点，概括"经济伦理"主要是指：一是能防止不伦理行为的规则、标准、守则和原则（rules, standards, codes and principles）；二是道德上正当的行为，常指个人的行为要遵守正义、法律和其他标准，或个人的行为要符合事实、合理性和真理；三是正当性，指言行要符合事实或具有真实性；四是特定的情形，即面临伦理困境的情形需要做出伦理决策的情形②。按照我们的理解，刘易斯的实证调查结果说明了经济伦理至少有三个方面的内涵所指：一是指经济主体关于那些由经济行为或经济活动而发生或建立起来的经济关系的道德正当性（即行为的正义性、合理性、真实性等）意识；二是指经济主体经济行为中应该遵循的道德规范（包括道德原则、道德行为准则等）；三是指经济主体面对道德难题或困境时所做的道德选择。如果这种理解可以成立的话，那么，我们在这里就可以把经济伦理的内涵概括为经济关系的伦理意识、经济行为的伦理准则和经济主体的道德实践这三方面的有机统一。

经济伦理概念内涵的讨论仍在继续，任何一门学科的发展和进步都

---

① 郑若娟：《经济伦理：理论演进与实践考察》，厦门大学出版社2007年版，第15页。
② Lewis, P. V., Defining Business Ethics: Like Naling Jello to a Wall, *Journal of Business Ethics*, 1985 (4), pp. 377–383.

离不开对其中最基本的专门术语的内涵的如实追究，经济伦理学的最基本的概念无疑就是"经济伦理"。因此，学界也就不断有人提出新的理解，虽然理解的角度、探讨的方法不同，结论迥异，但都有助于增进人们对经济伦理的深入认识，有助于经济伦理学的繁荣和深化。

二 经济关系的伦理观念

从内涵上说，经济伦理首先是指经济关系的伦理意识。根据历史唯物主义关于社会存在决定社会意识的基本原理，经济伦理是一种植根于人们经济交往关系中的伦理道德观念，对于其根源，我们应该在"经济交往关系"中去挖掘。正如恩格斯（Friedrich Engels）所言：伦理道德观念的根源"不应当到人们的头脑中，到人们对永恒的真理和正义的日益增进的认识中去寻找，而应当到生产方式和交换方式的变更中去寻找；不应当到有关时代的哲学中去寻找，而应当到有关时代的经济中去寻找"[①]。因为这种伦理意识"是由生产什么、怎样生产以及怎样交换产品"等经济活动本身所决定的。显然，这是历史唯物主义揭示的关于一般社会伦理道德的起源，但这种寻求伦理道德根据的方法同样也是我们寻求经济伦理根据的方法。

从历史唯物主义的角度来看，经济活动是人的一种实践活动。通过这种实践活动，人来确证、展示和发挥自己作为人的本质力量，满足自己生存和发展的需要。因此，经济活动是人所特有的存在方式，是人的对象化活动。在这种对象化活动中，人与人之间发生经济交往，结成一定的经济关系。经济活动与经济关系是一而二、二而一的关系。经济关系是许多经济主体的共同活动的产物，是经济活动的静态表现。当然，经济关系不是静止不变的，而是随着经济活动的变化而发展变化的。经济活动也不是孤立的单纯个人的活动，而是经济主体与经济主体彼此相互联系的、社会化的活动，是在经济关系、社会联系中进行的。"人们

[①] 《马克思恩格斯文集》（第3卷），人民出版社2009年版，第547页。

在生产中不仅仅影响自然界，而且也互相影响。他们只有以一定的方式共同活动和互相交换其活动，才能进行生产。为了进行生产，人们相互之间便发生一定的联系和关系；只有在这些社会联系和社会关系的范围内，才会有他们对自然界的影响，才会有生产。"① 马克思和恩格斯在这里揭示的生产与社会生产关系的密切联系，同样适合于人的经济活动与经济关系的密不可分的联系。从这个意义上说，经济活动与经济关系是同等意义的范畴。

经济关系是人的社会关系。"凡是有某种关系存在的地方，这种关系都是为我而存在的。"② 而人是自然界惟一有理性的动物，经济关系中的人必定会产生与这种经济关系相适应的经济意识。也就是说，人必定会把反映自己需要、目的、价值和精神力量的情感、欲望、思想观念等灌注于经济关系中，灌注于生产、分配、交换、消费等环节之中，以求得这种经济关系来为自身的发展和价值的体现服务。而经济意识中必然包含伦理意识。德国著名经济伦理学家彼得·科斯洛夫斯基（Peter Koslowski）在其《资本主义的伦理学》中对经济应该与经济的而非道德的标准相符合的观点提出了批评，这种观点认为，经济"应该由于生产和分配的效率的原因而完全不受善意的、但却有碍的道德主义的干扰"，科斯洛夫斯基对此不以为然，他认为，经济并不仅仅是由经济规律来控制的，而且同时也是由人来决定的，在人们的意图、愿望和行为选择中，经济上的期望、社会规范、文化的调节和道德上的善良意愿及想象的总和一直在起作用③。这就说明，经济意识中必然包含人们对于经济关系的伦理评价的意识和观念。

人们关于经济关系的伦理意识，实质上是一定经济关系在人们意识中的伦理化反映。"人们自觉地或不自觉地，归根到底总是从他们阶级地位所依据的实际关系中——从他们进行生产和交换的经济关系中，获

---

① 《马克思恩格斯文集》（第 1 卷），人民出版社 2009 年版，第 724 页。
② 同上书，第 533 页。
③ [德] P. 科斯洛夫斯基：《资本主义的伦理学》，王彤译，中国社会科学出版社 1996 年版，第 3 页。

得自己的伦理观念"①。从经济伦理角度来看,这就是经济伦理意识。经济伦理意识是人们关于经济关系的善与恶、是与非、正当与不正当、应该与不应该等价值取向的各种心理过程和观念。这些价值观念是用来调节经济关系的道德观念。从伦理学上来说,人们一般认为,善就是那些在人际关系中有利于他人、有利于社会,或者说对他人和社会具有道德上的好和正向价值的行为;恶就是那些在人际关系中有害于他人、有害于社会,或者说对他人和社会具有道德上的坏和负向价值的行为。以此类推,善的经济关系就是经济主体的那些在经济活动中有利于其他经济主体和利益相关者、有利于整个社会生活秩序,或者说对其他经济主体和社会生活秩序具有道德上的好和正向价值的经济关系;恶的经济关系就是经济主体的那些在经济活动中有害于其他经济主体和利益相关者、有害于整个社会生活秩序,或者说对其他经济主体和社会生活秩序具有道德上的坏和负向价值的经济关系。

经济关系的伦理意识是以利益为基础的。经济关系当然是一个有着复杂的系统结构的东西,但这一系统结构中各个要素是紧密联系的,否则它就不能构成一个系统,而把各个要素相互联结起来的东西就是利益。因此,产生于经济关系中的经济伦理意识也同样是以利益为基础的。马克思说:"人们的生活自古以来就建立在生产上面,建立在这种或那种社会生产上面,这种社会生产的关系,我们恰恰就称之为经济关系。"② 而"每一既定社会的经济关系首先表现为利益"③,再者,任何伦理道德都不过是适应特定社会的经济状况的产物。所以,道德是以利益为基础的。作为整个伦理道德意识组成部分的经济伦理意识,作为一种对经济关系进行道德评价的意识,同样也是以利益为基础的。可以说,离开了利益,经济伦理意识就会蜕变为一种无物所依的空洞的东西,蜕变为一种无法理解的、神秘的东西。

---

① 《马克思恩格斯文集》(第9卷),人民出版社2009年版,第99页。
② 《马克思恩格斯文集》(第8卷),人民出版社2009年版,第139页。
③ 《马克思恩格斯文集》(第3卷),人民出版社2009年版,第320页。

三 经济行为的伦理规范

经济伦理内涵的第二个重要方面是指它是经济行为的伦理规范。也就是说，经济主体的行为需要伦理约束。只有在这些伦理规范的约束下，经济活动才可能顺利实施。亚当·斯密（Adam Smith）认为，经济人在一只"看不见的手"的支配下，从"自利"的、谋求利益最大化的"理性行为"走向利他，增进社会公共利益。但是，这种行为必须有"良好的法律和制度保证"①。这种保证条件中无疑包含道德规范，因为道德规范是制度中的非正式规则。因此，在他那里，经济活动本身就是需要伦理规范作为基础和保证的。

在经济学家、政治学家和伦理学家们看来，经济主体的生存和发展依赖于一定的资源，而资源是有限的，无限制地满足主体生存和发展所必需的足够的资源显然是不可能的。这样主体之间必然会为占据资源而展开竞争，这种竞争还会随着资源稀缺程度的提高而加剧。但是，社会又不能任由竞争发展下去，否则竞争各方会人人自危、惶惶不可终日，以致无法生存和延续。因此，就必须对竞争加以节制，节制就必须有所依据。这就需要确立一些基本的行为准则。这样，道德规范就产生了。从这个意义上看，经济行为之所以需要伦理规范为基础，是因为主体之间必然会为争夺有限资源而展开利益博弈的结果。同时，主体之间不仅有竞争，还有合作。因为任何经济主体都不是自足的，都有能力、背景、自身组织结构等方面的局限性，因此，为了生存和发展，主体之间必须合作。合作能够使合作各方完成单打独斗所做不了或做不好的事情，从而使各方共同获益，甚至获得比原来更大的利益。"为了使合作能够顺利进行和循环往复，就必须确立关于合作的一些基本道德准

---

① 杨春学：《经济人与社会秩序分析》，上海三联书店、上海人民出版社1998年版，第11—12页。

则"①。从这一意义上看，经济行为之所以需要以伦理规范为基础，是因为主体之间为克服自身局限性而必须合作以求得更好收益的结果。

从经济学上来说，任何经济活动，无论是计划经济，还是市场经济，都必须解决三个基本问题，即生产什么、如何生产和为谁生产。而这三个经济问题都具有相应的伦理规范。

"生产什么"关涉经济行为的对象，它既是主体在经济规律支配下进行的，也是主体在满足人的需要、有利于人类的生存和发展等伦理规范支配下进行的。合理地配置、处理生产客体，既要符合经济规律，也要符合伦理规范才能实现。

"如何生产"关涉经济行为的方法，它既是主体在经济规律支配下所进行的人与物、物与物的技术组合与配置行为，也是主体在伦理规范指导下所进行的人与人之间的分工、合作与协调的行为，而这种分工、合作与协调行为的实质内容则是人与人之间的自由与责任、权利与义务关系。显然，如果不依靠特定的道德规范的约束，主体没有一定的道德自律意识，人与人之间的协调与合作就不可能进行，而生产也不能有效进行。

"为谁生产"关涉经济行为的目的，而这一目的就包含着经济行为的道德目的和分配是否公正的问题。从整个社会的角度来看，它要追问的是主体的生产是为了满足社会大多数人的需要，还是为了满足少数人的需要；如果是满足大多数人的需要，那么少数人的需要如何处置。因而，它也是在功利、公平等伦理规范的支配下进行的。从生产者的角度来看，它又是主体在道德规范的协调下，合理地处理自身利益与其他主体的利益、经济效益与社会效益的关系的过程。

主体经济行为的伦理规范就是经济伦理规范，它是指导和评价经济主体行为的善恶价值取向、调整主体与主体之间利益关系的行为规范。经济伦理规范标示着经济行为的应然，它告诉经济主体应该做什么，不应该做什么，可以做什么。我们可以根据经济伦理规范的抽象程度的高

---

① 徐梦秋等：《规范通论》，商务印书馆2011年版，第466页。

低和适应范围的大小，把它分为经济伦理原则和经济伦理规（准）则两个部分：经济伦理原则是指经济行为中所蕴含的处于核心地位、具有统领和支配作用的经济伦理规范，如人的全面发展、义利统一、经济正义、诚实守信、社会责任等；经济伦理规则是指导和约束经济主体行为取向、调节主体之间利益关系的各种经济伦理规范，如货真价实、童叟无欺、不做假帐、公平交换等。前者蕴含着后者，后者是前者在具体的经济场所的贯彻和体现。

四　经济主体的道德实践

经济伦理是一般伦理在社会基本价值观一致的前提下向经济领域渗透而形成的一种特殊的伦理类型，其核心是经济行为，它所关注的是经济伦理意识和经济伦理规范，而主旨则在于"什么是合伦理的经济"或"合伦理的经济应当是怎样的"。这样，经济伦理就指向了经济主体行为的结果，指向了经济主体对经济伦理的实践。前面所提到的美国著名经济伦理学家刘易斯的实证调查结果充分说明了经济伦理含义还包括经济伦理意识和经济伦理规范的现实化，而这种现实化就是经济主体的道德实践。在根基性的意义上，可以说，这恰恰是经济伦理的关键。

经济主体的道德实践就是经济主体对经济伦理的践履，就是经济伦理活动或经济伦理实践，它是经济伦理作为一种实践精神的实现形式，是经济伦理从抽象的理论领域向现实的经济活动领域转化的具体表征。经济伦理只有变成一种现实的实践活动才是现实的、有价值的。乔治·恩德勒说，经济伦理发展的动力应该是"对改进经济实践做出贡献"，是追求一种"新实践"①。他把这种"新实践"解释为两个方面：一是实践的优先性，这种实践是指经济主体的道德决策和道德行动；一是实践的批评和建设性的任务，这是指经济主体的道德实践不能仅仅简单地

---

① ［德］乔治·恩德勒：《面向行动的经济伦理学》，高国希、吴新文等译，上海社会科学院出版社 2002 年版，第 5—9 页。

捍卫经济活动的道德现状，而必须具有创造性，能开启实践的新视野，能够对经济活动进行道德批判，对提升经济活动的伦理水平和道德质量具有建设性意义。在他看来，道德决策和行动的实践是经济伦理的试金石。

从内涵上说，经济伦理实践是经济活动中经济主体的一切可以进行善恶评价的行为和活动。以经济主体为根据，可以把它分为经济个体（企业家、经理、其他经营人员）道德活动和经济组织（企业、公司、行业群体）道德活动两种，前者的目的是实现完美的理想的经济道德人格，后者的目的是形成完善的理想的经济伦理秩序。以经济主体行为性质为根据，也可以把它分为两类：一是经济活动中直接的道德行为，如平等竞争、乐于合作、讲究诚信、追求效率等行为；二是促成经济伦理实施的行为，如道德评价、道德选择、道德调控等行为。其作用在于培养经济主体在经济活动中的道德推理能力，澄清和化解经济活动中存在的各种利益冲突，使经济活动道德化，使利益相关者受益，以形成一种正义的合伦理的经济秩序，实现社会、经济、生态环境等的协调发展。

目前，企业、个人等经济主体实践经济伦理的活动正在世界范围内得到广泛开展，而那些非经济主体如各种国际组织、地区联盟、各国政府、非政府组织等也以巨大的热情密切关注并参与其中。全球范围内的经济伦理实践主要有如下几种形式：

第一，提倡议、订守则。发布倡议，订立守则，是当今绝大多数经济主体实践经济伦理时所采取的重要形式之一。这些倡议和守则大都涉及经济活动与雇员、与消费者、与社区、与环境等几个方面的道德责任，但是它们关注的问题和价值取向则不完全相同，而是各有侧重和选择，有的关注产品和服务质量，有的关注环境问题，有的关注劳工、就业等社会问题，有的关注利益相关者。这也使得这些倡议和守则内容丰富，而又层次不同。层次不同主要表现在：有的是针对全球所有经济主体的，有的是针对某一行业或协会的，有的是针对本企业在全球各地的跨国公司的，也有的是包括所有前述情况，这也使得倡议和守则在内容上相互交叉。国际上影响力广泛的倡议和守则主要有：以自愿的企业公民意识倡议为内容的《联合国全球协议》、代表企业行为的世界性标准的《考克斯原则》、以科学的质量管理和质量保证方法为内容的《ISO9000 质量管理体系》、规范组织的环境行为的《ISO14000 环境管理体系》和确保产品和服务符合社会责任标准的《SA8000 社会责任管理体系》等。这些都是对全球经济主体具有约束力的经济伦理倡议和守则，也证明当代经济伦理正在走向规范化、现实化。

第二，社会责任投资。社会责任投资是 20 世纪 90 年代以来迅速发展起来的一种经济伦理实践形式，其特点在于将融资目的与社会、环境以及伦理问题统一起来，以股票投资、融资等形式为那些承担了社会责任和切实践履经济伦理的经济主体提供资金支持。它要求经济主体关注两个目标：一是盈利能力；二是环保和社会公正。即投资机构的投资决策不仅要考察投资对象的财务业绩，还要考察投资对象的社会、环境和经济伦理价值，在此基础上做出综合判断后再做出投资决策并实施投资行为。它并不是要求主体牺牲收益为社会和环境做贡献，而是在把握好经济、社会、环境三方面平衡的同时来开展投资活动，以求得经济、社会和环境三者之间的互补并存关系。但正由于它对社会公平、经济发展、人类和平、环境保护、经济伦理等表示了强烈关切，在投资选择中加入了个人或组织、团体的伦理价值理念和信仰，表达了他们对经济和社会、利益和伦理、当前状态和未来持续发展的选择和创造一个更美好、公平及可持续发展的经济社会的态度。因此，它成为当今经济伦理实践形式的重要构成。

第三，创建伦理管理体系。当前许多企业、公司通过创建伦理管理体系来实践经济伦理，这通常包含三个特定部分：一是制订一份根植于自身文化、与员工密切相关，并结合价值守则、行为守则、法规守则三者的伦理守则；二是建构一个通常包含伦理办公室、伦理主管、伦理热线、伦理委员会和伦理沟通这些部分的内部伦理管理框架；三是对伦理办公室的职员、高管人员和员工进行伦理培训，以帮助他们理解、遵守和实施伦理守则，做出正确决策，提高他们理解伦理议题和对主要价值观认识的水平。创建伦理管理体系能确保伦理守则切实融入日常管理，使企业、公司的经济伦理实践富有成效，促使企业管理伦理化、伦理训练经常化、伦理官员职业化的局面形成①。

五 功利论、义务论、美德论三种形态的综合统一

反思经济伦理范畴不仅包括前面的内涵反思，同时也包括经济伦理形态的反思。而这种反思又必须结合作为经济伦理的母学科即伦理学的研究方法来进行。

众所周知，伦理学又称道德哲学，有着悠久的学科发展历史，它是当人们"能够用批判的、一般的术语进行自己的思考［像苏格拉底（Socrates）时代的希腊人所开始做的那样］、并作为道德行为者取得了某种意志自由的阶段时"②就产生了的哲学思考类型。按照美国著名伦理学家雅克·蒂洛（Jacques P. Thiroux）的看法，道德哲学或伦理学的思考类型或研究方法主要有科学的或描述的方法、包括"规范的"和"分析的"这两大部类的哲学方法、把前两种方法整合起来的综合方法。其中第一种方法以经验为根据，通过观察和收集有关人的行为和品行的资料，然后得出某种结论；第二种方法中的"规范的"方法是包含了道德价值判断的规定人们应当如何行动的方法，"分析的"方法是分析道德语言、道德体系的理性根据即逻辑和论证的方法；第三种方法是描述的、规范的、分析的三种方法的整合，这种整合是"将相互对立的观点结合成一个整体，在这个整体中，哪一种观点都不会完全消失，对立双方的精华即最有用的要素都经由适用于双方的基本原则而得以体现"③。

---

① 郑若娟：《经济伦理：理论演进与实践考察》，厦门大学出版社2007年版，第18页。
② ［美］弗兰克纳：《伦理学》，关键译，生活·读书·新知三联书店1987年版，第7页。
③ ［美］雅克·蒂洛、基思·克拉斯曼：《伦理学与生活》，程立显、刘建等译，世界图书出版公司2008年版，第8—9页。

作为伦理学特别是应用伦理学分支的经济伦理也需要按照伦理学的研究方法来认识经济伦理范畴。根据伦理学的上述方法，我们同样可以把"经济伦理"划分为描述性的经济伦理（或现象经济伦理）、规范性的经济伦理、分析性的经济伦理。描述性的经济伦理主要是以经济的经验事实为根据，通过观察和收集有关经济行为和品行的资料，然后得出某种结论；规范性的经济伦理主要是在描述性的经济伦理所提供的经济事实和资料的基础上，规定经济主体应当如何行动，即提出经济伦理规范；分析性的经济伦理主要是分析经济领域的道德语言（如"经济德性"一词是什么意思）、经济道德规范体系的逻辑和论证，也就是说它并不直接论述经济伦理价值规范体系的内容，而是超越经济伦理价值规范，着力研究经济伦理价值规范的论证、逻辑结构和经济伦理语言。

按照雅克·蒂洛的看法，我们实际上可以得到伦理学的三种类型：描述性的伦理学、规范性的伦理学和分析性的伦理学，而按照伦理学的任务，我们发现三种伦理学中最为重要的、占据核心地位的伦理学是规范性的伦理学，即规范伦理学。而规范伦理学又可以划分为结果论（或功利论）的、非结果论（或义务论）的、美德论的三种类型。按照规范伦理学的这种划分，我们同样也可以把规范经济伦理细分为功利论（或结果论）的经济伦理、义务论（或非结果论）的经济伦理和美德论的经济伦理。每一种类型的经济伦理都有相应的理论主张和代表人物。

第一，功利论经济伦理。功利论的经济伦理主张经济行为的道德性不以外在的道德标准为依据，而以这种行为的最终结果特别是利润、财富、绩效、效率等为基础，许多经济学家、管理学家，如果赞同经济伦理的话，一般都持这种经济伦理类型。如果要说这方面的代表人物的话，恐怕只能选取亚当·斯密。他在弗朗西斯·哈奇森（Francis Hutcheson）、休谟、约翰·洛克等人的影响下，在《道德情操论》和《国富论》中集中表达了他的功利论经济伦理思想。他认为，市场经济以互利为最基本的道德法则，政府在市场经济活动中是"守夜人"角色，自由放任是其基本遵循，无论是私人消费还是公共开支都应该讲究节俭。斯密的功利论经济伦理思想极为深远地影响了以后经济伦理思想的发展。

第二，义务论经济伦理。义务论的经济伦理主张经济行为的道德性不以这种行为的最终结果为依据，而以另外某个或某些道德标准如公正、义务、责任、权利、诚信等为基础，有很多代表人物如马克斯·韦伯、诺曼·E. 鲍伊（Norman E. Bowie）等人的经济伦理思想就属于这种经济伦理类型。诺曼·E. 鲍伊的《经济伦理学——康德的观点》一书是对这种经济伦理观的集中表达，该书聚焦于"资本主义经济制度中的公司如何能够按康德伦理学的原则进行组织和管理"这一问题，试图把康德道德理论的基本要素即普遍立法原则、人是目的原则、意志自律原则等运用到商业公司中去。他认为，康德绝对命令的第一个公式即普遍立法公式为"市场互动提供了一种道德许可理论"[1]，绝对命令的第二个公式即尊重人的人性公式"为一种更坚定的人际市场行动道德义务理论提供了基础"[2]，"市场交易行为中的所有人都必须受到尊重"[3]，绝对命令的第三个公式即自主性公式"为道德商业组织提供了基础"，这种道德商业组织又称道德共同体，它"要求工作场所更加具有民主性"[4]。众所周知，康德伦理学是义务论伦理学的经典版本，如果能够把康德伦理学运用于经济伦理，那么义务论的其他伦理学类型运用于经济伦理就没有什么障碍。所以，鲍伊通过这样一种尝试，实际上建构了一种义务论经济伦理的基础性框架。

第三，美德论经济伦理。美德论的经济伦理既不太关注经济行为的结果，也不太关注规则，而是更为关注经济行为者如企业家、管理人员、个体经营者等的内在道德品行和素质，比如果敢、诚信、关怀、正直、谨慎等美德，美国著名经济伦理学家罗伯特·C. 所罗门（Robert C. Solomon）就持这种经济伦理观。其代表作就是《伦理与卓越——商

---

[1] ［美］诺曼·E. 鲍伊：《经济伦理学——康德的观点》，夏镇平译，上海译文出版社2006年版，第1页。

[2] 同上。

[3] 同上。

[4] 同上书，第2页。

业中的合作与诚信》，是书提出，经济或商业是一种实践，在这种实践中，诚实、公平、信任和坚韧是基本的经济美德，而作为经济主体的企业自身也必须具备友善、荣誉、忠诚、廉耻等美德，这些美德构成企业的灵魂。国内王小锡教授是持有这种经济伦理观的学者的代表，其《经济的德性》曾专门论述过自己的观点，而在 2015 年由人民出版社出版的《经济伦理学——经济与道德关系之哲学分析》第一章"经济德性概说"中，他则又进一步系统深入地论证了其美德论的经济伦理观，所谓经济德性或经济美德，在他看来，"是经济行为应有的道德责任及其崇高的价值取向和持久的经济品质……是经济和道德结合的最佳理性状态"①。他的这一定义，极为清晰地揭示了经济伦理的美德论维度。

不过在此有必要指出的是，对经济伦理形态的这种划分，主要是为了理论研究和全面认识经济伦理的需要，因此这种划分也是相对的，而非绝对的，就作者本人的主张，我主张一种综合论的经济伦理，即从形态上看，经济伦理是功利论、义务论和美德论的有机统一与辩证综合。而在对具体的经济活动进行伦理分析时，我们也必须综合运用各种道德推理方式，才有利于经济伦理问题的解决。

总之，对经济伦理范畴的反思，既要从内涵方面进行，也要从形态方面进行。从内涵方面来看，其内涵的三方面即经济伦理意识、经济伦理规范、经济伦理实践虽然各有其相对独立性，但又是相互联系、相互制约的。其一，经济伦理意识是经济伦理规范形成的思想前提，又是经济伦理实践的精神支配力量和导向标杆。任何经济伦理规范的形成都需要一定的经济伦理意识作为先导，通过经济伦理意识的激发和引导，人们去从事经济伦理实践，经过行为的千万次重复，这些意识逐步固化、模型化，从而形成经济伦理规范。然后人们又在这些意识和规范的指引下，从事经济伦理实践，使经济伦理实践有了有序化、规范化的特点。因而，经济伦理意识是经济伦理规范和经济伦理实践的精神内核。没有

---

① 王小锡：《经济伦理学——经济与道德关系之哲学分析》，人民出版社 2015 年版，第 26 页。

这一精神内核,经济伦理规范就是无源之水,经济伦理实践就是盲目的。其二,经济伦理实践不仅是经济伦理意识和经济伦理规范形成的现实基础,而且是经济伦理意识和经济伦理规范得以表现、保持、变化和更新的重要条件。正如实践是认识的来源一样,经济伦理实践是经济伦理意识得以产生和展开的前提,是经济伦理规范得以发生和发挥作用的舞台。没有这种实践,经济伦理意识就是不可捉摸的东西,经济伦理规范也会失去目的,变得不可对象化、现实化。也正如实践是认识的检验标准,是认识变化和更新的动力一样,经济伦理实践是经济伦理意识是否合理,经济伦理规范是否具有合法性、可行性、普遍性的检验标准,是经济伦理意识和经济伦理规范改变和更新的推动力量。没有经济伦理实践,经济伦理意识和经济伦理规范的产生和发展就是不可想象的。其三,经济伦理规范是经济伦理意识和经济伦理实践的统一,并且作为一种经济运行法则,指导和制约着经济主体的经济伦理意识和经济伦理实践。经济伦理规范是经济伦理意识的固定化、正式化、规则化,是经济伦理实践的有序化、模型化、规范化。没有经济伦理规范,经济伦理意识就难以把握,经济伦理实践就因无规律可寻而难以捕捉。所以,经济伦理规范是人们观察社会的经济伦理状况的一枚镜子,人们可以通过考察它来提炼社会的经济伦理意识,感知社会的经济伦理实践。而从形态上看,经济伦理并不单纯是哪一种伦理形态,而是功利论、义务论、美德论三种形态的综合统一。

如果我们可以把整个经济伦理价值比作一个系统,那么这一系统就是由经济伦理意识、经济伦理规范和经济伦理实践三个主要方面构成的有机体系,在这一系统中,经济伦理意识是前提,经济伦理实践是目的,而经济伦理规范则是处于核心地位的中介。它既是经济伦理意识的灵魂,又是经济伦理实践的指导方针,是贯穿经济伦理价值系统的"红线",从而使经济伦理这三个方面构成一个有机整体,并以功利论、义务论、美德论三种规范伦理的综合统一的形态而存在。

第二章　经济伦理实现机制的思想寻踪

虽然经济伦理作为应用伦理学的一个特别领域的诞生大约是20世纪20年代的事，但是人们关于经济活动的伦理思辨则有着深厚的历史渊源。作为一门涉及人类实践与活动本质的信念的学科，伦理学旨在向人们昭示良善生活愿景，因而以道德理论及道德规范现实化的方法作为努力追寻的目标；同样，作为伦理学特别是应用伦理学的一个分支，经济伦理也以经济道德理论及规范现实化的方法作为不可阙如的研究内容。经济道德理论及规范现实化的方法问题即是经济伦理的实现机制问题，美国经济伦理学家柯林斯·菲舍尔（Collins Fisher）和艾伦·洛维尔（Alan Lovell）认为这是经济伦理的核心议题①。而关于这一问题，古希腊亚里士多德、当代的罗尔斯、麦金太尔等，都提出了许多真知灼见，回顾和研究一下他们的思想智慧，对于当前经济伦理实现机制的建构，推动经济伦理的真正落实无疑具有相当重要的意义和价值。本章拟从经济思想史和伦理思想史的维度进行这一尝试，以便总结有意义的经验，并从中得出相应启迪。

---

① ［美］柯林斯·菲舍尔、艾伦·洛维尔：《经济伦理与价值观——个人、公司和国际透视》，范宁译，北京大学出版社2009年版，第7页。

一 政体、法治、监督的优良构架：亚里士多德美德论的经济伦理实现思想

作为伦理学的创始人，古希腊亚里士多德的伦理学从理论形态上看属于美德论伦理学，但他也曾对经济活动中的伦理问题提出过即便在今天都极有启发的见解，如果我们不过分拘泥于经济伦理的真切内涵，那么这些见解就可以被理解成经济伦理。

（一）以德取财、得其应得的经济伦理

亚里士多德的经济伦理思想主要有两方面：一是关于财富、德性与幸福的关系。在他看来，人生的目的是幸福，但幸福以财富为基础，财富是幸福的必要条件；德性高于财富，也制约财富。"财富、实物、权力和声名以及一切诸如此类的东西"即"外在诸善""有其阈限……超出其阈限就必然会对其拥有者有害，或变得没有用处；而灵魂方面的每一种善，却是愈多超出愈有益处，要在这方面说些什么的话，那就是它不仅高尚而且有用"。"德性的获得和保持无须借助于外在诸善，而是后者借助于前者"，因此，"灵魂在单纯的意义上对于我们比财物和身体更为珍贵"①。人们应该合乎道德地谋取财富，在中道原则指导下处理财富。如果以不道德的手段谋取财富将损害人的德性。财富的分配应符合正义，即个人因其贡献大小按比例地获取财富的相应份额，不能平均分配财富。二是关于正义的观点。亚里士多德认为，正义就是使每个人得其应得。从具体内容来看，正义有相对正义和绝对正义；从表现形式看，正义有普遍正义和特殊正义。特殊正义又包括分配正义和纠正正义：分配正义即几何正义，是指社会的财富、权力及其他在人们之间可分配之物的分配原则，他主张人们应平等地进行经济交往，所谓"平等

---

① ［古希腊］亚里士多德：《政治学》，颜一、秦典华译，中国人民大学出版社2003年版，第228—229页。

就是对所有同等的人一视同仁"①，那些采用"从他人处获利的方式"即零售贸易和高利贷是最为可恶的、最违背自然的②；纠正正义即算术正义，是指人们经济交往、制定契约的原则（包括民法上的禁止损害和给予补偿的原则）遵循。他的分配正义和纠正正义范畴，实际上是把正义寓于平等、以平等定义和判断正义，其关于正义的内涵、结构分类的思想深远地影响了后来许多伦理学家。

（二）优良政体、实行法治、权力监督：经济伦理实现的途径

那么，这些经济伦理如何才能实现呢？亚里士多德提出了三个途径：其一，建立优良政体是获得幸福的首要条件。他认为，城邦只有具备了优良政体，才能实现优良治理；而实现优良治理的城邦，才能获得最大幸福。所谓优良政体是指以某种善和全体公民利益的实现为目的的政体。其二，法治是实现经济伦理的前提。他主张，真实的政体都以法律为基础，都必须实行法治。而法治包括两重内涵：一是法律得到普遍服从；二是法必良法。这又需要三个条件：一是法律必须具有至高无上的权威且受到普遍尊重；二是法律本身必须是合乎正义（即这种法律既依据公共利益制定又以保护公民权利为旨归）的良法；三是法律必须保持稳定，不能轻易变更。其三，建立权力监督机制。他认为，任何政体都应订立法制并安排其经济体系，使公职人员无假借公职以谋求私利之可能。法治及权力制衡机制既能让公民养成守法的良好习惯，又能让他们监督政府及公职人员，使他们忠于职守、依法执政，从而建立和维持一个良序社会。由此看来，在亚里士多德那里，经济伦理实现的途径是建立优良政体、实行法治、权力监督。当今，经济伦理现实化时刻不能离开相应制度安排和法律，这已成为人们的共识，这一共识的形成不能说没有从亚里士多德思想中得到启示。

---

① ［古希腊］亚里士多德：《政治学》，颜一、秦典华译，中国人民大学出版社2003年版，第255页。
② 同上书，第20—21页。

二 建立政府、保护产权、遵守自然法则：社会契约论的经济伦理实现思想

社会契约论首先是一种政治哲学，但因为经济伦理不能离开政治哲学而自足，因此我们也可以把社会契约论伦理理解为一种经济伦理，即政治—经济伦理（由对政治社会的反思而及或影响经济伦理）。社会契约论思想自古希腊伊壁鸠鲁（Epicurus）就已萌芽，但完备形态的社会契约论则始自近代，其代表人物主要有霍布斯、洛克、休谟。

（一）建立"利维坦"：霍布斯的经济伦理实现思想

霍布斯是近代社会契约论的创始人。他认为，包括政府、法律和道德等在内的社会是由出于自利考虑的人们创立的，社会出现以前，人类生活于没有政府、法律和道德而只有弱肉强食、人对人像狼一样或一切人反对一切人的战争的自然状态。在自然状态下，每一个人都拥有自保的自然权利，这种自然权利驱使人们产生了遵守自然法（即达致自保最有效的手段）的需要。霍布斯共提出了九条自然法，但最关键的是他按照顺序排列的前两条，即第一条是为走出人人为敌的自然状态而寻求和平并遵守它；第二条是每个人"对于别人享有的自由，应当以他自己允许别人对于他自己所享有的自由的程度为满足"，即己所不欲，勿施于人[①]；由这两条就可以推导出第三条即履行契约，及其他自然法如恩惠与感恩、和顺、宽容、平等待人等，它们就是霍布斯向人们宣示的道德哲学，这种道德哲学从理论形态上说就是契约伦理。这种契约伦理同时也是他的经济伦理，因为它适用于整个社会，同样也适用于经济领域。

那么这种契约伦理如何通达于现实呢？霍布斯认为，必须建立一个具有绝对权威以维系契约伦理的政府，即"利维坦"。所以，在霍布斯

[①] 周辅成编：《西方伦理学名著选辑》（上卷），商务印书馆1964年版，第665页。

那里，政府是保证契约伦理生效从而使经济伦理实现的力量。但是，按照霍布斯的逻辑，这里有一个问题：因为人都是极端自利的，自利的人出于自保而签订契约从而和平共处；为了保证自利的人不至于为了自己的利益而撕毁协议，因而建立政府；但是，组成政府的人也是自利的，他们可以借助于权力更好地利己，那么又由谁来监督政府及组成人员呢？霍布斯无法回答这个难题。为什么？张华夏教授给出了霍布斯陷入此难题的原因："他之所以陷入困境，用系统论的语言来说是由于他只相信'他组织'，不相信'自组织'，因此便不能解决这个问题……自利的个人或'经济人'……是道德推理的必要而非充分的条件，是第一的原则而非唯一的原则……霍布斯……的错误在于当他不能由'经济人'单独导出'伦理人'的时候，加进了一个强权政府，而这不但不能消除这个逻辑鸿沟，而且加深了这个鸿沟。"[①]

（二）成立有限政府与保护财产权：洛克的经济伦理实现思想

霍布斯的契约伦理在洛克那里得到继承和发展，但与其不同的是，洛克并没有把自然状态描绘成像霍布斯那样的"热带丛林"，而是认为自然状态就是人们按照理性而生活在一起，地球上没有共同的长官可以权威地裁决他们之间的纠纷的状态，它是公民社会出现前或没有很好地控制时的状态。自然状态下的人们并非总是处于战争状态，大部分时间还是和平共处的，当然有时候也发生战争，但这并非由于人的侵犯性，而是由于资源的稀缺。自然状态也不是没有任何道德与法的，其中的人们拥有出于自然法的自然权利，即生命、自由和财产权。那么，自然法的根据何在？洛克认为：一是由于每个人自我保全的天性；二是当自保与保护他人不矛盾时还尽可能保护他人的自然倾向[②]。洛克在重视每个人的生命、自由之自然权利的同时，还十分重视财产权，他的财产权思想实际上就是其产权伦理思想，而产权伦理是经济伦理中恰恰值得人们

---

① 张华夏：《道德哲学与经济系统分析》，人民出版社2010年版，第114页。
② 同上书，第116页。

认真讨论的问题，所以经济伦理实现的问题在洛克那里就表现为产权伦理实现的问题。

在洛克看来，原始社会根本没有财产权（或所有权或产权）概念，因为那时候每个人对大自然所赐予的一切都有权取走，而所有权的含义是指"没有一个人的同意，他人就不能从他那儿擅自取走"①。那么（私有）财产又是如何出现的呢？在解答这个问题时，洛克主要有三点意见：其一，每个人的身体是上帝给予的，这同时就说明每个人对自己身体拥有一种除他自己之外任何人都不得占有的绝对的所有权，他自己的身体就是他的财产，他运用自己的身体进行劳动进而有所得，也是正当地属于他自己所有的。上帝提供给人类的自然物是人类的共同财产，不属于任何个人，当某人运用自己的身体及劳动于自然的无主物，他就在其上"掺进了他自己的某种东西，因而使它成为他的财产"②，而别人对它就不拥有所有权。如果别人向他索取，就等于索取他身体固有的东西即劳动。其二，别人也可以同样的方法拥有财产，因为那时人口稀少，资源也不稀缺，因而别人并没有受到他的妨碍。也就是说，"某个人对资源的占用并不限制任何其他人的自由，因为……留给他人的足够多、同样好"③。其三，因为自然物品易腐，而人们取自大自然的财产并不是很多，因此无需花费多大精力来保护它们。但随着货币的自发出现，人们转而贮存货币而不是易腐的劳动产品，这样私有财产就进一步扩大。"赤贫的平等为经济上的不平等所取代"，而这并非不正义、不道德，"因为农业与货币社会最贫穷的人也会比前农业的狩猎社会最幸运的人富裕得多"，但是随着私有财产的日益扩大，其保护也就成了问题，而自然状态下的人们又提供不了保护

---

① 张华夏：《道德哲学与经济系统分析》，人民出版社 2010 年版，第 116 页。
② ［英］洛克：《政府论》（下篇），叶启芳、瞿菊农译，商务印书馆 1981 年版，第 20 页。
③ ［美］彼得·S. 温茨：《环境正义论》，朱丹琼、宋玉波译，上海人民出版社 2007 年版，第 89 页。

手段，所以社会就不得不从自然状态走向公民社会①。那么，洛克的产权伦理如何实现呢？

洛克认为，自然状态下的每一个人都有权做符合自然法的任何事情，同时也有权惩罚违背自然法即侵犯他人生命、自由和财产权的任何行为。"这样社会就产生了三大问题：①每个人对自然法的解释不同。②每个人都是相关案件的裁决者，即每个案件至少有两个由当事人自己担当的裁判，这就必然引起争论而无第三者主持公正。③社会缺乏强权来强制执行判决。"②特别是当私有财产出现后这些问题大量涌现。于是，处于自然状态的人们就签订契约，把自己的惩罚权让渡给第三方即政府。人们成立政府的目的就在于保护自己的财产，谋求彼此间的舒适、安全与和平；而政府的目的也在于保护人民的生命、自由和财产不受侵犯，这是社会契约施加给它的义务，如果它违背了这个义务，那么人民可以反对它。政府也仅仅在这一点上才是合理合法的，除此别无他由，因此它不是无限的，而是有限的。由此看来，在洛克那里，成立有限政府是保证产权伦理从而使经济伦理得以实现的有效方案。

（三）遵守自然法则与创立政府：休谟的经济伦理实现思想

休谟的产权正义学说就是他的经济伦理思想，因而其产权正义的实现就是其经济伦理的实现。他认为，社会动荡的根源在于产权的不稳定性，因而必须创建产权制度。"只有通过社会全体成员所缔结的协议使那些外物的占有得到稳定，使每个人安享地（原文如此，应为'他'——引者注）凭幸运和勤劳所获得的财物。"③因此，所谓产权就是通过协议稳定占有所有物，而正义也就由此产生。"在人们缔结了戒取他人所有物的协议，并且每个人都获得了所有物的稳定以后，这时立刻就发生了正义和非义的观念，也发生了财产权、权利和义务的观

---

① 张华夏：《道德哲学与经济系统分析》，人民出版社 2010 年版，第 117 页。
② 同上。
③ ［英］休谟：《人性论》（下册），关文运译，商务印书馆 1980 年版，第 526 页。

念……正义的起源说明了财产的起源。"① 所以,正义就是"由于应付人类的环境和需要(尊重个人财产权——引者注)所采用的人为措施或设计"②。由此,他给出了他关于产权正义也是经济伦理的一个基本命题:"正义只是起源于人的自私和有限的慷慨,以及自然为满足人类需要所准备的稀少的供应。"③

那么如何实现这种作为经济伦理的产权正义?休谟提出两个办法:其一,遵守三大自然法则。他提出了产权正义的三大法则,即"稳定财物占有的法则""根据同意转移所有物的法则""履行许诺的法则",这三大法则也就是他的经济伦理基本原则,它们既可以维护市场经济秩序,也可以促进社会秩序。"人类社会的和平与安全完全依靠于那三条法则的严格遵守,而且在这些法则遭到忽视的地方,人们也不可能建立良好的交往关系。社会是人类的幸福所绝对必需的;而这些法则对于维持社会也是同样必需的。"④ 其二,创立政府。休谟认为,人类在很大程度上是被利益所支配的,而资源又是稀缺的,所以需要尊重产权;一个社会的正义通过它对产权正义三大法则的尊重来判断,正义是群体共同遵守的契约;但是,由于人性本来就是自利的,具有为难以控制的情感所支配、"宁取现实的些小利益"的机会主义行为倾向,尽管社会以尊重产权为"公道的命令",但多数人仍在有利于自己时选择背逆社会契约规定之义务的行为;当"公道的破坏"在社会上变得非常频繁时,"人类的交往也因此而成为很危险而不可靠的了"⑤,为了克服这种局面,社会就必须找寻补救方法,这种方法就是创立政府,通过政府强制社会成员履行社会契约或"遵守法度,并在全社会中执行公道的命令"⑥,从而维护全体社会成员的长期利益。在休谟看来,既然我们不

---

① [英]休谟:《人性论》(下册),关文运译,商务印书馆1980年版,第527页。
② 同上书,第513页。
③ 同上书,第532页。
④ 同上书,第562页。
⑤ 同上书,第572页。
⑥ 同上书,第574页。

能改变天性中原来就有的舍远求近的猛烈倾向，那么"我们所能做到的最大限度只是改变我们的外在条件和状况，使遵守正义法则成为我们的最切近的利益，而破坏正义法则成为我们的最辽远的利益"①，"而执行正义对于维持社会是那样必需的。这就是政府和社会的起源"②。因此，在休谟那里，政府是实施产权正义的工具，而这也同时意味着政府是落实经济伦理的保障。

三 自由放任与适度干预：功利主义的经济伦理实现思想

功利主义是一种以后果来评价行为的道德价值的道德哲学和政治哲学。从经济伦理角度来看，功利主义主张一种经济行为、政策和制度是否道德和正当，就看它是否有利于增进最大多数人的最大幸福，增进了就是道德的、正当的，否则就是不道德的、不正当的。功利主义在近代由边沁开创，由穆勒继承和发展，他们在提出功利主义伦理时也提出了这种伦理的实现方法。

（一）道德与法律制裁、自由放任：边沁的经济伦理实现思想

边沁关注了功利主义伦理的实现问题，他认为，由于趋乐避苦乃人的天性，因此伦理实现的方法就是制裁，即顺应人的天性，或者说对人性因势利导。他说："组成共同体的个人的幸福，或曰其快乐和安全，是立法者应当记住的目的，而且是唯一的目的……不管要干何事，除痛苦或快乐外，没有什么能够最终使得一个人去干。"③ 在他看来，快乐和痛苦通常有自然的、政治的、道德的和宗教的四种来源，相应地，就有四种制裁。自然制裁是由于一个人有所不慎而遭受的惩罚，而不是自

---

① [英]休谟：《人性论》（下册），关文运译，商务印书馆1980年版，第573页。
② 同上书，第573—574页。
③ [英]边沁：《道德与立法原理导论》，时殷弘译，商务印书馆2000年版，第81页。

然和自发地降临于他头上的苦难即灾祸;政治制裁是政治官员的判决使一个人遭受的惩罚;道德制裁是由于某人之道德品性不受其邻人欢迎、得不到他们的帮助而遭受的惩罚;宗教制裁是一个人"由于他犯下某种罪孽,或因惧怕天谴而心烦意乱,以致招来由直接责罚表现的神怒"①。在这四种制裁中,自然制裁包含在其他三个制裁中,能够在任何情况下不依赖于别的制裁而发生作用,其他三个制裁则要借助于它才能起作用。相比于道德制裁,边沁则更重视法律制裁,认为功利伦理的实现只能依靠法律的强制才有可能。他认为,法律是主权者(君主制下的君王或民主制下的人民)的命令,是强加于公民的义务,如果有谁违抗就制裁谁。但是,法律的制订标准是功利原理,目的是维护国民全体的快乐即生存、富裕、平等和安全,保护私有者及其财产权。同时,在社会经济生活中,边沁要求对经济采取自由放任政策,主张通过"自由竞争,自由贸易,反对取缔信贷自由,反对国家干涉私人企业经营活动"② 以实现经济伦理。

(二) 政府适度干预:穆勒的经济伦理实现思想

通过修正边沁伦理学说,穆勒同样主张经济伦理的道德基础是最大幸福原理,那么如何实现这一目标?他提出了两个办法:"首先,法律和社会的安排,应当使每一个人的幸福或(实际上也就是所谓的)利益尽可能地与社会整体的利益和谐一致;其次,教育和舆论对人的品性塑造有很大的作用,应当加以充分利用,使每一个人在内心把他自己的幸福,与社会整体的福利牢不可破地联系在一起,尤其要把他自己的幸福,与践行公众幸福所要求的各种积极的和消极的行为方式牢不可破地联系在一起。结果不仅要使得任何人都无法设想,自己的幸福竟然会与危害公众福利的行为相一致,而且要让促进公众福利的

---

① [英]边沁:《道德与立法原理导论》,时殷弘译,商务印书馆2000年版,第83页。
② 乔洪武:《正谊谋利——近代西方经济伦理思想研究》,商务印书馆2000年版,第179页。

直接冲动，存在于所有的习惯性行为动机之中，并让与之相关的情感，在每一个人的意识活动中都占有一个大而突出的位置。"① 同时，穆勒在继承古典自由主义关于自由放任的市场经济思想的基础上，坚定主张经济自由主义，认为最好由私人自愿地去做社会事务，反对政府保护本国工业、控制贷款利率和商品价格、制订禁止工人联合的法律、限制思想和出版自由等干预措施，但是，他也不是完全主张放任自流的市场经济，而是主张政府干预对于经济活动是必不可少的，但必须是适度的，他除了赞成斯密提出的政府三项职能外，还认为政府应承担提高人民教育素质、保护妇女儿童权利、制止垄断以维护自由竞争、限制劳动时间的长短和出售殖民地土地的年限、制定和实施济贫法、开拓殖民地等职能②。因此，在穆勒看来，实现最大幸福之经济伦理的保障在于政府适度干预。

四 福利国家与最低限度国家：自由主义的经济伦理实现思想

自由主义是一种政治和经济学说，主张个人自由和财产权利相对于其他任何价值的优先性，在经济政策上崇尚自由市场经济，主张限制政府权力。自由主义可以分为功利主义的自由主义、平等主义的自由主义和新自由主义。

（一）差别原则和福利国家政策：罗尔斯的经济伦理实现思想

平等主义的自由主义以罗尔斯为代表，其经济伦理实现思想就是他的作为公平的正义之核心的差别原则。他认为，正义是经济制度的首要美德，任何个人和团体都会在"无知之幕"后选择"作为公平的正义"

---

① ［英］约翰·穆勒：《功利主义》，徐大建译，商务印书馆2014年版，第21页。
② 乔洪武：《正谊谋利——近代西方经济伦理思想研究》，商务印书馆2000年版，第202—203页。

原则，并按"最大最小值"规则选择制度安排。按照他的最新表述，"公平的正义"有两个正义原则："（1）每一个人对于一种平等的基本自由之完全适当体制都拥有相同的不可剥夺的权利，而这种体制与适于所有人的同样自由体制是相容的；以及（2）社会和经济的不平等应该满足两个条件：第一，它们所从属的公职和职位应该在公平的机会平等条件下对所有人开放；第二，它们应该有利于社会之最不利成员的最大利益（差别原则）。"①

罗尔斯认为，社会可以分为两个部分或领域，即政治和经济领域，因此其两个正义原则也就分别适用于社会的这两个部分或领域，即第一个原则适用于政治，第二个原则适用于经济。从经济伦理角度来理解，他的经济伦理实现思想包括两点：第一，经济伦理实现的政治条件。第一个原则即"平等的基本自由"原则适用于政治领域，其价值在于确保公民的"不可剥夺的权利"即基本自由，主要包括："思想自由和良心自由；政治自由（例如，政治活动中选举和被选举的权利）、结社自由以及由人的自由和健全（物理的和心理的）所规定的权利和自由；最后，由法治所涵盖的权利和自由。"② 这一原则可以看作经济伦理实现的政治保障或条件。第二，经济伦理（分配正义）实现的原则。第二个原则中的第一方面为"公平的机会平等"原则，第二方面为"差别原则"，它适用于经济即收入和财富的分配领域，其价值在于保证平等地分配收入、财富、机会等。"虽然财富和收入的分配无法做到平等，但它必须合乎每个人的利益"③，特别是必须有利于那些最不利者的最大利益。罗尔斯说："人们通过坚持地位开放而运用第二个原则，同时又在这一条件的约束下，来安排社会的与经济的不平等，以便使每个人

---

① ［美］约翰·罗尔斯：《作为公平的正义——正义新论》，姚大志译，中国社会科学出版社2011年版，第56页。
② 同上书，第58页。
③ ［美］约翰·罗尔斯：《正义论》，何怀宏等译，中国社会科学出版社1988年版，第61页。

都获益。"① 适用于经济领域的第二个正义原则就是他表达的经济伦理，按照公平的机会平等原则和差别原则，在收入和财富的分配上，如果实现了"每个人都获益"，那么这就是正义的。显然，根据差别原则调节经济分配不平等，社会必须实行福利国家政策并通过它规定一个最低保障值，采取征税、调整财产权措施，在国民财富再分配中贴补社会中的最不利成员，否则即为不正义。因而，在罗尔斯那里，福利国家政策是经济伦理现实化的实现途径。

（二）市场经济、自由竞争、最低限度国家：诺奇克的经济伦理实现思想

新自由主义崇尚自由竞争和市场经济，极力反对政府干预和计划经济，其代表人物主要有诺奇克、哈耶克（Friedrich August von Hayek）、波普尔（Karl Popper）、弗里德曼（Milton Friedman）等。其中诺奇克的经济伦理思想即他的"正义即尊重个人自由权利"思想。他认为，正义问题不在于分配正义，而在于财富的持有是否正义，即财富的获得和转让是否正义，违反这两个正义原则后又如何纠正。他提出了三个正义原则：一是获取的正义原则。他认为，自主、分立的个人绝对拥有自己身体的所有权，从而拥有自己劳动的所有权。获得来自于劳动与自然界无主物相结合而产生的劳动成果、劳动资料，假若没使未占有者的情况变糟，那么获取即是正义的；假如使一些人情况变糟，那么占有者应给予这些人相应补偿，否则即不正义。二是转让的正义原则。他认为，如果包括交易、赠送、继承等在内的转让是自愿的，那么它即是正义的。所谓自愿的是指转让没有侵犯转让者的自我所有权。三是矫正的正义原则。对这一原则诺奇克没有阐述，其原因在于他反对"福利国家"，他说："个人拥有权利，而且有一些事情是任何人或任何群体都不能对他们做的（否则就会侵犯他们的权利）。"因此，他赞成"最低限度的国

---

① ［美］约翰·罗尔斯：《正义论》，何怀宏等译，中国社会科学出版社1988年版，第61页。

家，其功能仅限于保护人们免于暴力、偷窃、欺诈以及强制履行契约等等；任何更多功能的国家都会侵犯人们的权利，都会强迫人们去做某些事情……国家不可以使用强制手段迫使某些公民援助其他公民，也不可以使用强制手段禁止人们追求自己的利益和自我保护"①。"最低限度的国家"不搞指导性计划经济和集中管理，不干预自由竞争的市场经济；把国有企业私有化、民营化，不搞征收累进税、遗产税、给予公民福利权和医疗服务权等国民财富再分配，因而是正义的、合伦理的。因此，在诺奇克那里，实行市场经济、自由竞争、最低限度国家才是经济伦理的实现之道。

五 政府积极作为：社群主义的经济伦理实现思想

社群主义是 20 世纪 80 年代以来形成的一种以阿拉斯代尔·麦金太尔、迈克尔·沃尔泽、查尔斯·泰勒（Charles McArthur Ghankay Taylor）、迈克尔·桑德尔（Michael J. Sandel）等为代表的政治哲学和道德哲学，虽然他们的思想并不一致，但都对自由主义持批评态度，正是在批评自由主义的过程中，他们表达了自己的经济伦理观。社群主义的与经济伦理相关的观点主要有如下几点：

（一）社群优先于自我和个人

与自由主义者如罗尔斯、诺奇克等强调个人及其权利的优先性不同，社群主义者强调社群相对于自我和个人的优先性。他们认为，自我和个人只有在社会关系或社群及其历史传统和社会文化环境中才能被发现、被定义并得到正确理解，个人自主性、自我角色认同等都是由社会规定的，是以某些社会规则的存在为前提的。那么，何谓社群？社群就

---

① ［美］罗伯特·诺奇克：《无政府、国家和乌托邦·前言》，姚大志译，中国社会科学出版社 2008 年版，第 1 页。

是一种由人组成的共同体。在社群主义者那里，主要有工具性社群、情感性社群和构成性社群，其中最重要的是构成性社群，即取得社群资格的成员自我认同社群的目标、共同特征为自己的目标和特征，从而产生相对于社群的归属感和责任感的社群，它规定了自我。因而，社群优先于自我，任何人都不能脱离社群而生活。这种观点表现于经济伦理，就是企业、公司等经济主体优先于员工个体。

（二）公益优先于个人权利

与自由主义者视个人权利为先验的、普遍的、不依赖于社会条件的权利之权利观念不同，社群主义者则认为权利不是先验的、普遍的，而是社会、历史发展的产物。麦金太尔说，相信那种人之为人都具有的先验权利是令人诧异的事，它们根本不存在，"相信它们就如相信狐狸精与独角兽那样没有什么区别"①，权利享有依赖于社会性规则、特定历史时期和特定社会环境，"特殊类型的社会结构或实践的存在，是那种要求拥有权利的概念成为一种可理解的人类行为样式的必要条件"②。同时，与自由主义者视权利为道德权利、消极权利、个体权利不同，社群主义者则认为权利首先是法律权利而不仅是道德权利，是积极权利而不仅是消极权利，是集体权利而不仅是个体权利。社群主义者并不否认个体权利，相反他们重视个人权利，但他们更重视集体权利，更重视公共善或公益。公共善有物化和非物化两种基本形式：前者即公共利益，后者主要体现为各种美德。物化形式的公益又有两类：一类是产品形式的，如各种各样的社会福利；一类是非产品形式的，如街道卫生、企业中某些民主管理规则、某些基本的人际原则等③。公益既表现为共同需求，也成为个人和社群行为标准。

---

① ［美］A. 麦金太尔：《追寻美德——道德理论研究》，宋继杰译，译林出版社 2008 年版，第 79 页。
② 同上书，第 77 页。
③ 俞可平：《社群主义》，中国社会科学出版社 2005 年版，第 129—130 页。

(三) 公共善的分配伦理

社群主义者主张，公共善的分配既要按照公正、平等原则分配，更要按照个人需要原则分配。沃尔泽认为，公共善的公正分配首先要确认需要，其次要确认成员资格。利益应当被分配给那些匮乏的成员，因为他们确实有这样的需要；但这种分配必须有助于维持受益者的成员资格。据此，他提出了如下分配伦理原则：一是每个政治社群必须注意其成员的需要，而成员们则须集体地理解这些需要；二是被分配的利益必须根据需要按比例分配；三是这种分配必须以平等的成员资格为基础。他还说，这三个分配伦理原则可以用稍作修改后的马克思的著名公式表示：根据每个人的能力或资源进行提取；按照其社会认可的需要进行分配①。

（四）"强国家"是权利的保障和伦理实现的机制

与自由主义者主张国家中立不同，社群主义者强调"强国家"，认为公共利益的实现必须依靠国家的强制作用。国家必须负起教育和引导公民的责任，使公民养成促进公共利益的美德和善行；国家要鼓励个人参与政治决策，以防止政治上的专制独裁和经济上的垄断、剥削、压迫，即国家不但要提倡政治民主，也要提倡经济民主；国家应是多功能的。戴维·米勒提出国家至少有五大职能：一是保护个人及其资源和利益不受外部侵夺的保护职能；二是按照公正的分配原则对资源进行分配和再分配的分配职能；三是调节经济以使其满足效率标准的经济管理职能；四是提供协作性的工作关系、公民资格、娱乐设施、公共交通、环境保护等公共品的职能；五是履行自我再生产即向公民提供免费有用的政治信息以使其自由参与大众传媒讨论、维持公民必备的文化条件的职能②。

显然，自由主义和社群主义的国家观截然不同。前者主张弱国家，

---

① 俞可平：《社群主义》，中国社会科学出版社 2005 年版，第 133 页。
② 同上书，第 142—144 页。

后者主张强国家；前者主张国家不应当做什么才能使个人权利不断扩大，后者主张国家应当做什么才能保障个人权利、公民福利和公正分配。从经济伦理角度看，弱国家或政府不干预是自由主义的经济伦理实现之道；强国家或政府积极作为是社群主义的经济伦理实现之道。其实，两个学派都有其合理性：自由主义是从消极角度保障公民的经济自由和权利以实现经济伦理；社群主义是从积极角度增进公民的经济权益以实现经济伦理。因此，两个学派各有所长、各有所短，有着相互补充、相互取长补短的可能性空间。

六 技术、经济、政治、文化、社会的全方位生态化建构：生态主义的经济伦理实现思想

生态主义是20世纪六七十年代以来由全球生态危机引发、以全球性生态运动为表现的流行于全球的一种社会思潮，是人们深刻反思工业文明时代世界观、价值观、生产方式和生活方式的结果。它坚持生态系统完整、美丽、和谐并不受破坏的生态伦理观点，因此其主要是一种道德学说。生态主义也有经济伦理即生态经济伦理，主要内容包括在生态主义制导下大力提倡生态生产、大力提倡包括自然价值在内的公平分配和平等交换、大力提倡生态消费等[①]。关于这种经济伦理的实现方法，生态主义提出如下主张：

（一）提倡生态技术

生态技术即建立在生产流程和技术基础上的循环生产和仿生态技术，余谋昌教授称其为"生态工艺"，即"在这样的生产过程中，输入生产系统的物质，在第一次使用生产第一种产品以后，其剩余物是第二次使用，生产第二种产品的原料；如果仍有剩余物是生产第三种产品的

---

① 龚天平、何为芳：《生态文明与经济伦理》，《北京大学学报》（哲学社会科学版）2011年第4期。

原料，直到全部用完或循环使用；最后不可避免的剩余物，以对生物和环境无毒无害的形式排放，能为环境中的生物吸收利用"①。

（二）发展生态经济

生态经济是指经济的生产、交换、分配、消费都受生态系统承载能力约束，以全面、协调、可持续发展为原则遵循的现代经济体系。张华夏认为，生态经济是指"为了整个人类与我们的行星的共同利益而伦理地、理智地和生态地对精神财富和物质财富做出可持续的创造和公平合理的分配"②的经济，其特点是③：其一，发展就是提高自然资源的生产力；其二，大幅度降低人口数量，大幅度扩展各种野生动植物自然保护区；其三，提高生活质量，改变生活方式；其四，逐步以服务经济代替产品经济。

（三）构建生态政治

生态主义认为，生态危机实质上是经济危机、资本主义危机，其根源在于生产与消费相脱离，在于市场经济中流行的三大拜物教即商品拜物教、货币拜物教、资本拜物教，在于最大化利润追求和你死我活的残酷竞争，即资本主义制度和市场机制。因此要实现生态经济、实现经济伦理，就要废除资本主义和市场经济，代之以生态社会主义，即"将生态的伦理价值观念与社会主义的正义观念（包括平等、合作、团结、民主、自由这些理念）结合起来"④的、优越于资本主义的政治制度。

（四）培育生态文化并建设生态社会

在生态主义看来，生态经济伦理的实现还需要培育生态文化、建设生态社会。因为生态主义标志着生态文明，而生态文明是整个人类文明

---

① 余谋昌：《生态文明论》，中央编译出版社 2010 年版，第 158—159 页。
② 张华夏：《道德哲学与经济系统分析》，人民出版社 2010 年版，第 182 页。
③ 同上书，第 183—189 页。
④ 同上书，第 190 页。

的根本转型，其首要条件是经济的转型，即应该从工业文明的市场经济转向生态文明的生态经济；其次是政治的转型，即应该从资本主义转向生态文明的社会形态即生态社会主义；最后是社会的文化、世界观、价值观、思维方式等多方面的转变，即应该从个人主义文化和原子式社会转向生态整体主义文化和公平正义、团结互助型社会。生态文化和生态社会才是解决人与自然和人与人的矛盾、实现生态经济伦理的关键途径，才是人与自然的生态关系和谐、人与人的社会关系和谐的生态社会。

七 回顾经济伦理实现机制思想的启示

经济伦理的实现机制问题即经济伦理如何落实的问题，伦理思想史上思想家们分别提出了美德论、契约论、功利论、自由主义、社群主义和生态主义等各种方案。所有方案都对我国在社会主义市场经济下落实经济伦理，推动经济社会发展秩序的良性建构具有重要价值和意义。通过检视各种方案，我们至少可以得出如下启示：

（一）落实经济伦理不能脱离政治体制

亚里士多德提出伦理的实现必须建构优良政体，政治是以善和公共利益为旨归的具有道德意义的活动，即政治是践履伦理的行动。当代政治以公正为目标，经济以繁荣为目标，而经济伦理则以繁荣和公正兼顾为圭臬。经济是政治的基础，政治是经济的集中表现也是经济的统率和灵魂，而经济伦理则是经济和政治的价值遵循。因此经济伦理的实现既不能脱离经济也不能游离于政治，而必须以政治为保障。同时，当代经济以市场为制度性场所，以个人和企业组织为行动者；政治以政府为制度性场所，以共同体为行动者[①]。因此，经济伦理的落实还不能忽视政府作用。各种方案也都肯定了这一点，即便是诺奇克提出最低限度国

[①] ［美］巴里·克拉克：《政治经济学——比较的视点》，王询译，经济科学出版社2001年版，第4页。

家，但他也并没有全然否定政府，更不是主张无政府。政府既可以通过各种干预市场的措施为经济伦理的实现提供良好环境条件，也可以亲自践履经济伦理，为市场主体提供示范。当今市场经济领域，政府也是一定范围内的经济主体，比如基础公共设施、关乎国计民生的重大特大经济事务都是由政府组织的。因而政府也有践履经济伦理的责任。

（二）他律机制是经济伦理通达现实的依凭

相对于经济主体的道德自律机制来说，亚里士多德提出的优良政体、实行法治、权力监督，霍布斯、洛克、休谟等提出的建立政府、保护产权、遵守自然法则，边沁、穆勒提出的自由放任、政府适度干预，罗尔斯、诺奇克提出的福利国家或最低限度国家，麦金太尔、沃尔泽、米勒等人提出的政府积极作为，生态主义者提出的技术、经济、政治、文化、社会的全方位生态化建构等都是外在于经济主体的他律机制。经济伦理的实现无疑不能离开主体自律机制，但自律更多地建立在主体的自觉性基础上，表现为应然，是一种柔性的内部调控力量，当主体面对利益诱惑时，主体就可能做不到自律，从而使经济伦理得不到落实。而他律机制是一种外在于主体的强制性力量，能够迫使主体做出道德选择，从而使经济伦理得以实现。所以，与自律机制一样，他律机制也是经济伦理实现机制的重要构成。

（三）制度安排是实现经济伦理的必要支撑

制度安排是指市场经济中各种具体的法律制度和运作规则必须健全，是上述他律机制的具体化。这也是各种方案都一致认同的基本措施。经济伦理既表现为价值观念，也表现为行为规则，还表现为具体行动，具体行动就是经济伦理的落实，但它是在价值观念和行为规则的约束之下。价值观念和行为规则既有原则性的，也有具体的。那些具体的行为规则就要靠法律制度加以固化，靠法制和规章制度建设来维系。没有相应的制度安排，单靠经济主体良心自律，经济伦理就可能被搁置、虚化而不能转化为现实。因此，制度安排是实现经济伦理的必要条件。

当然，落实经济伦理的过程中，仅仅注重订立字面上的法律和规章制度条文还是远远不够的，各种条文还必须通过培养经济主体的法律和制度规则意识写入人心，才能得到敬畏、信任和普遍遵循，从而形成一种制度文明。这就表明，制度安排并不是经济伦理实现的充分条件，只有当它与主体机制相结合时才能发挥应有功用。因此，制度安排与政治体制、他律机制之间是相辅相成、相互配合、相互联动的关系，它们与主体机制一起从整体上构成一个落实经济伦理的行动系统。

第二篇

经济伦理价值原则

经济伦理并不是一个空洞的概念，而是有着丰富的内涵，作为一种伦理价值观念，表现为一个包含若干原则的伦理价值规范体系。对于这些规范的具体内容，学界有不同的概括和提炼，比如张华夏先生概括为"环保""功利""正义""仁爱"四大原则，陈泽环教授概括为"功利""公正""奉献""生态"四大原则，罗能生教授概括为"义利统一""效率与公平相协调""经济发展与人的发展相一致"，等等。本书则以习近平新时代中国特色社会主义思想为指导，根据中国市场经济的运行方式，结合社会主义基本经济制度，吸收学界已有成果，提出"经济自由原则""经济平等原则""经济公正原则""经济信任原则""安全价值原则""绿色价值原则"六大原则。就它们之间的关系来看，经济自由原则是市场经济的理念性前提和基础，是中国社会主义市场经济伦理的首要原则；经济平等原则是第二大原则，因为谈到经济自由，随之而来就不能不谈经济平等，它与经济自由之间既有统一的一面，也有冲突的一面，体现为辩证的关系；经济公正原则是第三大原则，其功能是平衡经济自由与经济平等的关系，一方面它对经济自由进行限制而使经济活动驱向经济平等，使经济自由不至于泛滥而走向反面，一方面它对经济平等进行规导而使经济活动处于经济自由，使经济平等不至于保守而走向僵化，因而它是经济自由和经济平等的均衡支点；前三大原则如果能得到坚守，那么整个市场经济活动就能保持良好的经济信任秩序，但是这种秩序的形成是一个需要把经济信任作为时刻都不能遗忘的精神理念的艰巨历史过程，因此第四大原则就是经济信任原则；第五大原则是安全价值原则，这既是一个事关市场经济本身的伦理原则，比如消费安全、产品和服务质量安全，也是一个事关市场经济得以顺利开展和正常运行的与整个社会秩序密切相联的伦理原则；绿色价值原则是第六大原则，它既构成整个社会生存和发展的基本前提，也是一种新的经济运行逻辑和商务伦理观念，因而将其纳入经济伦理价值原则系统具有不言而喻的依据，其实前五大原则的展开也需要这一原则的优先确立。这六大原则之间相互依存、相互作用，共同构成经济伦理价值原则的综合性系统。

第三章　经济自由原则

作为市场经济最为基本的经济伦理价值原则，经济自由原则与经济公正、经济平等、绿色价值等原则一起决定着当代市场经济行为的"伦理质量"。党的十九大报告提出要加快完善社会主义市场经济体制，并把其作为习近平新时代中国特色社会主义思想的重要内容。作为一种同社会主义制度内在结合的经济形式，社会主义市场经济要获得完善和健康发展，也必须确立起经济自由这一伦理基础，从而凸显其市场经济性质。同时，也必须说明的是，经济伦理是一个由诸多价值原则构成的伦理价值规范系统，在所有这些价值原则中，经济自由原则是首要的原则，也是社会主义市场经济体制的前提性原则，因而我们在研究经济伦理价值时，首先宜从经济自由原则开始。本章试图从经济伦理学角度探讨经济自由原则的基本内涵、它对于经济社会发展和人类文明进步的伦理意义及社会主义市场经济下经济自由原则的基本属性。

一　经济主体拥有出于己意的经济活动权和财产权

经济自由是经济学家们常谈不衰但又意见纷呈的话语。美国著名经济学家巴里·克拉克（Barry Clark）曾把政治经济学分为古典自由主义、激进主义、保守主义和现代自由主义四个流派，而它们对于经济自由都各有各的观点。古典自由主义认为，自由与自主、独立同义，是指不存在政府或其他的强制①；激进主义认为，自由是指充分发挥个人的潜能，它只能在以合作和参与为基础的共同体中才能实现②；保守主义认为，自由是指个人不受专制权力和自己情欲的控制，但也不是放纵地为所欲为，由于孤立的个人不能控制自己的情欲，因此由共同体提供的权威、传统和秩序是自由之必须③；现代自由主义认为，自由有消极自由和积极自由，前者指不存在由他人或政府所施加的强制或限制，后者指一个人有效追求个人目标的能力，当一些人的消极自由妨碍了另一些人的积极自由时，两者会相互冲突④。我们认为，从经济伦理学角度看，经济自由是市场经济的伦理基础，但它与自由一般是紧密联系的，前者不过是后者在经济活动中的体现和延伸。那么，到底什么才是一般意义上的自由？自由一般的根据又是什么？

第一，自由一般是指主体能够按照自由意志自我决定、自主选择。所谓自由一般，是指人能够按照自己的意愿行动，能够自我决定、自己做主，或者说，主体拥有在自由意志支配下，不受外在力量干涉地活动和选择的权利。一般说来，主体面对的外在力量有两个方面：一方面是自然力量，这主要是自然必然性。这方面的自由一般是主体在认识自然必然性的基础上，通过正确地运用自然必然性，改造外部自然而获得的自由，我们姑且称之为"自然自由"。它反映的是人与自然的关系，属于认识论意义上的自由。但是，它不是自由的本质，而只是同处于自然中的人与动物相区别的特点。马克思在《1844年经济学哲学手稿》中说："一个种的整体特性、种的类特性就在于生命活动的性质，而自由的有意识的活动恰恰就是人的类特性。""有意识的生命活动把人同动物的生命活动直接区别开来。正是由于这一点，人才是类存在物。或者说，正因为人是类存在物，他才是有意识的存在物，就是说，他自己的

---

① [美] 巴里·克拉克：《政治经济学——比较的视点》，王询译，经济科学出版社2001年版，第59页。
② 同上书，第80页。
③ 同上书，第103页。
④ 同上书，第124页。

生活对他来说是对象。仅仅由于这一点，他的活动才是自由的活动。"① 这就是说，在自然面前，动物因为没有意识，不能认识自然、改造自然，因而无自由可言；人则有意识，能够认识、利用自然，改造自然，因而自由可以言说。也仅仅是在这一意义上，"自由的有意识的活动"把人与动物区别开来，从而构成人的类特性。

另一方面是社会力量。人是自然的动物，同时又是社会的动物。社会关系的总和决定人的本质。与自然必然性一样，各种社会必然性也会对人的行动形成影响。因此，这方面的自由是主体在认识社会必然性的基础上，通过正确地运用社会必然性，自主活动、自我选择、自我发展而获得自由，与自然自由相对应，我们把这种自由称作"社会自由"。它反映的是人与社会的关系，属于实践哲学意义上的自由。这种自由才是自由的基础的、本质性的内涵，它表明自由从根本上说是主体的一种自主活动、自我选择的权利。法国政治思想家孟德斯鸠（Montesquieu）说："在一个国家里，即在一个有法律的社会里，自由只能是一个人能够做应该做的事，而不应被强迫做他不应该做的事。"② 马克思说："自由是可以做和可以从事任何不损害他人的事情的权利。每个人能够不损害他人而进行活动的界限是由法律规定的，正像两块田地之间的界限是由界桩确定的一样。"③ 社会自由表现于外，就是人的具体行动。人的具体行动有不同领域，如经济、政治、文化、职业等领域，相应地，自由也就有经济自由、政治自由、文化自由、职业自由等，而这些不同的自由也相应地具有不同含义和不同的限制条件。

第二，经济自由是指经济主体拥有出于自己意志的经济活动权和财产权。经济主体能够按照自己的意志从事经济活动的权利，就是经济自由。美国著名经济学家詹姆斯·布坎南（James M. Buchanan）曾经这样描述经济自由："如果一个人可以选择退出，有权选择从谁那里购买什

---

① 《马克思恩格斯文集》（第1卷），人民出版社2009年版，第162页。
② ［法］孟德斯鸠：《论法的精神》（上册），孙立坚、孙丕强、樊瑞庆译，陕西人民出版社2001年版，第182页。
③ 《马克思恩格斯文集》（第1卷），人民出版社2009年版，第40页。

么，选择从事什么样的职业，可以选择建立什么样的企业，可以选择投资到什么行业，那么他在经济上就是自由的。"① 我国著名宪法学者韩大元教授也从宪法学角度指出，经济自由是指"经济活动的主体具有独立自主的身份、地位、资格，可以依照自己的意愿进行经济活动，并承担相应的后果"②。由此可见，经济自由是经济主体最基本的权利，其最核心的内容是经济活动自由，即"任何经济个体，无论其规模大小、资历高低、所有制类别，其地位都应当是平等的；其生产什么、生产多少、何时进入、何时退出、销售给谁售价多少等都是企业自己的事，政府一般不得限制，否则构成对经营自由权的侵犯"③。而经济活动主要包括主体的生产、分配、交换和消费等活动，因此，经济自由就是经济主体的生产、分配、交换和消费的自由。

经济自由不仅包括经济活动自由，还包括财产权。财产权是经济活动权的前提，因为如果没有财产权，经济活动权就没有实际内容。洛克认为，生命、自由和财产是人的不可让与、不可剥夺的自然权利，而财产权又是人的自然权利中最基本的权利，其他权利都以财产权为基础。财产权起源于劳动。"每个人对他自己的人身享有一种所有权，除他以外任何人都没有这种权利。所以只要他使任何东西脱离自然所提供的和那个东西所处的状态，他就已经掺进他的劳动，在这上面参加他自己所有的某些东西，因而使它成为他的财产。"④ 对于财产权之于经济自由的意义，当代英国著名思想家哈耶克说："对财产权的承认，显而易见，是界定那个能够保护我们免受强制的私域的首要措施。"⑤ 然而，由于"现代社会的成就之一就在于，自由可以为一个实际上并不拥有任何财

---

① [美] 詹姆斯·布坎南：《经济自由与联邦主义：新世纪的展望》，载刘军宁主编《经济民主与经济自由》，上海三联书店1997年版，第40页。
② 韩大元主编：《宪法学》，高等教育出版社2006年版，第263页。
③ 陈蓉：《论经济自由的含义及其价值》，《长沙理工大学学报》（社会科学版）2010年第4期。
④ [英] 洛克：《政府论》（下篇），叶启芳等译，商务印书馆1983年版，第19页。
⑤ [英] 弗里德利希·冯·哈耶克：《自由秩序原理》（上），邓正来译，生活·读书·新知三联书店1997年版，第173页。

产的人所享有（除了像衣服之类的个人自用品以外——甚至连这些物品也可以租用），而且我们也能够在很大程度上将那些可以满足我们需求的财产交由其他人来管理"①，所以，标识经济自由的财产权还要求使财产权拥有者"能够实施任何行动计划的物质财富决不应当处于某个其他人或机构的排他性控制之下"②。也就是说，经济主体只有能够真正拥有财产，能够自由支配、使用属于自己的财产，经济自由才有可能实现。

第三，从性质上区分，经济自由包括消极自由和积极自由。从性质方面来看，同其他领域的自由一样，经济自由也表现在两个方面：一方面是经济活动的消极自由，即"不接受……"或"免于……"的自由，也就是人的经济活动和选择不被他人干预的自由。英国著名政治思想家以赛亚·伯林（Isaiah Berlin）说："……自由……就是一个人能够不被别人阻碍地行动的领域。如果别人阻止我做我本来能够做的事，那么我就是不自由的；如果我的不被干涉地行动的领域被别人挤压至某种最小的程度，我便可以说是被强制的，或者说，是处于奴役状态的。"③ 在他看来，这种消极自由是自由的最低限度。就经济活动来说，经济主体的行为必须存在一个不受干涉的领域、不被剥夺选择自己愿意选择的行为的权利，这是一个主体成为经济主体的必要条件。经济自由就意味着经济主体有不受非法干预地自由进出某一经济领域或部门的权利，即使是政府也不能强制干涉经济主体的合法的经济选择行为。另一方面是经济活动的积极自由，即"去做……"的自由，也就是主体能够听从自己理性的召唤，而不是听从任何外在力量支配地选择自己愿意或同意的经济活动方式的自由。这种自由就是经济主体行为自主。伯林说："我希望我的生活与决定取决于我自己，而不是取决于随便哪种外在的强制

---

① ［英］弗里德利希·冯·哈耶克：《自由秩序原理》（上），邓正来译，生活·读书·新知三联书店1997年版，第173—174页。
② 同上书，第173页。
③ ［英］以赛亚·伯林：《自由论》，胡传胜译，译林出版社2003年版，第189页。

力。我希望成为我自己的而不是他人的意志活动的工具。"① 自主是经济主体的基本信条，是主体之所以成为经济选择主体的本质特征。它意味着经济主体的经济活动权应该得到来自政府和其他经济主体的尊重和认可，意味着经济主体是自己的经济行为的作者，拥有独立地进行经济行为选择的权利，拥有自主地规划自身经济活动的同等机会。而这种行为选择权利和机会是他人不能替代的。这两种意义上的自由与古典的自由定义，如洛克、穆勒等的自由观，大致一致，是指经济主体"能在多大程度上享有受保护的自主决策和自我负责领域"②。但要注意的是，积极自由还有一层涵义，即索要资源、工作、保健等事物的自由。因为如果没有这些东西，消极自由就不可能行使，所以穷人、失业者并没有"经济自由"。这种自由观流行于 20 世纪的美国，它与古典自由相区别。"无限索要资源的自由主义主张不断激增，使强制成为必要并导致恐惧"③。而这一强制的结果又显然削弱了古典自由主义者们所理解和定义的自由。

二 经济社会发展和人类文明进步的动力

迄今为止，人类的经济体制大约出现了三种：自然经济、计划经济与市场经济。自然经济是为了满足生产者个人及其家庭或本经济单位自身的需要而进行的以自给自足生产为特征的经济形式，其基本特征在于生产力水平十分低下、自给自足、封闭保守、发展缓慢、规模有限、对自然界依附性很强，它主要存在于原始社会、奴隶社会和封建社会。因此，自然经济条件下无经济自由可言。计划经济是指令经济，是由政府做出有关生产和分配的所有重大决策的经济。著名经济学家保罗·萨缪

---

① [英] 以赛亚·伯林：《自由论》，胡传胜译，译林出版社 2003 年版，第 200 页。
② [德] 柯武刚、史漫飞：《制度经济学——社会秩序与公共政策》，韩朝华译，商务印书馆 2000 年版，第 91 页。
③ 同上。

尔森（Paul A. Samuelson）、威廉·诺德豪斯（William D. Nordhaus）说，在计划经济中，"政府不仅拥有大部分生产资料（土地和资本），而且拥有并指导大多数行业中的企业经营；并成为大多数工人的雇主，指挥他们如何工作。政府还决定社会产出在不同的物品与劳务之间如何分布"①。由于政府在此已经"通过它的资源所有权和实施经济政策的权力"解答了基本的经济问题，因而只有政府才有主导地位，广大的经济主体无需做出任何决定和选择，因而也无所谓经济自由可言。由此看来，经济自由在自然经济和计划经济中都不能存在，无法成为它们发展的动力，那么市场经济呢？

第一，经济自由是市场资源优化配置的基本要求。市场经济从确立的那时起，一直就在经济自由的推动下获得发展，进入20世纪90年代还出现了市场经济全球化现象。英国年轻的经济学者约翰·米德克罗夫特（John Midcroft）高度评价市场经济，他说："市场导致了生产效率的提高并因此创造出任何其他的经济制度都无法企及的物质繁荣水平。"在他看来，许多明显的经验证据都表明："采用市场经济的国家（根据已经确立的私有财产权、健全货币和政府对经济的最低干预来界定）是经济上最为繁荣的国家：'有较多经济自由的国家要比那些较少经济自由的国家……拥有更高的长期经济增长率，并且更为繁荣'。"② 因此，我们可以说，经济自由是市场经济运行的基本前提，也是其发展的基本动力。它构成市场经济活动的核心的、首要的经济价值理念。在经济思想史上，经济自由与市场经济也非常深刻地联系在一起。古典经济学的魁奈（Francois Quesnay）、亚当·斯密、大卫·李嘉图（David Ricardo）、约翰·穆勒，新古典经济学的阿弗里德·马歇尔（Alfred Marshall），当代新自由主义的米尔顿·弗里德曼、哈耶克，一直到阿马蒂亚·森等，都对经济自由进行了淋漓尽致的论说和弘扬。那么，市场经

---

① ［美］保罗·萨缪尔森、威廉·诺德豪斯：《经济学》，萧琛等译，华夏出版社1999年版，第5页。

② ［英］约翰·米德克罗夫特：《市场的伦理》，王首贞、王巧贞译，复旦大学出版社2012年版，第18页。

济为何需要经济自由？

从根本上说，经济自由是出于市场资源优化配置的需要。市场和计划都是配置资源的方式，但是市场是以自由竞争配置资源，而计划是以政府干预配置资源。斯密认为，政府干预不能实现资源的优化配置。他说："任何一种学说，如要特别鼓励特定产业，违反自然趋势，把社会上过大一部分的资本拉入这种产业，或要特别限制特定产业，违反自然趋势，强迫一部分原来要投在这种产业上的资本离去这种产业，那实际上都和它所要促进的大目的背道而驰。那只能阻碍，而不能促进社会走向富强的发展；只能减少，而不能增加其土地和劳动的年产物的价值。"① 在资源配置问题上，政府的最优道德选择就是放任即鼓励经济自由。"一切特惠或限制的制度，一经完全废除，最明白最单纯的自然自由制度就会树立起来。每一个人，在他不违反正义的法律时，都应听其完全自由，让他采用自己的方法，追求自己的利益，以其劳动及资本和任何其他人或其他阶级相竞争。"② 而在经济自由驱使下的"个人的利害关系与情欲，自然会使他们把资本投在通常最有利于社会的用途"而用不着法律干涉。在他看来，经济自由能实现资源的优化配置，其"优化"就表现为"尽可能按照最适合于全社会利害关系的比例，分配到国内一切不同用途"③。

在斯密那里，对经济自由的论述渗透于他的所有经济论著。透过他的这些思想不难看出，要真正发展市场经济就必须尽可能减少政府干预，扩大经济自由。当然，他也不是在宣扬取消政府或无政府主义。他认为，按照自由制度，政府有三方面的义务："第一，保护社会，使不受其他独立社会的侵犯。第二，尽可能保护社会上各个人，使不受社会上任何其他人的侵害或压迫，这就是说，要设立严正的司法机关。第

---

① ［英］亚当·斯密：《国民财富的性质和原因的研究》（下卷），郭大力、王亚南译，商务印书馆1974年版，第252—253页。
② 同上书，第253页。
③ 同上书，第199页。

三,建设并维持某些公共事业及其某些公共设施。"① 但即便如此,经济自由仍然是他赋予市场经济的基本价值精神。所以,如果哪个地区、民族或国家要发展市场经济,就必须完善相应的法律制度,通过法律制度来规范经济主体的行为,也限制政府干预市场经济的权力,最大限度地保护经济主体的自由竞争环境。如此,市场经济才能正常运行。从这一意义上看,市场经济构成经济自由的经济根据。正如马克思所言:"平等和自由不仅在以交换价值为基础的交换中受到尊重,而且交换价值的交换是一切平等和自由的生产的、现实的基础。作为纯粹观念,平等和自由仅仅是交换价值的交换的一种理想化的表现;作为在法律的、政治的、社会的关系上发展了的东西,平等和自由不过是另一次方上的这种基础而已。"②

第二,经济自由是经济发展和繁荣的内在动力。经济自由反映了市场经济条件下经济主体的平等地位。马克思曾经对此有过精辟揭示:市场经济条件下占统治地位的"只是自由、平等、所有权和边沁"。接着他又说:"自由!因为商品例如劳动力的买者和卖者,只取决于自己的自由意志。"③ 他在这里把"自由"摆在最前面显然是有深意的。与自然经济条件下人与人的金字塔式的等级关系不同,在市场中所有参与交换的经济主体都是平等的。"每一个主体都是交换者,也就是说,每一个主体和另一个主体发生的社会关系就是后者和前者发生的社会关系。因此,作为交换的主体,他们的关系是平等的关系。在他们之间看不出任何差别,更看不出对立,甚至连丝毫的差异也没有。"④ 这种平等包含两个方面:一方面是地位平等。各市场主体不论规模大小,"出身"如何,均无高低贵贱之分,在法律上一律平等,不承认一方对另一方拥有特权和强制,都能够机会均等地获取资源,进入市场,参与竞争,开

---

① [英]亚当·斯密:《国民财富的性质和原因的研究》(下卷),郭大力、王亚南译,商务印书馆1974年版,第253页。
② 《马克思恩格斯全集》(第30卷),人民出版社1995年版,第199页。
③ 《马克思恩格斯文集》(第5卷),人民出版社2009年版,第204页。
④ 《马克思恩格斯全集》(第30卷),人民出版社1995年版,第195页。

展经营。另一方面则是规则平等。各经济主体都必须遵循以等价交换原则为中心的市场规则，除了利用自己的能力和社会平等地提供的环境、资源条件等，凭借自己的劳动去获取各种利益外，不允许拥有规则之外的特权。而这就为市场经济自由提供了条件。它使经济主体能够自由地谋求自己的生存和发展。所以，市场经济"除了平等的规定以外，还要加上自由的规定"，在这里，经济主体都是把自己的意志渗透到商品中去的实体，"谁都不用暴力占有他人的财产。每个人都是自愿地转让财产"①。但也必须明确的是，市场经济的这种经济自由并不是无限的，其限制就在于它以"物的依赖性"，即以对商品、货币、资本等物的东西的依赖为前提。

正是这种平等反映了个人正当权益特别是劳动所有权受到尊重。斯密认为，市场经济要正常运行，就不能对劳动、资本等生产要素的自由流动施加任何外在限制，否则就会侵犯劳动者的劳动所有权。他说："劳动所有权是一切其他所有权的主要基础，所以这种所有权是最神圣不可侵犯的。"② 不让劳动者以他们认为正当的方式，在不侵害其他人的条件下使用他们的体力与技巧，就是对这种最神圣的财产的侵犯。而且这不仅是对劳动者的正当自由的侵害，也是对劳动雇用者的正当自由的侵害。"妨害一个人，使不能在自己认为适当的用途上劳动，也就妨害另一个人，使不能雇用自己认为适当的人。"③ 劳动者适合不适合雇用，劳动雇用者雇用谁，都应该交由他们双方自行裁夺。如果政府等外在力量出于假惺惺的担忧而干涉，那就不只是压制，甚至是僭越。这就是说，经济自由要求尊重劳动者的劳动所有权，这是市场经济运行的必要条件，如此才能形成和谐的市场经济秩序和经济联系，否则就会侵犯和破坏整个市场经济结构。

个人正当权益受到尊重又使经济发展获得内在动力。斯密认为，市

---

① 《马克思恩格斯全集》（第30卷），人民出版社1995年版，第198页。
② ［英］亚当·斯密：《国民财富的性质和原因的研究》（上卷），郭大力、王亚南译，商务印书馆1972年版，第115页。
③ 同上。

场经济中的人都是"经济人",都"以牟取利润为唯一目的","总会努力使他用其资本所支持的产业的生产物能具有最大价值",即在利己动机的驱使下活动着的人。"由于他管理产业的方式目的在于使其生产物的价值能达到最大程度,他所盘算的也只是他自己的利益。在这场合,像在其他许多场合一样,他受着一只看不见的手的指导,去尽力达到一个并非他本意想要达到的目的。也并不因为事非出于本意,就对社会有害。他追求自己的利益,往往使他能比在真正出于本意的情况下更有效地促进社会的利益。"[①] 这就是说,"经济人"无需政府干预,而会在一只"看不见的手"即市场经济的竞争和价格机制,也即经济自由的支配下,自然会把资本投入既能"利己"也能"利他"的领域,从而带来社会利益的增长和经济的繁荣发展。

第三,经济自由是人类文明进步的推动力量。自由意味着人类从束缚中解放出来,从野蛮走向文明开化。相对于整个世界,人的知识是有限的,世界发展的未来也是不确定的。正因如此,哈耶克说:"为了给不可预见的和不可预测的事象提供发展空间,自由乃是必不可少的;我们之所以需要自由,乃是因为我们经由学习而知道,我们可以从中期望获致实现我们诸多目标的机会。正是因为每个个人知之甚少,而且也因为我们甚少知道我们当中何者知道得最多,我们才相信,众多人士经由独立的和竞争的努力,能促使那些我们见到便会需要的东西的出现。"[②] 而"一种文明之所以停滞不前,并不是因为进一步发展的各种可能性已被完全试尽,而是因为人们根据其现有的知识成功地控制了其所有的行动及其当下的境势,以至于完全扼杀了促使新知识出现的机会"[③]。从这个意义上说,自由就意味着人类从无知走向有知、获得新知,意味着探索、创新,它是人类在这个不确定的、充满风险的世界继续生存和繁

[①] [英] 亚当·斯密:《国民财富的性质和原因的研究》(下卷),郭大力、王亚南译,商务印书馆1974年版,第27页。
[②] [英] 弗里德利希·冯·哈耶克:《自由秩序原理》(上),邓正来译,生活·读书·新知三联书店1997年版,第28—29页。
[③] 同上书,第39页。

荣的保障，也是文明进步和寻求新的辉煌的动因。

与平等一样，自由具有深厚的形而上学基础。从本体论角度来看，人与人相比，都有作为人的相似性，因而要求平等；人与人相比，又是有差异性的，因而要求自由。"人性有着无限的多样性——个人的能力及潜力存在着广泛的差异——乃是人类最具独特性的事实之一。人种的进化，很可能使他成了所有造物中最具多样性的一种……如果忽视人与人之间差异的重要性，那么自由的重要性就会丧失，个人价值的理念也就更不重要。"[①] 正是由于人的知识的有限性和差异性，人类个体在获取新知识、积累新经验、拓展新技能等方面就有多少和先后的区别。这种区别使一些人走在文明发展的前列，而一些人相对落后；这些相对落后的人在文明发展前列的人的示范下，不断追赶，与他们保持同步，达到平等，从而促使文明不断进步。所以，文明的进步实质上根源于人类个体天赋的不平等。如果硬要违背文明进步的规律，"试图把一预先设计好的"或"经由主观思考而选定的分配模式强加给社会"，而不论它是为了追求平等还是不平等，无疑都与自由不相容，也只会导致文明进步的源泉最终枯竭，因为"阻碍领先者进步，很快就会变成对所有其他后进者的进步的阻碍，而这种结果乃是我们最不愿意见到的事情"[②]。

三 社会主义市场经济条件下经济自由的基本属性

任何一种经济形式都不是一种抽象的、纯粹的经济活动方式，而总是与一定的社会生产方式和制度相结合的。市场经济与资本主义制度相结合而形成资本主义市场经济，与社会主义制度相结合就形成社会主义

---

① ［英］弗里德利希·冯·哈耶克：《自由秩序原理》（上），邓正来译，生活·读书·新知三联书店 1997 年版，第 103—104 页。
② 同上书，第 58 页。

市场经济。无论是资本主义市场经济,还是社会主义市场经济,虽然都以经济自由为基本前提,也具有一般意义上的内涵规定,但从性质上说,它们并不是完全相同而是相互区别的。社会主义市场经济条件下的经济自由具有如下属性。

第一,以责任伦理为预设前提。"自由不仅意味着个人拥有选择的机会并承受选择的重负,而且还意味着他必须承担其行动的后果,接受对其行动的赞扬或谴责。自由与责任实不可分。"① 而与自由一样,责任显然是一个道德概念,它构成我们认识人的道德义务的基础。在当代伦理学中,责任是最为基本、最为关键的概念,包含着理论与实践的各个方面或维度。"责任所包含的道德强制力和道德理性,是所有道德规范中最多的,也是社会的道德要求和个人的道德信念结合得最紧密的。从这个意义上说,责任在道德规范的整个体系中,是处于最高层次的道德规范。"② "……责任感……是道德生活的核心。"③ 从这一意义上看,责任伦理是经济自由的预设前提和伦理限度,而经济自由则是责任伦理的激励机制和道德后果。

前文已述,经济自由实质上是对人的正当权益的尊重,这使经济主体认识到谋求自身利益、提高生活质量、展示自己生命的本质力量的行动具有道德正当性,从而获得了劳动或工作的动力。在经济自由价值观念的支配下,主体对自己行为选择后果负责成为一种法律和道德义务,这样,经济自由与责任伦理就密切联系起来。所谓责任伦理,哈耶克在把自由的社会与其他任何形式的社会相比较时提出了界定,认为与自由相对应,责任伦理包括两点:"一是人的行动应当为责任感所引导,而这种责任在范围上远远大于法律所强设的义务范围;二是一般性舆论应当赞赏并弘扬责任观念,亦即个人应当被视为对其努力的成败负有责任

---

① [英] 弗里德利希·冯·哈耶克:《自由秩序原理》(上),邓正来译,生活·读书·新知三联书店1997年版,第83页。
② 罗国杰主编:《伦理学》,人民出版社1989年版,第187页。
③ [美] R. T. 诺兰等:《伦理学与现实生活》,姚新中等译,华夏出版社1988年版,第40页。

的观念。"① 这就是说，在市场经济条件下，经济自由被赋予主体，主体才能明白也才会承担相应的法律和道德责任，人们各司其职、各负其责，社会也才能够培育起责任伦理文化。

　　责任伦理对于经济活动具有重大而积极的意义。现代市场经济的发展趋势是越来越向文化和价值靠拢。文化的核心是经济价值观，经济价值观又以经济伦理价值观为核心。责任虽然不是现代经济伦理价值观的唯一内容，但也至少是非常重要的内容。因而，从一定意义上讲，向文化靠拢的经济实质上是伦理经济、责任经济。如果说责任伦理是现代市场经济发展的必然要求，那么社会主义市场经济也必须讲究责任伦理。责任担当对于主体的意义是积极的，而不是如有些人所认为的只会增加其负担或成本，或者是多管闲事而不务正业。责任担当反映了两个方面的意蕴：一是它实质上反映了主体所享有的经济自由程度，也正是在这一意义上，人们说市场经济是道德经济；二是它对经济主体具有很强的工具价值，它既有利于提高其长远经济效益，也有助于它树立良好的外部形象和信誉，增强市场竞争力，还有助于培养组织价值观，协调组织成员的行为，推动组织的发展，从而有利于整个社会的进步。

　　第二，保障财产所有权。财产所有权是经济自由的基础。休谟说："财产必须稳定，必须被一般的规则所确立。在某一个例子中，公众虽然也许受害，可是这个暂时的害处，由于这个规则的坚持执行，由于这个规则在社会中所确立的安宁与秩序，而得到了充分的补偿。"② 马克斯·韦伯也把拥护稳定的物质资源和财产当作市场经济兴起的条件，因为财产能够由作为独立合法实体的组织即经济主体占有，那么经济主体就获得了经济自由和权利，从而能够有效地开展市场交易。历史唯物主义基本原理认为，经济自由反映的是经济主体之间的一种社会关系，特别是生产关系。而生产关系中最基本的方面就是所有制关系，即人们对

---

① ［英］弗里德利希·冯·哈耶克：《自由秩序原理》（上），邓正来译，生活·读书·新知三联书店1997年版，第89页。
② ［英］休谟：《人性论》（下册），关文运译，商务印书馆1980年版，第534页。

财产的占有关系。经济主体的财产所有权越大，拥有的经济自由就越大，相应地，经济责任就越大；相反，行使经济自由的空间就越小，经济责任也越小。所以，保障经济主体的财产所有权是社会主义市场经济下经济自由得以实现的基本要求。

第三，坚持按劳分配。作为生产关系的体现，经济自由的前提不仅包括财产所有权，还包括经济主体之间劳动成果的分配方式。如果合理的分配方式缺失，那么经济自由仍然不能得到保证。社会主义市场经济下的经济自由所要求的分配方式是按劳分配，即自然资源和社会资源的分配应该按照每个经济主体所投入的劳动的数量和质量进行平等地分配。当然，它也允许分配的结果有合理的、可接受的差别。劳动本身就是自由的体现和实现途径，马克思在《1844年经济学哲学手稿》中明确提出"自由的有意识的活动恰恰就是人的类特性"这一内涵深刻、丰富的命题，就揭示了劳动的伦理上的应然性质。因此，按劳分配这一分配方式，既体现了平等即为经济主体提供了平等地劳动、平等地参与经济活动的权利，也体现了自由即尊重并承认了经济主体对于经济发展的不同的具体贡献，因而它是正义的。同时，按劳分配也把经济主体的劳动同其自身的切身利益紧密地结合起来，肯定了经济主体的尊严和权利，奠定了其自由全面发展的经济条件，因而调动了主体的工作积极性，从而可以反过来进一步激发经济自由，使社会主义市场经济发展走向繁荣。

第四，以社会主义制度为保障。制度与自由是一对矛盾的概念。一方面，制度把人的行为规定在一定范围，因而总是对人的自由的限制；另一方面，自由又必须靠制度来保障，如果没有制度框架，行使自由的人们因为没有行为边界就会互相伤害。制度与自由的关系就是必然与自由的关系。如果说自由是对必然的认识和对世界的改造，那么自由也是对制度的把握和对制度内容的能动化行使。从这一意义上看，经济自由是通过制度而走向现实的，而制度也就构成经济自由的保障。

同理，社会主义市场经济下的经济自由通过社会主义制度走向现实，社会主义制度是其保障。社会主义制度是指中国特色社会主义制度，包括中国特色社会主义的经济制度、政治制度和法律制度，它是一个综合的、整全的制度体系。具体说来，经济制度是公有制占主体、多种所有制经济共同发展的基本经济制度，这是社会主义市场经济下的经济自由得以实现的经济条件；政治制度是保证经济主体依法享有广泛经济权利和自由的社会主义民主政治和政治文明，这是社会主义市场经济下的经济自由得以实现的政治支撑；法律制度是以坚持和维护社会公平正义为目标，以权利公平、机会公平、规则公平为主要内容的社会主义法律体系，这是社会主义市场经济下的经济自由得以实现的法律护栏。经济条件、政治支撑、法律护栏一起构成一个相互联系、紧密配合的制度网络，全方位地呵护着社会主义市场经济下的经济自由及其现实化旅程。

第四章 经济平等原则

经济平等原则一直是经济伦理学研究的重大主题，也是经济伦理价值规范系统中仅次于经济自由原则的第二大原则。近代社会契约论、康德人类尊严原理都把平等当作一种基本的伦理价值。在当今中国，它同样也是引领社会主义市场经济条件下各类经济主体经营活动的经济伦理原则，其基本含义是指经济主体的经济权利平等，包括经济机会平等、经济规则平等和经济结果正义三个维度。本章试图论述这一原则，以揭示其内涵及当代中国社会主义市场经济下各类经济主体应持有的经济平等伦理原则的具体内容。

一 当代思想家对"经济平等"的论说

经济平等是政治经济学家们都会涉及的语汇，但是又众说纷纭。巴里·克拉克认为，政治经济学可分为古典自由主义、激进主义、保守主义和现代自由主义四个流派，而它们各有各的平等观。古典自由主义认为，平等是所有公民拥有同样的机会去进行经济活动，拥有同样的由宪法确定的公民权利[1]；激进主义认为，平等既包括机会均等，也包括结果均等，为了实现平等，可以对财产收入征税，乃至没收财产，并由政府帮助处于不

---

[1] [美]巴里·克拉克：《政治经济学——比较的视点》，王询译，经济科学出版社2001年版，第59页。

利境遇中的人①；保守主义认为，人们只是在作为共同体成员的正式地位上才是平等的，它要求在保护人们的权利和惩罚其罪行时，无偏见地执法②；现代自由主义认为，社会平等包含机会均等和法律面前人人平等两大要素，但它们都会受到财富和收入不平等的损害，因此要实现社会平等，需要更大程度上的结果均等③。当代功利主义者和著名思想家罗尔斯、德沃金（Ronald Myles Dworkin）、阿马蒂亚·森及分析的马克思主义者科恩（G. A. Cohen）、罗默（Paul M. Romer）等在论述自己的正义理论时，也对经济平等给予极大关注。虽然他们在言说经济平等时，因各自关注的问题不一样而大相径庭，但正如阿马蒂亚·森所言，都是围绕"什么的平等"即平等的对象、重心和内容而展开的。当代经济平等理论中功利主义关注福利平等，自由主义在乎权利平等，阿马蒂亚·森侧重能力平等，分析的马克思主义者重视经济平等。在探讨社会主义市场经济下的经济平等伦理原则之前，很有必要先阐述一下这些理论观点。

（一）功利主义的效用或福利平等

功利主义是由英国伦理学家边沁和穆勒创立的一种根据行为、政策和制度的最终效果来判定其道德价值的伦理学理论，它认为一个行为、一项政策和一种制度如果造成了比其他行为、政策和制度更好的效果，或者产生了最大化效用，或者给最大多数人创造了最大化福利，它就是道德的。在它那里，幸福、快乐、效果、效用、福利等是指同质的功利，这一概念后来被经济学边际效用论转化成效用即偏好的满足，被福利经济学转化成福利。功利主义受到了很多批评，其中之一是，它只关注效用总和或偏好满足最大化而不关心其分配，因此看上去似乎没有关注平等。然而实际上并非如此。边沁说："每个人都只能算作一个，没有人可以算作一个以上。"穆勒说："一个人的幸福，如果程度与别人

---

① ［美］巴里·克拉克：《政治经济学——比较的视点》，王询译，经济科学出版社2001年版，第80页。
② 同上书，第103页。
③ 同上书，第124—125页。

相同（种类可恰当地容有不同），那么就与别人的幸福具有完全相同的价值。"[①]它将所有人都视为同质的，认为每个人效用上的损益都具有同等重要性，即它对每个人效用收益都赋予相同权重，因而也采取了某种形式的平等主义。

尽管功利主义效用或偏好或福利平等追求的是实质平等，强调每个人在道德上都具有同等重要性，从而符合正义原则的平等要求，但仍然是有问题的。它要求按每个人的偏好都能得到平等的满足来分配经济资源，然而，不同的人偏好是不同的，因而满足其偏好的资源也不相同。特别是对于一些特殊的、不正当的偏好，如吸毒贩毒、虐待，也要平等地满足吗？功利主义福利平等论者没有对此进行区分，没有考虑人们偏好的差异性，因而又不符合正义原则的差异性要求。

（二）自由主义的权利平等

这种平等理论主要以罗尔斯和德沃金为代表。与功利主义效用或福利平等观不同，罗尔斯把平等当作其正义原则的基本规定，认为处于"无知之幕"后的任何个人和团体都会选择的社会正义原则包含这样一个"一般观念"，即所有的社会"基本善"都应平等分配，除非不平等分配有利于最不利者[②]。那么，什么是"基本善"？在罗尔斯那里，"基本善"是指"自由和平等的人作为公民所需要的那些东西"，具体说来有：基本的权利和自由、在各种各样机会的背景条件下的移居自由和职业选择自由、政府官职和社会职位、收入和财富、自尊的社会基础。"这些社会基础包括诸如公民拥有平等的基本权利这样的社会事实，也包括对这一事实的公共承认，还包括每个人都赞成差别原则，而差别原则本身是互惠性的一种形式"[③]。因此，"基本善"是客观的。显然，罗

[①] ［英］穆勒：《功利主义》，徐大建译，上海人民出版社2008年版，第63页。
[②] ［美］约翰·罗尔斯：《正义论》，何怀宏等译，中国社会科学出版社1988年版，第303页。
[③] ［美］约翰·罗尔斯：《作为公平的正义——正义新论》，姚大志译，中国社会科学出版社2011年版，第75—76页。

尔斯追求"基本善"平等，但是，"基本善"平等并不只是收入和财富、经济自由和权利等经济平等，还包括政治平等、社会平等，因为他的"基本善"的具体内容非常丰富而具有包容性，正是这一点证明了其正义论的宏伟！

德沃金明确主张平等主义，认为平等乃"至上的美德"。在他看来，这种平等是资源平等。他把包括功利主义和罗尔斯平等理论在内的几乎所有当代平等理论都称为福利平等，而把自己的理论称为资源平等。"资源平等就是在个人私有的无论什么资源方面的平等"①，这种资源仅仅是可分配的、能被私人占有的资源，而不包括公共资源。与罗尔斯主张通过国家再分配来实现平等不同，他主张依靠市场，通过"拍卖""保险""税收"等来实现平等。其中"拍卖"是为了达成开端的资源平等，"保险"是为了保证整个生产、分配和消费过程的资源平等。德沃金由于把资源平等当作最高价值，因而其平等理论在当代经济平等理论之林独树一帜，但是，尽管他极力表明他与罗尔斯平等理论论证上的区别，然而，他的通过税收来实现平等的方式及达到的结果与罗尔斯并无实质差异。

（三）阿马蒂亚·森的能力平等

阿马蒂亚·森认为，上述平等理论都具有共同的评价信息单一之缺陷，即局限于一种狭隘的评价信息基础，忽视人际差异，只关注每个人某一方面的平等，而忽视了其他方面的平等。它们对平等与不平等的考察不是充分的、完备的。他主张有着更为广阔、完备的信息基础的可行能力平等。所谓可行能力，他说："一个人的'可行能力'指的是此人有可能实现的、各种可能的功能性活动组合。"② 那么功能性活动又指什么？它是反映"一个人认为值得去做或达到的多种多样的

---

① ［美］德沃金：《至上的美德：平等的理论与实践》，冯克利译，江苏人民出版社2003年版，第67页。
② ［印］阿马蒂亚·森：《以自由看待发展》，任赜、于真译，中国人民大学出版社2002年版，第6页。

事情或状态"①的范畴，既包括一个人最基本的衣、食、住、行，足够的营养，免遭可避免的疾病的困扰，避免过早死亡等，也包括正常社交活动、参与社区生活、培养有利于实现事业抱负的技能、自尊等，即它是指一个人获得自己福利的能力，或者说一个人具有的实现自己有理由选择的生活之自由的能力。这样，可行能力与功能性活动、实质自由紧密联系起来。他认为"可行能力……是一种自由，是实现各种可能的功能性活动组合的实质自由"或"选择有理由珍视的生活的实质自由"②。因此，在阿马蒂亚·森那里，平等就是要有利于人们平等地发挥自己的功能性活动，即人们能平等地行使可行能力。

应该说，阿马蒂亚·森的能力平等理论意义非凡，他的能力平等理论其实就是他的能力路径的正义理论。因此，评价他的能力平等理论也就是评价他的正义理论。而关于正义理论，在他看来，是可以分为"着眼于制度"和"着眼于现实"两种类型的。前者具有先验制度主义色彩，代表人物包括霍布斯、洛克、卢梭（Jean-Jacques Rousseau）、康德、罗尔斯、诺奇克、德沃金等，他们致力于探究完美的、绝对的公正，关注制度安排的正确与否；后者采用比较视角，代表人物包括斯密、边沁、穆勒和马克思，他们致力于对现实的或可能出现的社会进行比较，而并非局限于先验地去寻找绝对公正的社会，关注消灭所见到的这个世界上的明显的不公正③。他继承后一种传统，着眼于"人们实际享有的生活本身"的正义理论，这种正义理论或能力平等理论有如下特点。

首先，强烈的现实关怀情怀。阿马蒂亚·森正义理论关注生活现实，而并非停留于抽象的制度与规则。他说："基于现实的正义理论不能对人们实际能过上的生活熟视无睹。"④它不能局限于制度的选择和

---

① ［印］阿马蒂亚·森：《以自由看待发展》，任赜、于真译，中国人民大学出版社2002年版，第62页。
② 同上。
③ ［印］阿马蒂亚·森：《正义的理念》，王磊、李航译，中国人民大学出版社2012年版，第5—7页。
④ 同上书，第15页。

完美的社会安排。作为现实世界的一部分并对其产生影响的制度和规则当然很重要，但现实生活并非只是一种组织结构，也包括人们的实际生活。而关注人们的实际生活，就是既要关注已经完成的事情，也要关注人们在各种生活之间进行选择的自由和可行能力，而如果以自由和可行能力视角来衡量社会现实，就会使正义和平等理论拥有非常重要且不同于以往的理论出发点，"必然会使我们看到更多的问题，而这些问题对分析公正问题至关重要"①。

他的这种关注现实的正义和平等理论给我们提供的启示就是，人们的正义和平等追求不能脱离现实的社会关系特别是经济关系而去寻求所谓的"绝对正义"或"绝对平等"。他通过批判罗尔斯正义观来表达他极为反对人们寻找所谓"绝对正义"或"绝对平等"，他认为，那种脱离人的现实生活的能使所有人都认为中立且表示同意的绝对公正、平等的社会安排是不存在的，正义和平等理论应该是一种"全面的"，即与现实世界相联系，而不仅仅与我们所面对的制度、规则相联系。"全面的"含义包括：一是要关注制度和规则，但更要关注现实中的不公正、不平等现象。这就需要关注现实，否则无法发现大量的不公正、不平等。而这样一种视角更容易使人明白，"消除赤裸裸的不公正比寻找完美的公正更重要"，人们追求正义和平等的主旨是"避免出现极度恶劣的不公正"②。二是要关注"终极结果"，更要关注"全面结果"。有人认为，关注制度的视角类似于道义论，关注现实的视角类似于后果论。阿马蒂亚·森认为这是狭隘的，他提出"终极结果"与"全面结果"的区分：前者完全着眼于后果，忽略人的能动作用；后者则既关注结果，也关注相关过程。因此，关注现实不是一种狭隘的后果论，而是一种关注"全面结果"，即后果与过程相结合的视角。在这种视角下，后果论与道义论有机结合，过程与责任同等重要！就这一点上看，他的正

---

① ［印］阿马蒂亚·森：《正义的理念》，王磊、李航译，中国人民大学出版社2012年版，第16页。

② 同上书，第17页。

义和平等理论与马克思主义正义和平等观是相通的。后者认为，任何正义、平等都是一个因时、因地、因人而异的历史范畴，是人们对实际社会生活包括经济生活、政治生活、文化生活的理性反映，是作为社会意识形态中的政治和伦理道德观念的一个组成部分。但它必然受制于它所赖以生存的人们的实际生活及其过程。因此，脱离了人们的现实社会生活，正义、平等就不可能存在。

其二，突出的全球普适性特点。阿马蒂亚·森认为，"着眼于制度"的正义和平等理论是制度原教旨主义的，这使它们忽略了正义和平等理论应该有助于推进全球公正、平等的全球性视角。按照非全球性视角的逻辑，即便我们寻求到了一套公正、平等的制度，但是这套公正、平等的制度是需要一个主权国家来行使的，而如果这套公正、平等的制度推行于全球，就需要一个全球性的主权国家。可是全球性主权国家在现实世界中是不存在的。所以，这套公正、平等的制度只能适用于某个国家或地区，只对国家或地区公正、平等有意义，而无助于推进全球公正、平等。

然而，阿马蒂亚·森的正义和平等理论的应用范围则着眼于全球，而非局限于某个国家或地区，因而有助于推进全球正义和平等。其正义和平等理论的核心特征是，无论是作为公共理性的民主，还是作为自由主张的人权，能否推进正义、平等，以及如何推进正义、平等，最终都必须依赖于超越国界的开放的理智的审思。因为世界上国家与国家是紧密联系在一起的，一国发生的事情及其制度运行方式势必影响他国，而每个国家或社会都可能持有的狭隘的地域观念也需要从全球角度加以审思。在他那里，实现全球民主和全球人权并非远不可及，也不需要全球国家或政府的存在。正义和平等理论如果"以看得见的方式实现正义"、接受正义和平等缘由的多元性、开放的中立性、允许部分排序和方法的比较性，那么它就构成了一个既包容又严格的基本框架。正义和平等理论与正义和平等理论之间，因吁求不同而多种多样，但同样可以凭籍这种基于开放性、多元性、比较性的对话与审思，共同推进全球正义、平等事业。

其三，鲜明的包容性和多元化视野。阿马蒂亚·森正义和平等理论关注同时存在的不同的正义、平等缘由和来源不同的声音，而非单一的正义、平等缘由和来源单一的声音。任何关于正义、平等问题的研究都不是孤立的思考。当我们对人的作为、社会进行正义或平等评判时，有理由聆听并关注他人的观点与建议。否则，正义、平等观的可靠性就值得怀疑。所以，他在阐述自己的正义和平等理论时特别强调："对话与沟通不仅是正义理论主要内容的一部分（很难想象'没有讨论的公正'），而且这些理论的本质、可靠性与范围亦有赖于此。"[①] 他的正义和平等理论充分吸纳了社会选择理论的研究方法，即根据相关人员的评价、将不同的社会状态进行排序这一"社会视角"，因而与现实有着很强的相关性。不仅如此，社会选择理论关注比较的，而不仅仅是先验的；认识到不可避免地会存在多种相互竞争的原则；允许并有助于反思；允许非完整排序；诠释与输入的多样性；强调精准的关联与推理；与公共理性密切关联。这些特点使它的声音与社会选择是多样化的，因而也使他的正义和平等理论的正义、平等缘由和声音来源是多元化的。这样也就使他的正义和平等理论具有了一个极具包容性、多元化的视野，成为一个极具开放性、综合性的思想体系，人们对于社会进行正义、平等与否的评价时所具有的建设性意见被纳入到正义、平等的评判标准体系之中，从而使人们从过去那种单一评价标准中解脱出来，谋求正义、平等与消除不正义、不平等因为变成人类生活的同一个过程而得到有机统一。

（四）分析的马克思主义者的经济平等

这种平等理论主要以科恩和罗默为代表。科恩认为，有追求"结果平等"和追求"机会平等"两种形式的平等主义，由于他主张"自我所有"观念，因而同意后一种平等主义。机会平等是允许结果不平等

---

① ［印］阿马蒂亚·森：《正义的理念》，王磊、李航译，中国人民大学出版社2012年版，第80页。

的，但它受到"平等原则"和"共享原则"的限制，因而他又称之为"社会主义的机会平等"①。他认为有三种形式的机会平等：一是"资产阶级的机会平等"，即消除了由社会造成的地位对生活机会的限制，扩大了人们的机会，但还没有扩展到社会生活其他方面的机会平等，因而是形式的机会平等；二是"左翼自由主义的机会平等"，即消除了不仅由社会环境造成的限制性结果，也要消除由出生和培养的那些环境造成的限制性结果，但仍然允许不同自然天赋和运气对生活的限制的机会平等；三是他主张的"社会主义的机会平等"，即试图纠正所有非选择的即反映社会不幸和自然不幸的不利条件的机会平等，这种机会平等也允许结果不平等，但这是由于人们爱好和选择的差异造成的②。在科恩看来，由社会环境和自然天赋造成的不平等是不正当的，需要解决；而由运气、爱好和选择造成的不平等则是正当的，不需解决。但如果这种不平等大量产生并积累到造成社会紧张、威胁社会稳定时应该怎么办呢？科恩诉诸"共享原则"来限制"平等原则"，即限制这种不平等。至于"共享原则"的内容及限制"平等原则"的方法，他并没有做清晰交待，但可以肯定的是，与他的社会主义理想有着密切关系。然而，遗憾的是，科恩在讨论西方马克思主义者需要回答的社会主义的可欲性，特别是社会主义的可行性时，并没有给出令人满意的答案。这导致他的社会主义的机会平等理论是不完善的。

罗尔斯之前的平等主义者所提倡的平等是形式的机会平等，形式的机会平等因否定了封建等级制度决定的阶级差别和固定地位，将人看作自由自主的独立个体，强调所有人都拥有获得同样对待的权利和机会，而具有重要的历史进步意义。但是，形式的机会平等会导致严重的不平等。这引起了追求实质的机会平等的当代平等主义者的不满。功利主义的福利平等、罗尔斯的基本善平等、德沃金的资源平等、阿马蒂亚·森

---

① [英] G. A. 科恩：《为什么不要社会主义？》，段忠桥译，人民出版社 2011 年版，第 24 页。

② 同上书，第 24—27 页。

的能力平等都属于这种平等理论。分析的马克思主义者罗默对这几种平等理论都进行了批判，提出了"优势平等"。他认为，社会资源应如此分配："当人们面对相同环境的时候，所分配的社会资源使他们能够获得平等的优势；当他们的行为是由自由选择所决定的时候，则允许他们获得不平等的优势。"① 但对"优势"是什么，罗默并没有交待清楚。因而，其优势平等理论仍然存在一些难以解决的深层问题。

上述各种经济平等理论应该说都有合理之处，但是，影响社会成员经济平等还是不平等的因素非常复杂，既有社会环境、自然天赋、运气，也与人们主观选择、爱好、抱负有关，然而归根结底还是由社会环境决定的。历史唯物主义认为，平等不是抽象的，而是具体的、历史的。"平等观念本身是一种历史的产物，这个观念的形成，需要全部以往的历史，因此它不是自古以来就作为真理而存在的。"② 生产资料所有制形式决定人们平等与不平等，私有制是不平等的根源。只有保障生产资料平等占有，人人平等才可能实现。在生产资料平等占有即公有制下，实行按劳分配，并辅之以互惠互助和政府宏观调控，以实现社会总体的结果平等和分配正义。上述各种经济平等理论并不去挖掘社会成员经济不平等的社会历史根源，而是囿于资本主义私有制前提来讨论经济平等与不平等，因而使它们都提不出实现经济平等的根本途径和消除经济不平等的办法。

历史唯物主义主张以生产资料公有制和按劳分配来实现社会成员的经济平等，这无疑是科学的，也是符合人们的道德价值判断标准的。但也必须明白，经济平等的实现是一个历史过程。因为经济平等的实现必须建立在生产力高度发达的基础上，然而现实中坚持这种经济平等理论的社会主义国家生产力发展水平并没达到这一要求。为了发展生产力，社会主义国家比如我国还实行以生产资料公有制为主体、多种经济成份共存，以按劳分配为主体、多种分配方式并存的经济制度。所以，社会

---

① 姚大志：《当代西方政治哲学》，北京大学出版社2011年版，第238页。
② 《马克思恩格斯文集》（第9卷），人民出版社2009年版，第355页。

成员平等占有生产资料、人人获得符合正义原则的分配结果平等还缺乏充分的现实基础。但人们追求经济平等的步伐不会停止，历史的发展终将为此开辟道路，并向人们敞开经济平等美好理想的大门。因此在如何看待经济平等问题上，我们更相信马克思主义的承诺！

二　当代中国经济平等伦理原则的实质

当代中国经济平等伦理原则的确立，应该建立在以下三个前提条件的基础上。其一，要坚持历史唯物主义基本原理。因为我们是在马克思主义理论指导下，把社会主义基本制度与市场经济体制内在结合，实现中国特色社会主义现代化。其二，要立足中国现实。当代中国正在发展社会主义市场经济，而且是社会主义初级阶段的市场经济，社会主义初级阶段是指我们已经是社会主义，但还处于生产力不发达、市场经济还有待于进一步健全和发展的阶段，这要求经济平等伦理观既要体现社会主义基本制度和价值取向，又要适应市场经济的客观要求。其三，要契合中国优秀传统伦理道德文化。中国有着几千年伦理道德文化传统，其中既有精华如关于自由、权利、公平正义、平等的合理看法，也有糟粕如关于"不患寡而患不均"的平均主义观念，这要求经济平等伦理观既要符合民族心理习惯，但又不能回复平均主义。我认为，当代中国经济平等伦理原则的核心内容首先是经济权利平等。

（一）平等意味着权利平等

平等是一个分配意义上的范畴，指人们在道德和法律上所享有的不受其它任何条件影响的相等待遇、相同地位。马克思说："平等是人在实践领域中对他自身的意识，人意识到别人是同自己平等的人，人把别人当做同自己平等的人来对待。"[①] 相等的"待遇"和相同的"地位"又指什么呢？我认为，应该是指权利，相等待遇、相同地位是指平等权

---

① 《马克思恩格斯文集》（第1卷），人民出版社2009年版，第264页。

利。平等与不平等并非就人格而言,而是指人后天所获平等还是不平等。而后天所获是需要付出相应努力的,付出相应努力又需要具有平等的机会和权利,因而平等实质上又归结到权利平等。只有权利平等才有公正可言。公正只是在社会意义上才对平等具有管制性,才能提出指令性建议或规定。正如艾德勒(Mortimer Jerome Adler)所言:"如果大自然是公正的话,人就会在各个重要方面生而平等,这种说法也是没有意义的。因为大自然在它所赐予的天赋上,是没有正义与不正义可言的。只有人在他们所提出的有关条件的平等或结果的不平等问题上,才有正义与不正义。"①

但是,权利平等还需要联系社会领域的具体内容进一步诠释。因为权利是具体而非抽象的,是一个人所拥有的那些由社会道德和法律认同和规定为合理的、正当的资格、自由和利益。马克思说:"权利决不能超出社会的经济结构以及由经济结构制约的社会的文化发展。"② 恩格斯也说:"平等应当不仅仅是表面的,不仅仅在国家的领域中实行,它还应当是实际的,还应当在社会的、经济的领域中实行。"③ 权利在社会中表现为经济权利、政治权利、文化权利、受教育权利等,当权利平等表现在经济领域时就是经济权利平等。顺便指出,道德和法律既是对社会成员权利的认可,同时也是对社会成员义务的规定,人们享有相应权利也要承担相应义务,有权利平等同时也有义务平等,这是社会公平正义。

(二)经济权利平等是社会成员都有同等地追求满意的生活所需之经济条件的权利

经济权利平等,即经济平等,是指人们应拥有平等地从事经济活动、谋求经济成就和社会财富的权利,或者说社会成员都有追求自己满

---

① [美]艾德勒:《六大观念》,郗庆华译,生活·读书·新知三联书店1989年版,第194页。
② 《马克思恩格斯文集》(第3卷),人民出版社2009年版,第435页。
③ 《马克思恩格斯文集》(第9卷),人民出版社2009年版,第112页。

意的生活所需要的经济条件的平等权利。经济条件包括从事维持自己生命存在的物质生活资料的活动权利、从事使自己生命健康的活动权利、接受知识和技术教育的权利、充裕的自由活动时间如娱乐、学习、文化艺术创造活动时间等。艾德勒说，经济平等就是"每个人都有权得到过好日子所需要的经济物质"，"所有人都应有过好日子所需要的财富，即经济物质。至少要有满足生活的经济物质。就这种经济物质来讲，没有一个人是被全部剥夺的，因为全部被剥夺就意味着死亡。不过，没有一个人是应该贫困的，所谓贫困就是指没有足够的财富去生活"[①]。

经济权利平等主要通过人们对生产资料的公平占有，即所有权平等来实现。生产资料所有制是经济权利平等的前提条件和物质基础。就生产资料占有形式来看，人类社会迄今为止出现过私有制和公有制两种。原始社会是生产资料公有制，但是由于生产力发展水平低，人们维持生存需要的物质生活资料的分配是平均分配，人们没有必要获得谋求财富的权利，因此，无所谓权利平等与不平等。奴隶社会、封建社会是私有制，即奴隶主阶级和封建地主阶级占有生产资料，广大奴隶阶级和农民阶级没有任何生产资料，因而没有任何谋求财富的条件，因此，与这两大社会形态里的奴隶主阶级和封建地主阶级所拥有的权利平等相伴随的是大量的权利不平等。现代意义上的权利平等观念在资本主义时代被提出，但是资本主义社会是生产资料资本主义私有制，也没有什么真正的权利平等。这又是为什么呢？

在资本主义社会，商品经济得到迅速发展，而商品是一种用来交换的劳动产品。"商品是天生的平等派……"[②] 在这一活动中，市场上的商品所有者都作为具有独立意志的平等的权利主体来从事商品交换。"每一个主体都是交换者，也就是说，每一个主体和另一个主体发生的社会关系就是后者和前者发生的社会关系。因此，作为交换的主体，他

[①] [美]艾德勒：《六大观念》，郗庆华译，生活·读书·新知三联书店1989年版，第205页。

[②] 《马克思恩格斯文集》（第5卷），人民出版社2009年版，第104页。

们的关系是平等的关系。在他们之间看不出任何差别,更看不出对立,甚至连丝毫的差异也没有。"① 那么商品所有者为什么要交换?马克思认为,这是由于人与人的差异性导致的。"只有他们在需要上和生产上的差别,才会导致交换以及他们在交换中的社会平等化"②。这样权利平等就构成了商品交换活动得以进行的前提。

但是,由于生产资料的资本主义私有制,即资本家是生产资料所有者,工人只是自己劳动力所有者,他们在市场上作为平等的商品所有者发生交换关系,表面看来,他们都是具有自主意志的独立的平等主体,然而实际上他们权利上并不平等。因为资本家占有生产资料,而工人除了自己的劳动力外一无所有;资本家因为占有生产资料而主动,工人除了出卖劳动力外别无选择;资本家向工人购买劳动力是为了获得扩大再生产或满足享受需要的资本增殖,工人向资本家出卖劳动力是为了生存;资本家用资本购买工人的劳动力是为了榨取剩余价值,工人出卖劳动力仅仅是为了获得一份养家糊口的工作。马克思曾这样揭露这种权利平等掩盖下的真实权利不平等:"原来的货币占有者作为资本家,昂首前行;劳动力占有者作为他的工人,尾随于后。一个笑容满面,雄心勃勃;一个战战兢兢,畏缩不前,像在市场上出卖了自己的皮一样,只有一个前途——让人家来鞣。"③ 因而,要说资本主义私有制下有权利平等,那只是资本的权利平等,即剥削工人劳动力的权利平等,但这不是真正的权利平等。

社会主义社会以生产资料公有制即人人都是生产资料的主人而取代了私有制,否定了资本主义私有制,这给广大人民谋求财富提供了平等权利。但是,在社会主义初级阶段,由于受生产力发展水平的限制,同时也由于一定程度的资本主义因素的存在,所以尽管社会主义制度的建立表明人类在追求权利平等的道路上前进了一大步,但也还不是真正的

---

① 《马克思恩格斯全集》(第30卷),人民出版社1995年版,第195页。
② 同上书,第197页。
③ 《马克思恩格斯文集》(第5卷),人民出版社2009年版,第205页。

权利平等。真正的权利平等只有到了共产主义社会才能实现。

从生产资料所有制这一发展历程来看，私有制只为少数人提供了发财致富的权利，大多数人由于没有基本的经济条件而处于贫穷之中，这是严重的经济权利不平等。所以，社会主义社会以公有制取代私有制特别是资本主义私有制，就是为了给人们提供平等的经济权利，因而在人类历史上具有深刻的公平意义和道德价值。党的十八大报告提出，在加快完善社会主义市场经济体制中，"要毫不动摇巩固和发展公有制经济，推行公有制多种实现形式"①，其重要原因就在于维护社会主义市场经济下经济权利平等。当然，由于受生产力发展水平等诸多社会因素的制约，现在我国还不能完全实行公有制，为了解放和发展生产力，提高人民生活水平，我国还必须"毫不动摇鼓励、支持、引导非公有制经济发展，保证各种所有制经济依法平等使用生产要素、公平参与市场竞争、同等受到法律保护"②。非公有制经济是公有制经济的有益补充，它们的存在和发展恰恰证明了社会主义市场经济下的经济权利平等。

三　社会主义市场经济下经济平等的三个维度

经济权利既表现为经济活动的机会，也表现为经济机会的规则保障。经济主体在规则保障下获得经济活动机会并从事经济活动又会导致一定结果，对这种结果的评价也是经济平等的必要构成。因此，经济平等应该具有三个维度，即经济机会平等、经济规则平等和经济结果正义，我国社会主义市场经济下各类经济主体的经济平等也应该包括这三个维度。

（一）经济机会平等

经济平等在经济活动中首先表现为经济活动的机会，即经济主体包

---

① 胡锦涛：《坚定不移沿着中国特色社会主义道路前进　为全面建成小康社会而奋斗——在中国共产党第十八次全国代表大会上的报告》，人民出版社2012年版，第20页。

② 同上书，第21页。

括企业从事、参与竞争和经济活动、获取收入和财富、谋求经济成就的"可能性空间和余地"①的平等,即经济机会平等。美国著名经济学家阿瑟·奥肯(Arthur M. Okun)通过这样一个断言来说明了它的重要性:"源于机会不均等的经济不平等,比机会均等时出现的经济不平等,更加令人不能忍受。"②经济机会平等是社会主义市场经济健康发展的一个必要条件,也是经济平等的正义原则的基本要求。它主要包括以下两种平等。

第一,参与机会平等。这是指经济机会要开放,即向所有人开放社会职位,让每个人都有获得收入和财富、取得经济成功的机会。罗尔斯说:"在社会的所有部分,对每个具有相似动机和禀赋的人来说,都应当有大致平等的教育和成就前景。那些具有同样能力和志向的人的期望,不应当受到他们的社会出身的影响。"③阿尼森(Arneson)也将其表述为"向有才能的人开放职位",它"包含着这样一种精神,这种精神呼唤这样一种社会,在其中,种群的、信仰的、族群的、性别的以及类似形式的偏见和顽固,都不能阻止任何人在经济和政府中追求和达到值得拥有的位置"④。

从经济伦理角度看,参与机会平等有两方面的含义。一是参与经济活动的起点平等,即任何经济主体都可以凭借自己的能力、潜能和条件拥有同样的参与经济活动的起点。社会在占有和使用生产资料、经济活动资源上应该对其任何具有同样智力和劳动能力的社会成员、具有大致相同水平及能力和同等规模及层次的经济主体赋予同样的机会,即在经济机会上一视同仁。二是经济机会实现的过程平等。要实现参与机会的过程平等,需要各种经济规则和制度来予以保障,这就涉及经济平等之

---

① 吴忠明:《社会公正论》,山东人民出版社2012年版,第6页。
② [美]阿瑟·奥肯:《平等与效率》,王奔洲等译,华夏出版社1999年版,第73页。
③ [美]约翰·罗尔斯:《正义论》,何怀宏等译,中国社会科学出版社1988年版,第73页。
④ [美]罗伯特·L.西蒙:《社会政治哲学》,陈喜贵译,中国人民大学出版社2009年版,第96页。

经济规则平等。这一点在后文详述。

那么，市场经济活动中到底有哪些供社会成员和经济主体平等参与的机会？一是就业机会，这是参与机会平等中最基本的要求。所有的就业岗位都应该公开，让所有满足岗位要求和条件的社会成员以相应能力和水平在同等规则下公平竞争，不能设立性别、民族、地域、出身、户籍、学历、学校类别等限制条件，否则就是就业歧视。二是市场准入和竞争机会。各类经济主体特别是企业，无论所有制形式如何，都应该拥有平等地进入市场参与竞争的机会，反对行业垄断、市场垄断。

第二，发展机会平等。这是指所有社会成员和经济主体都应该拥有平等的发展机会，他们的发展和提升不因区域、行业、工种、贫富程度等差异而受到影响和约束。这主要表现在平等地接受教育和培训、平等地享有卫生健康和医疗保健设施、平等地获取公开而明晰的信息等机会，这些机会是社会在考虑发展政策、建立公平保障体系、保证社会成员和经济主体平等发展权利时必须创造的条件，也是必须担当的责任。

（二）经济规则平等

经济规则平等是经济平等的又一重要维度。所谓规则，即规范和准则。规则包括正式规则如制度，也包括非正式规则如伦理道德和意识形态等。但是，经济规则是一种正式规则。诺思说："正式规则包括政治（和司法）规则、经济规则和契约。这些不同层次的规则——从宪法到成文法、普通法，到具体的内部章程，再到个人契约——界定了约束，从一般性规则直到特别的界定。"[1] 经济规则主要用来约束人的经济行为，在市场中主要用来约束经济主体包括企业的市场行为。同时，经济规则也界定产权。"经济规则界定产权，其中包括了对财产的使用、从财产中获取收入，以及让渡一种资产或资源的一系列权利。"[2] 经济规

---

[1] ［美］道格拉斯·C.诺思：《制度、制度变迁与经济绩效》，杭行译，格致出版社、上海三联书店、上海人民出版社2008年版，第65页。

[2] 同上。

则平等,就是要求市场中所有的经济主体都在经济规则面前得到平等对待,它意味着市场经济活动中"每个人的地位和前景都具有同样的重要性",意味着规则在分配权利与义务、利益与负担时必须"平等考虑每个人的立场"①,而不能因人而异。这些经济规则又称尺度,因此规则平等又可称尺度相同,即市场经济活动中各种制度、规则应该是公平合理的,而且是平等地适用于所有经济主体的,这些制度、规则类似于一把尺子被一致地运用于所有经济主体。它有如下三方面的要求。

第一,经济规则公开。这是指经济规则必须是公开的、透明的,而不能是秘而不宣的。秘而不宣的规则就会演变成潜规则,潜规则就会导致腐败、特权、垄断等不公正的现象产生。规则就是规则制定部门对社会成员和经济主体的承诺,它必须把相关操作程序和信息通过正式渠道向相关对象公布,并得到他们的理解和合理回应,从而保证自己知情权、参与权、监督权等的有效行使。

第二,经济规则公正。这是指经济制度、规则应该保障经济主体权利与义务的对等性、相称性,使人们的付出与获得等量等值,而不能失衡。同时,这种制度和规则对所有经济主体必须一视同仁,使人们的同等投入获得同等回报。

第三,交易必须遵循等价交换规则。这是指市场交易中所有经济主体特别是企业都必须遵循等价交换原则,这既包括交易双方内在价值,即社会必要劳动的等价,也包括交易双方效用价值,即效用满足的等价。

如果说机会平等强调的是起点公平,那么规则平等强调的则是过程公平。在经济竞争中,如果做到了起点公平,但如果过程不公平,规则不平等,那么一定导致结果不公平、不平等,这是由规则所规定的权利和义务被扭曲运用后必然出现的结局。正是在此意义上,阿马蒂亚·森既强调经济平等的机会层面,因为这"使我们有更多的机会去实现我们

---

① [德]乔治·恩德勒等主编:《经济伦理学大辞典》,李兆雄、陈泽环译,上海人民出版社 2001 年版,第 180 页。

的目标——那些我们所珍视的事物",它所关注的"是我们实现我们所珍视的事物的能力,而不管实现的过程如何",即人们在给定的个人与社会境况下所享有的机会,这是经济平等的前提;同时他又特别强调其过程层面,认为我们要"将注意力放在选择的过程上"①,即确保行动和决策权利的规则,这是经济平等的关键。

(三)经济结果正义

由于受各种社会因素和人的各种差异性条件的制约,市场经济竞争中做到了机会平等、规则平等,但并不一定能保证人们获得相同的结果,即结果平等。事实上,如果人们获得的是相同的结果,反而说明分配不公正、不正义。因为这会导致平均主义,而平均主义显然不正义。正义的形式特征就在于平等的人被平等对待,不平等的人被不平等对待。因此,正义允许结果不平等。艾德勒说:"正义只要求所有人都应成为政治或经济物质的拥有者,但它并未要求所有人应在拥有的程度上相同。"② 但是,社会又不能对结果不平等弃置不问,否则其长期积累必定导致两极分化和贫富悬殊,从而对社会秩序稳定造成威胁。而社会秩序稳定也是社会公平正义的必要内涵。因此,经济平等也就必然要求经济结果正义。

经济结果正义是指社会经济的最终分配应该使人们获得符合正义原则的收入和财富,它同意社会经济的分配在不同的人之间具有差别,但这种差别必须以均衡、合理为限度,即不是贫富悬殊、两极分化。对这种限度,艾德勒表述为:"(1)无论是谁,占有的再少,也要够他生活的目的。(2)不论是谁,占有的再多,也是够用而已。"③ 经济结果正义应该是机会平等和规则平等的必然结果。我国在发展社会主义市场经

---

① [印]阿马蒂亚·森:《正义的理念》,王磊、李航译,中国人民大学出版社2012年版,第212页。
② [美]艾德勒:《六大观念》,郗庆华译,生活·读书·新知三联书店1989年版,第207页。
③ 同上书,第213页。

济中如果真正做到了机会平等和规则平等,那么社会经济的分配就不会出现两极分化,而只会是均衡、合理的结果。党的十八大报告曾提出的"要坚持社会主义基本经济制度和分配制度,调整国民收入分配格局,加大再分配调节力度,着力解决收入分配差距较大问题"[①]等措施,目的就在于保证机会平等和规则平等,防止贫富差距悬殊、两极分化,从而使发展成果更多更公平地惠及全体人民,实现共同富裕即经济结果正义。

总之,经济机会平等、经济规则平等、经济结果正义首先是相互区别的,它们分别代表经济竞争中的起点平等、过程平等和结果正义,各有其实质要求和特定内涵。但是,它们又是相互联系、紧密结合的,机会平等是起点平等,决定着经济平等何以可能,制约着规则平等和结果正义;规则平等是过程平等,是机会平等实现的保障,也是结果正义的条件;结果正义是经济竞争的最终结果,是机会平等和规则平等的最终实现,也是对机会平等和规则平等的客观评价。它们相互依存、不可或缺,共同构成社会主义市场经济下以人的经济权利为焦点的经济平等价值体系框架。当然,社会主义市场经济下的经济竞争和分配并不是一个单一的、静止的现象,并没有一个直观的"镜像"式规定,而是复杂的、相互继起的过程。因此,我们应从起点到过程再到结果,全面地动态地考察经济平等,而非局限于某一维度或某一环节;必须把它看作动态的、过程的,将其贯穿于市场经济活动的起点、中间和结果之中;也把它看作全面的、综合的,将其体现于机会、规则和分配结果之上。

[①] 胡锦涛:《坚定不移沿着中国特色社会主义道路前进 为全面建成小康社会而奋斗——在中国共产党第十八次全国代表大会上的报告》,人民出版社2012年版,第15页。

第五章 经济公正原则

经济公正与经济正义、经济公平等大致可以看作同等程度、同等意义的范畴，它是社会公平正义价值系统的基础性的层次，也是经济伦理价值规范系统的基本原则。就它与经济自由原则、经济平等原则的关系来看，经济自由原则是前提，经济平等原则是核心，经济公正原则是关键，也是前两者的规定性、指令性原则。因此，它也构成经济伦理价值规范系统的第三大原则。而在当代我国社会主义市场经济发展过程中，人们也越来越切身地感觉到，经济公正是一个迫切需要得到关注并引起深入探讨的问题。政治哲学、法哲学、社会哲学和伦理学等都不能回避经济公正，而以"对改进经济实践做出贡献"并追求一种"新实践"为使命的经济伦理学就更不能例外。本章拟对经济公正这种经济伦理价值原则的内涵，它对经济社会和人的发展的伦理意义，以及社会主义市场经济下经济公正原则的基本要求等问题进行专门讨论。

一 经济主体凭借自己的资源进行竞争并获得平等待遇

与经济自由、经济平等等经济伦理价值原则一样，经济公正在政治经济学、经济哲学、经济伦理学等学科中也是一个得到热烈讨论的话题，但不同学者同样是见仁见智、歧见纷呈。巴里·克拉克归纳过古典自由主义、激进主义、保守主义和现代自由主义四个流派的政治经济学对于经济公正的看法。古典自由主义认为，公正要求保护由宪法确定的财产权利和公民权利，惩罚破坏其他人权利的人①；激进主义认为，公正的含义是按通过民主政治过程确立的权利分配报酬。公民们作为人的发展所必需的条件，如物质需要、卫生条件等，应得到基本的保障。公正还包括在法律执行中不存在歧视②；保守主义认为，当维持了秩序，并且法律被无偏见地执行时，就实现了公正③；现代自由主义认为，人权和财产权利均得到了保障，也就实现了公正。当这些权利相互冲突时，社会就需要通过政府保持一个对公共利益最有利的平衡点④。在笔者看来，在了解公正的经济伦理学内涵之前，我们先必须对公正的一般含义进行讨论。因为公正的经济伦理学含义不过是公正的一般含义在经济伦理学中的特殊表现。正如理查德·T. 德·乔治（Richard T. De George）在《企业伦理学》中所言："和在人类生活的其他方面一样，伦理或道德标准也可以应用于企业。并不存在一套只适用于企业却不适用于他处的单独或深奥的标准。"⑤ 当然，公正的含义及具体内容非常复杂，同时公正也表现为一个历史范畴，因而人们要给公正下一个普遍适用、四海皆准的定义是非常困难的。但公正之作为公正，它毕竟应该有一般性的规定和内涵。

第一，公正的一般含义是表示平等。公正来源于古希腊文"orthos"，意为"表示置于直线上的东西，往后就引申来表示真实的、公平和正义的东西"⑥。伦理学史上西方伦理学家们关于公正有各种各样的看法。如雅典执政官梭伦（Solon）认为，公正就是处于对立的双方都抑制自己的欲望，任何一方都不能不公正地占有优势。平民集团和

---

① ［美］巴里·克拉克：《政治经济学——比较的视点》，王询译，经济科学出版社 2001 年版，第 59 页。
② 同上书，第 80 页。
③ 同上书，第 103 页。
④ 同上书，第 125 页。
⑤ ［美］理查德·T. 德·乔治：《企业伦理学》，王漫天、唐爱军译，机械工业出版社 2012 年版，第 9 页。
⑥ ［法］拉法格：《思想起源论》，陈望道译，生活·读书·新知三联书店 1963 年版，第 59 页。

贵族集团都要抑制自己的欲望，互相让步，以保持双方在经济收入上的平衡和政治地位上的平等。毕达哥拉斯（Pythagoras）认为，公正是一种数的平方，从质上讲，公正就是永远与自身保持同一的东西，社会意义上的公正就是保持现状，遵守秩序。柏拉图（Plato）在《理想国》中认为，公正就是各司其职、各尽其份。德谟克利特（Democritus）和伊壁鸠鲁认为，公正是由相互约定而来的，其目的在于保全生命，避免伤害。到了近代，康德、斯宾塞（Herbert Spencer）认为公正就是自由。而功利主义者边沁、穆勒认为公正的基础在于功利。法国思想家卢梭认为，公正是由自爱产生的他爱。霍布斯、洛克认为，公正就是守法。尽管思想家们对于公正的含义的认识纷纭复杂，但人们仍然可以发现公正的一般含义，即公正是表示平等。阿马蒂亚·森在研究了思想史上的公正理论后说："受到支持和拥护的每一个关于社会正义的规范理论，都要求在某些事物上实现平等……尽管这些理论极为纷繁多样（如关于平等的自由、平等的收入或平等对待每个人的权利或效用），而且相互之间会产生争论，但它们都具有在某些方面（各种方法的重要特征）要求实现平等的共同特征。"① 下面我们以亚里士多德、罗尔斯和诺奇克关于公正的观点来说明这一点，之所以以他们三人为讨论对象，是因为在西方伦理学史上，他们三人关于公正的观点最有代表性和典型意义，通过讨论他们三人的公正观，我们可以得出一些具有启发性的结论。

首先是亚里士多德的公正观。亚里士多德在《政治学》中明确地说："所谓'公正'，它的真实意义，主要在于'平等'。"②"按照一般的认识，正义是某些事物的'平等'（均等）观念。"③ 在他看来，平等意义上的公正是一种特殊公正，是就社会成员之间的关系而言的，主要有三种：分配公正、矫正公正和交换公正。分配公正即几何的公正，是社会的财富、权力及其他可以在个人之间进行分配的东西即共有物的分

---

① ［印］阿马蒂亚·森：《正义的理念》，王磊、李航译，中国人民大学出版社2012年版，第272页。
② ［古希腊］亚里士多德：《政治学》，吴寿彭译，商务印书馆1965年版，第153页。
③ 同上书，第148页。

配原则。分配公正可分两类：一是数量相等，即一个人所得的相同事物在数目和容量上与他人的所得相等；一是比值相等，即根据各人的真价值，按比例分配与之相衡称的事物。其实质是各人应得的归于各人，这实际上是把公正寓于平等之中，以平等作为判断公正的尺度。这一定义为许多伦理学家所接受。如古罗马法学家乌尔庇安把公正定义为"使每个人获得其应得的东西的永恒不变的意志"[1]，西塞罗（Marcus Tullius Cicero）也曾把公正描述为"使每个人获得其应得的东西的人类精神取向"[2]，托马斯·阿奎那（Thomas Aquinas）把公正描述为"一种习惯，依据这种习惯，一个人以一种永恒不变的意志使每个人获得其应得的东西"[3]。矫正公正即算术的公正，是指对人们交往中的不公正行为所进行的裁断、惩戒和矫正，它是人与人之间在经济交往和制定契约时所必须遵循的原则（包括民法上的损害的禁止和补偿的原则）。其实质是各人应失的归于各人，这实际上也是把公正寓于平等之中。交换公正是指人们经济交换活动中应做到平等互惠，即等价等值的物相交换。这里面强调的仍然是平等。

其次是罗尔斯的公正（正义）观。罗尔斯也是在平等的意义上来理解公正的。他认为"正义总是表示着某种平等"[4]，"作为公平的正义"的"原则是那些想促进他们自己的利益的自由和有理性的人们将在一种平等的最初状态中接受的"[5]。任何个人和团体都会在这一"无知之幕"后选择正义原则，按"最大最小值"的规则来选择制度安排。由此，他给出了"公平的正义"的两个正义原则："第一个原则 每个人对与所有人所拥有的最广泛平等的基本自由体系相容的类似自由体系都应有一种平等的权利。""第二个原则 社会和经济的不平等应这样安排，

---

[1] ［美］E. 博登海默：《法理学：法律哲学与法律方法》，邓正来译，中国政法大学出版社1999年版，第264页。
[2] 同上。
[3] 同上书，第265页。
[4] ［美］约翰·罗尔斯：《正义论》，何怀宏等译，中国社会科学出版社1988年版，第58页。
[5] 同上书，第11页。

使它们：(1) 在与正义的储存原则一致的情况下，适合于最少受惠者的最大利益；并且，(2) 依系于在机会公平平等的条件下职务和地位向所有人开放。"①

这两个原则中，第一个原则为"平等自由原则"，第二个原则中的第一方面为"差别原则"，第二方面为"公平机会原则"。第一个原则虽然被称为自由原则，但它要求的是平等的自由，第二个原则中后一个原则强调的是公平机会，这表明的是对人的同等看待；前一个原则是差别原则，这表明的是对社会弱势群体的平等对待。所以，这两个原则贯穿着这样一个基本观念：所有的公共品，包括自由和机会、收入和财富及自尊的基础等，都应被平等地分配，除非对一些或所有公共品的一种不平等分配有利于最不利者。这样一个基本观念所蕴含的核心价值就是平等，有了这种平等，才可以被称为是公正的。

最后是诺奇克的公正（平等）观。罗伯特·诺奇克主张公正就是尊重个人权利。他认为，在公正问题上，目前人们包括罗尔斯讨论的主要是分配公正，但"几乎所有被提出来的分配正义原则都是模式化的：按照一个人的道德功绩、需要、边际产品、努力程度或者前面各项的权重总和对每个人进行分配"②。在他看来，问题不在于此，而在于财富的持有是否公正，即财富的获得和转让是否公正，以及违反前两个公正原则时如何矫正。于是他提出了三个公正原则：获取的公正原则、转让的公正原则和矫正的公正原则。对于获取的公正原则，诺奇克认为，个人是自主的和分立的，对自己的身体具有绝对所有权，因而对自己的劳动也具有所有权。通过劳动与自然界无主之物结合而获得劳动成果、从自然界中取得劳动资料，如果不使未占有者情况变坏，那么这种获取就是公正的。当然，如果这种占有会使一些人情况变坏，那么占有者就应给予他们相应补偿，否则就不公正。对于转让的公正原则，诺奇克认为，

---

① [美] 约翰·罗尔斯：《正义论》，何怀宏等译，中国社会科学出版社 1988 年版，第 302 页。

② [美] 罗伯特·诺奇克：《无政府、国家和乌托邦》，姚大志译，中国社会科学出版社 2008 年版，第 187 页。

如果转让（包括交易、赠送、继承等）是自愿的，那么它就是公正的。但如何证明转让是自愿的呢？在他看来，只要这种转让没有侵犯转让者的自我所有权，那么它就是自愿的。因而，诺奇克既没有认同效用平等，也没有认同罗尔斯那样的公共品持有平等，但是他要求权利平等，即任何人都不得拥有比其他人更多的权利。权利是否平等是判断公正与不公正的唯一标准。

第二，公正的两个维度：个体的与社会的。从公正的主体上看，公正包括两个方面：个体公正和社会公正。艾德勒认为公正"有两大领域。一个是关于个人与他人，以及个人与有组织的社区（即国家）之间的……另一个领域则是关于国家与构成国家人口的人之间的……所谓国家，指的是政府的形式与法律和它的政治机构与经济组织"①。政治哲学家罗兰·克莱（Roland Clay）在解释公正时说："公正一是被理解为美德，被理解为个人在日常生活中的正当行为（使人人有其物），另一方面也被理解为制度性标准，应该据此对社会的基本政治、经济和社会机构进行基本评价。"② 万俊人教授也曾对公正做了一个非常精当的诠释："其一是指社会基本制度安排和秩序的公平合理，以及由此形成的对社会成员的普遍公正要求和行为规范；其二是指个人的正直美德，以及作为这种政治美德之基本表现的公民的社会正义感和公道心。"③ 简单说来，公正就是指社会制度的合平等性和个体行为的正当性。由此看来，公正指向两个维度：个体公正和社会公正。个体公正主要是指个体行为的一种根本原则和优良品性，表现为一个人为人处事时能以各种制度规范和伦理准则约束自己的言行举止，作风正派，行为公道，平等待人。因此，这种公正主要侧重于个体的道德品性，表现为个体的德性水准。社会公正主要是指人们从平等方面对一

---

① ［美］艾德勒：《六大观念》，郗庆华译，生活·读书·新知三联书店1989年版，第224页。
② ［德］乔治·恩德勒等主编：《经济伦理学大辞典》，李兆雄、陈泽环译，上海人民出版社2001年版，第164页。
③ 万俊人：《道德之维——现代经济伦理导论》，广东人民出版社2000年版，第115页。

定社会结构、社会关系和社会现象的道德评价和伦理判断，具体表现为人们对一定社会的性质、制度、法律等的合平等性和合平等程度的要求和判断。这种社会公正的主要指向是社会的基本结构和制度。因为社会公正的主题是"社会主要制度"平等地"分配基本权利和义务，决定由社会合作产生的利益之划分的方式"①。当然，个体公正与社会公正的区分也只是相对的，它们之间有着密切的联系。社会公正与个体公正是一种相互依赖、相辅相成、相互渗透、相互促进的关系。在一个社会中，如果社会不公正，个体品性再好也无济于事；同理，如果一个社会公正程度较高，社会公正会促进个体公正水平的提高，而少数个人不公正的行为也难以立足。

第三，经济公正的内涵是指经济主体凭借自己的资源进行竞争并获得平等待遇。既然公正的一般含义是权利的平等，那么作为一般公正在经济活动中的体现的经济公正当然就是指经济权利的平等。当代市场经济中的经济权利平等，就是指经济主体凭借自己的资源进行竞争并获得平等待遇。对于它的衡量标准就是程序公正和结果公正。制度经济学家柯武刚（Wolfgang Kasper）和史漫飞（Manfred E. Streit）在《制度经济学》中认为："公正可用下列标准之一来衡量：（a）对个人行为的公正：即个人和权力机关应对同等情况下的他人一视同仁（无歧视、程序公正）；或者（b）以公正为一种社会准则：即社会地位和交往的结果应该是平等的（'社会公正'或'结果平等'）。"②

首先，经济公正意味着经济主体在经济活动中能获得不受歧视或一视同仁的对待。人们希望在经济活动中获得同等情况下同等对待，即一视同仁，实质上就是希望不被歧视。这是社会的经济制度安排应具备的基本内容，我们可以称之为经济活动的程序公正。它要求不分种族、性别、民族、宗教信仰、贫富、亲疏地保护同等的创造经济价

---

① [美]约翰·罗尔斯：《正义论》，何怀宏等译，中国社会科学出版社1988年版，第5页。
② [德]柯武刚、史漫飞：《制度经济学——社会秩序与公共政策》，韩朝华译，商务印书馆2000年版，第93页。

值的权利。在经济生活中,程序公正往往意味着人们凭着自己的资源、能力或其他东西参与经济交往、价值创造并获得平等待遇上,人人都拥有同样的机会、权利或自由。所以,人们又把这种程序公正细分为机会公平、过程公平和规则公平,它主要关注经济的产生结果的方式、过程和规则。这种机会公平和过程公平实质上保护的是人们的自由权利。而自由权利是非常重要且意义深远的。阿马蒂亚·森说,至少是由于两个原因导致自由之所以如此重要:一是由于自由度越大赋予我们去实现我们的目标的机会越多,这些目标就是那些我们所珍视的事物或有理由珍视的价值;二是由于我们可以通过自由把更多的注意力放在选择过程而不是选择结果上①。程序公正主要依靠政府或公共权力机构来保障,因为要确保所有经济主体免受不必要的干涉和限制而按照自己的自由意志参与经济活动的机会,只能依靠它们所提供的制度和规则才有可能。

其次,经济公正还意味着结果平等。程序公正属于形式公正,结果公正属于实质公正;程序公正与结果公正相对应,形式公正与实质公正相对应。因而,与程序公正相对应的又可以说是实质公正,它主要关注经济活动的结果本身。实质公正的实现极为困难,这主要是由于以下原因:一是因为程序公正与结果公正是对立的。结果公正即结果平等会受到经济活动机会的影响。"只要人们享有行动和作出反应的自由,只要这种自由与人们所挣到和所拥有的事物有关,结果平等就是不可想象的……结果平等('社会公正')要求侵犯产权。"② 也就是说,当政府和公共权力机构行使再分配职能时,它实质上是要把别人经济活动所得的收入拿出来给那些在市场经济竞争中败下阵来的人,而这显然会对程序公正所提供的自由和机会公平构成伤害。所以,实质公正不能完全依靠政府和公共权力机构来保障。这也就是"福利国家"遭到新自由主

---

① [印]阿马蒂亚·森:《正义的理念》,王磊、李航译,中国人民大学出版社2012年版,第212页。

② [德]柯武刚、史漫飞:《制度经济学——社会秩序与公共政策》,韩朝华译,商务印书馆2000年版,第94页。

义思想家们激烈反对的原因。比如诺奇克就是代表。他对他提出的三个公正原则只是说明了前两个原则,而对矫正的公正原则则没有阐述。原因在于矫正的公正必然要依靠政府,而政府要通过矫正趋于结果平等就必须征税,征税就与程序公正冲突了。在他看来,"个人拥有权利,而且有一些事情是任何人或任何群体都不能对他们做的(否则就会侵犯他们的权利)"。因此,他主张"一种最低限度的国家"。在《无政府、国家和乌托邦》的前言中,他提出,这种国家"其功能仅限于保护人们免于暴力、偷窃、欺诈以及强制履行契约等等;任何更多功能的国家都会侵犯人们的权利,都会强迫人们去做某些事情……国家不可以使用强制手段迫使某些公民援助其他公民,也不可以使用强制手段禁止人们追求自己的利益和自我保护"①。在他看来,只有这种"守夜人"式的国家才是公正的。

二是因为结果平等也就是社会公正,而社会公正显然不是只靠程序公正就能保证的。程序公正只能保证每个经济主体都有同样的机会、自由和选择权,但它绝不能保证所有主体在竞争中都能获得同样的结果。结果平等既受到机会的影响,也受大量的其他经济主体的活动的影响。而受影响的经济主体和政府对其中的许多经济主体由于信息方面的限制是一无所知的。同时,社会公正也是一个包含很多种类公正的系统,只要其中任何一个得不到满足,那么就不能保证结果平等。但是,一个社会又不能长期处于这种难以接受的严重的经济不平等之中。严重的经济不平等仍然是明显的必须消除的不公正。在市场初次分配、政府再分配都不可保证的情况下,社会就有必要号召那些竞争中获胜的经济主体自愿地帮助那些失败者,即鼓励自愿再分配。自愿再分配是可能的,"因为人们在一定程度上认同于他们最孱弱的人类伙伴……因为他们担心这会对内部和平及实现其他价值产生不良影响";自愿再分配也是有益的,因为它"不是政府为再分配产权而实行的强

---

① [美]罗伯特·诺奇克:《无政府、国家和乌托邦·前言》,姚大志译,中国社会科学出版社 2008 年版,第 1 页。

制性干预，具有良好的效果"①，有利于社会趋于结果平等。

二 经济、社会和人的发展的经济伦理基础

经济公正是经济主体在经济活动中所应该遵循的伦理准则，是一种促进经济发展的经济伦理。但是，它又并不只是在经济范围内起作用，而是还会对经济、社会和人的全面发展都产生重要影响。可以说，它是现代社会发展观的重要内容和题中之义。美国著名发展经济学家迈克尔·P.托达罗（Michael P. Todaro）说："发展必须被视为是一个既包括经济增长、缩小不平等和根除贫困，又包括社会结构、国民观念和国家制度等这些主要变化的多元过程。"② 阿马蒂亚·森认为，发展就是要扩展人们的实质自由，增强他们的可行能力。"实质自由包括免受困苦——诸如饥饿、营养不良、可避免的疾病、过早死亡之类——基本的可行能力，以及能够识字算数、享受政治参与等等的自由"③。"一个人的'可行能力'指的是此人有可能实现的、各种可能的功能性活动组合。可行能力因此是一种自由，是实现各种可能的功能性活动组合的实质自由"或"选择有理由珍视的生活的实质自由"④。但是，当代世界物质财富已经达到了非常丰裕的程度，然而它还远远没有为为数众多的人们提供初步的自由，限制人们自由的还有诸多因素，如"贫困以及暴政，经济机会的缺乏以及系统化的社会剥夺，忽视公共设施以及压迫性政权的不宽容和过度干预"⑤。因此，发展就是要消除这些限制因素，

---

① ［德］柯武刚、史漫飞：《制度经济学——社会秩序与公共政策》，韩朝华译，商务印书馆 2000 年版，第 95 页。
② ［美］迈克尔·P.托达罗：《经济发展》，黄卫平等译，中国经济出版社 1999 年版，第 15 页。
③ ［印］阿马蒂亚·森：《以自由看待发展》，任赜、于真译，中国人民大学出版社 2002 年版，第 30 页。
④ 同上书，第 62 页。
⑤ 同上书，第 2 页。

就是扩展那些相互联系着的实质自由的一个综合过程。显然,"缩小不平等和根除贫困"、消除"免受困苦"、消除"贫困……经济机会的缺乏"等都属于经济公正的基本内容。

第一,经济公正是经济发展的伦理基础。现代社会发展是包括经济、政治、文化、社会、人和生态环境等内在地融为一体的综合性的、多元化的发展,但是,经济发展仍然是这种发展的基础性的内容。经济要获得发展,经济公正就不可缺席。否则,经济发展就不是"发展"而只是物质财富的单纯增长,单纯的经济增长是一种不正常的、不健康的发展。经济公正强调人人都有参与经济竞争、谋求经济利益的自由权利,但是每一个人或群体在行使经济自由权利时不能对他人或其他群体同样的自由权利构成侵犯和损害。当这种损害在综合考虑了各种原因、进行了全面衡量后不得不发生时,事后就应该对遭受损害者进行适度的补偿。经济公正也强调制度安排和机会平等,反对特权,反对强迫,反对垄断,反对不公平、不正当竞争,所有进入市场的主体都应遵循公平竞争、等价交换的规则,平等地进行经济交往。只有在这种经济公正的保障下,经济主体之间才能和谐地、有序地进行经济交往,经济也才能获得发展。市场经济发展的历史已经证明,那种垄断经济、腐败经济、强权经济都是经济不公正,而经济不公正的积累最后必然断送经济发展的前期成果,重新走上贫穷落后的老路。因此,可以说,经济公正为经济主体提供了利益关系调节的伦理规范,是形成健康、和谐的经济秩序的基本要求,是经济发展的伦理基础。

第二,经济公正是社会公平正义的道德前提。公正是一个内涵极为丰富的宏大的领域,它不仅包括经济公正,还包括政治公正、文化公正、环境公正等,所有这些公正都可以称之为整个社会的公平正义价值系统。而在社会公平正义中,经济公正是前提。如果经济不公正,社会公平正义就不可能达成。虽然经济公正并不能必然带来经济发展,但经济不公正必然破坏经济发展,经济发展不足,社会公平正义就失去物质基础。正如经济基础构成整个社会结构的基本前提一样,经济公正也构成社会公平正义的前提。马克思在《资本论》中深刻地阐明了资本主义社会经济水平获得空前提高，但由于生产资料的资本主义私人占有制的基础地位，使得资本家完全占有了经济成果，而作为经济成果创造者的广大工人阶级反而处于贫穷之中，这种经济是不公正的，经济不公正造成了社会不公平、不正义。现代社会经济日益繁荣、人们收入不断增多、生活变得更加富裕是不争的事实，但是人们并没有因此而感到更加幸福、更加公正。世界上还有几亿人口处于收入低下和贫困之中，而中国通过40年的改革开放，成功地利用和发挥后发优势，取得了举世瞩目的发展成就。就经济方面来说，"经济保持中高速增长，在世界主要国家中名列前茅，国内生产总值……增长到八十万亿元，稳居世界第二，对世界经济增长贡献率超过百分之三十"，"农业现代化稳步推进，粮食生产能力达到一万二千亿斤"，"城镇化率年均提高一点二个百分点，八千多万农业转移人口成为城镇居民"，"对外贸易、对外投资、外汇储备稳居世界前列"①。但是，"发展不平衡不充分的一些突出问题尚未解决"，"民生领域还有不少短板……城乡区域发展和收入分配差距依然较大，群众在就业、教育、医疗、居住、养老等方面面临不少困难"②。即便是经济发展进入新常态，经济增长水平也仍然处于世界前列，而我们的脱贫攻坚任务也还是繁重而艰巨，像这种经济社会状况绝不能说是公正的，也不是中国特色社会主义建设可以排除在外的。胡锦涛同志在《在纪念党的十一届三中全会召开30周年大会上的讲话》中指出，"实现社会公平正义是中国特色社会主义的内在要求"；习近平总书记也指出："公平正义是中国特色社会主义的内在要求，所以必须在全体人民共同奋斗、经济社会发展的基础上，加紧建设对保障社会公平正义具有重大作用的制度，逐步建立社会公平保障体系。"③ 在党的十九大报告中他进一步强调，"不断满足人民日益增长的美好生活需要，不断促进社会公平正义"。虽然我们党一直在追求社会公平正义，也从

---

① 习近平：《决胜全面建成小康社会 夺取新时代中国特色社会主义伟大胜利——在中国共产党第十九次全国代表大会上的报告》，人民出版社2017年版，第3页。
② 同上书，第9页。
③ 习近平：《习近平谈治国理政》，外文出版社2014年版，第13页。

没离开过社会公平正义，但像这样把社会公平正义写入党的文献并把它作为习近平新时代中国特色社会主义思想的内在要求规定下来，这是具有重大历史意义的，这样也极大地丰富和拓展了中国特色社会主义的内涵。然而，也必须清楚的是，我们要谋求社会公平正义，首先就需要谋求经济公正。因为经济不公正必然造成经济关系不和谐，经济关系不和谐必然造成社会关系的冲突、紧张和分裂，使社会公平正义不能实现。

第三，经济公正是个人的全面自由发展的工具理性。个人的全面自由发展是经济发展、社会发展，以及人类一切活动的最终价值目标，是人类历史活动的最高价值追求。与个人的全面自由发展这种终极价值相比，经济公正和社会公平正义都是手段价值。但是这种手段价值不可或缺。前文说过，经济公正主要是指人的经济权利平等，这种经济权利平等在某国范围内一般都由宪法所规定，主要包括公民享有平等的居住权、自由迁徙权、职业选择权和财产权等。而这些平等的经济权利又由政府来保障，因为政府存在的一个主要理由就是要保护所有公民的权利不受侵犯。经济公正强调的是对所有人的一视同仁和无歧视，意味着所有经济主体在经济方面都具有平等的权利、平等的生存发展条件和机会。因此，它实际上涉及的是人的基本需求的平等满足、人的自由和尊严的平等确立、人的生活质量的普遍提高、人格的完善和发展。如果说经济发展是社会发展的先决条件，社会发展是个人全面自由发展的先决条件；那么经济公正就是社会公平正义的先决条件，社会公平正义就是个人全面自由发展的先决条件。因此，经济公正是个人全面自由发展的基础性的工具价值。

三　社会主义市场经济下经济公正的基本要求

第四章已经表明，按照阿马蒂亚·森的观点，所有公正理论可分为致力于探究绝对公正、着眼于制度安排的先验制度主义和致力于消灭所见到的这个世界上的明显的不公正、着眼于现实的比较视角这样两类①,他的公正理论属于后一类,并对前一类公正理论提出了尖锐批评。但是,我认为,现实与制度安排不能截然两分,现实不公正的消除也需要依靠制度,没有相应的制度安排,会导致公正与不公正无法区分,即使侥幸消除了明显的不公正,那也是不长久的;制度安排也需要着眼于消除现实中明显的不公正,否则它就是抽象空洞的,甚至还可能是只为强势群体辩护的工具,而这就反过来鼓励了不公正。当下中国的现实是发展社会主义市场经济,而且是社会主义初级阶段或者说中国特色社会主义新阶段的市场经济,要求社会主义基本制度与市场经济体制的内在结合,因而现阶段的经济公正应该与社会主义市场经济发展的这种实际状况密切结合起来,超前或落后都属于经济不公正。简单说来,我们现阶段追求的经济公正既要具有中国特色、具有社会主义制度特征,又要适应市场经济体制,这种经济公正应该具有如下要求。

第一,标准统一。这是经济公正的首要内涵。所谓标准统一,即是说所有进入市场参与经济活动的主体在标准面前都是一样的,尽管他们的出身背景、身份地位、拥有的资源和实力、规模等可能不同,但都是利益主体,其经济人格是平等的。其次监管部门要对所有经济主体一视同仁,制订并实行统一的标准,而不能搞双重标准或多重标准。最后标准必须统一、完善,而不能混乱,切实做到"有法可依""有法必依"。只有这样,经济公正才有了先决条件。

第二,经济主体的发展机会均等。这就是说,所有经济主体在起点上要公平一致。这也实质上是标准统一的逻辑延伸,因为标准不统一,发展机会就不会均等。市场中的各种主体都应能获得各种平等的发展机会,如自然资源和社会资源的获得机会、利润报酬获得的机会等。当然,经济公正的要求只可能做到市场中所有主体的发展机会均等,而不可能要求所有主体发展的结果平等;只可能让所有主体处在同一起跑线

---

① [印]阿马蒂亚·森:《正义的理念》,王磊、李航译,中国人民大学出版社2012年版,第5—7页。

上,至于谁跑得快而冲到了前面,谁跑得慢而落在后面,这是由其他各种原因导致的。要做到经济公正的伦理要求,必须按照其他尺度和标准来加以调剂,而这已成为另外一回事。

第三,权利与义务对等。经济公正体现在经济主体的利益关系上,就是要使经济主体享有平等的经济权利,同时也要求他们平等地履行相应的义务。权利与义务对等、相称才符合经济公正的要求。市场经济强调经济主体拥有平等的自由选择权利,而这种自由选择权利同时又意味着相应的责任和义务。权利因为义务而产生,义务因为权利而存在。马克思说,世界上没有无权利的义务,也没有无义务的权利。权利与义务总是相伴而生,如影随形;同时又总是相互衡量,对等相称的。如果一些经济主体只有权利,没有义务,或只有义务,没有权利,就是经济不公正,而经济不公正必定使市场经济不能正常运行。所以,市场经济条件下要反对特权、反对腐败、反对垄断,力求权利与义务对等,谋求经济公正。

第四,按贡献分配。按经济活动环节来说,经济公正包括生产公正、交换公正、分配公正、消费公正,但分配公正是其中最重要、最核心的内容。因此,经济公正从根本上说是一种分配标准,它要求自然资源和社会资源的分配应该按照每个经济主体所投入的劳动的数量和质量、所投入的生产要素等具体贡献进行平等地分配。由于每个主体的具体贡献不可能是相同的,因而分配的结果就不可能是一致的,而是有所差别的,但这种差别应是合理的、可以接受的。按贡献分配的内涵说明,自然资源和社会资源的分配如果既体现了平等,即为主体提供了平等的劳动、参与经济活动的权利,也体现了自由即尊重并承认了主体对于经济发展的不同的具体贡献,那么,这种分配就是符合经济公正的。按贡献分配由于其把主体的贡献同其自身的切身利益紧密地结合在一起,因而具有调动主体的工作积极性,激发整个经济发展活力的实际效果。

第五,保障机制健全。建立健全的保障机制有两层意思:一是要建立保障经济公正要求得以实施的机制;一是要为无法参与市场竞争或在分配过程中处于不利地位的弱者提供基本生活保障。前者表明要把经济公正要求制度化，并在实施过程中加强必要的监督，从立法、执法、监督等各个环节上不断完善，保证经济公正要求能成为市场经济参与者的准则，并得以有效贯彻施行。后者是由于在充满竞争的市场中，有许多在起点上不一致的弱者，他们因为诸多先天或后天因素而在竞争中处于不利地位。因此，要保证市场经济的公正性，社会应该为他们提供必要的基本生活保障，对他们进行道义性的支持和帮助，确保他们的基本权利得以有效行使。只有这样，社会才能缓和内部可能的冲突和抵触，增强凝聚力，得到相对稳定的正常运转和整体发展，并使社会经济达到经济公正的要求。

第六章　经济信任原则

美国著名马克思主义研究学者麦卡锡（Joseph Raymond McCarthy）说："经济对创造一个正义的社会起着至关重要的角色，没有它，任何成熟的社会都无从谈起。对于一个复合社会的经济存活，人们不同需求的整合，以及一种公平、公正的经济秩序的维持而言，交换是先决条件。"① 的确，经济对于任何一个社会都是基础性前提。但是，这一基础性前提又离不开经济主体相互之间的信任。如果信任缺失，经济主体之间利益不可期待，那么经济就会失序，从而使整个社会也无法良性运行。因此，经济信任是当代社会市场经济的伦理基础，是引领当前中国完善和发展中国特色社会主义制度、推进国家治理体系和治理能力现代化、健全社会主义市场经济体制的经济伦理价值原则。我国经济社会发展中，近年来出现了大量的假冒伪劣、虚假广告、违规促销、不守协议等违背经济伦理的行为，这导致严重的信任危机，在这种信任危机有愈演愈烈之势的背景下，需要我们深入研究经济信任，需要适应市场经济的发展真正确立面向世界、面向未来的经济信任，这对社会主义市场经济的健康发展具有极为重要的意义。本章试图探讨经济信任的内涵、价值及社会主义市场经济条件下的经济主体之间经济信任文化构建方法。

---

① ［美］麦卡锡：《马克思与古人——古典伦理学、社会正义和19世纪政治经济学》，王文扬译，华东师范大学出版社2011年版，第99页。

一　经济信任：内涵、实质及其种类

信任一词，是一个在哲学、伦理学、文化学、社会学、政治学、法学、经济学、管理学等许多学科研究中都具有非常重要地位的词汇；信任问题，也是这些学科研究中都非常重视的学术问题。它本由"信"和"任"组合而成，"信"是指人言，即某人说话算话、践履承诺，或者能够兑现所说的话、照话办事，因而它一般是指某人讲究诚信、具有信誉；"任"是指任用、担任、担当、承受。两字组合在一起，就构成《现代汉语词典》（第6版）的意思："相信而敢于托付。"也就是说，一方因另一方的诚信品质而敢于相信并任用、使用另一方。当然，这只是信任的语义学含义。从学理上来说，不同学科对于信任有不同的诠释。

（一）经济信任的学理内涵

经济信任的落脚点在信任，经济不过是修饰语，是指它是信任一般在经济活动领域的延伸或体现，是特指经济活动领域的信任。因此，要弄清经济信任的内涵，就有必要先弄清信任一般的内涵。

最早关注信任一般的是社会学。德国社会学家格奥尔格·西梅尔（Georg Simmel）在1900年的《货币哲学》中就提到信任是维系人们关系的力量；1958年美国社会心理学家多依奇（Deutsh）提出信任是人际关系中"对情境的反应"或是"一个由外界刺激决定的因变量"[①]；后来罗特（Rotter）、怀特曼（Wrigtsman）沿着人际信任研究的思路提出"信任就是个人人格特质的表现，是一种经过社会学习逐渐形成的相对稳定的人格特点"[②]；刘易斯（Lewis）、威格特（Weigert）则借助人际关系概念，把人际信任分为情感信任和理性信任，并进行了更为系统

---

① 周文：《分工、信任与企业成长》，商务印书馆2009年版，第44页。
② 同上。

的分析；德国社会学家卢曼（Luhmann）提出"信任在本质上是简化复杂的机制之一，是嵌入于社会结构和社会制度中的一种功能化的社会机制"①；巴伯（Barber）对信任的定义颇有伦理学色彩，他认为信任是"对自然的和道德的秩序的坚持和履行的期望"②。社会学研究信任的最前沿成果就是布迪厄（Pierre Bourdieu）、科尔曼（James Coleman）、普特南（Hilary Whitehall Putnam）、福山（Francis Fukuyama）等人提出的"社会资本"理论，虽然他们对于社会资本概念的理解各不相同，但都把信任解释成一种社会资本，唐·科恩（Don Cohen）和劳伦斯·普鲁萨克（Laurence Prusak）的说法也许能反映他们的这一共同点："社会资本主要由人们之间积极的联系构成，它包括相互信任、相互理解以及共同的价值观和行为理念，这样的联系可以把人际网络或是各种社群中的每一个成员紧密地团结在一起，进而使社群合作变成一种可能。"③我国社会学家郑也夫也深入地研究了信任问题，在细致梳理、分析了中西语源和古代典籍中的信任、俗话中的信任、理论家所说的信任后，他从学理上给信任下了一个较为准确的定义："信任是一种态度，相信某人的行为或周围的秩序符合自己的愿望。它可以表现为三种期待，对自然与社会的秩序性，对合作伙伴承担的义务，对某角色的技术能力。"④"信任是交换与交流的媒介……其本质是信任感。"⑤

　　经济学本来也有研究信任的传统。亚当·斯密曾一再强调市场经济必须深深融入以信任为核心的社会习俗和道德观之中。然而，遗憾的是，以斯密为代表的古典政治经济学开创的这一优良传统被新古典经济学和新自由主义市场经济学遗忘了。福山说："……新古典主义经济学有80%是正确的：它揭示了货币与市场的本质，它认为人类行为的基

---

① 周文：《分工、信任与企业成长》，商务印书馆2009年版，第45页。
② 同上。
③ ［美］唐·科恩、劳伦斯·普鲁萨克：《社会资本：造就优秀公司的重要元素》，孙健敏等译，商务印书馆2006年版，第5页。
④ 郑也夫：《信任：溯源与定义》，《北京社会科学》1999年第4期。
⑤ 同上。

本模式是理性的、自私的……剩下的20%新古典主义经济学只能给出拙劣的解释。亚当·斯密充分地认识到经济生活已经深入社会生活，它不能与社会风俗、道德和习惯分开来单独加以理解。"① 20世纪70年代随着阿罗（Kenneth J. Arrow）、希克斯（John R. Hicks）等为代表的社会福利经济学，诺思（Douglass C. North）、科斯（Ronald H. Coase）等为代表的新制度经济学的兴起，信任研究才又回归经济学。总体看来，经济学家们大都认为信任对于经济发展具有极为关键的意义和价值。如阿罗提出信任是"经济交换的隐形契约和润滑剂"②，希克斯认为信任是"经济交易所必须的公共品德"③。我国经济学家也对信任研究表现出浓厚兴趣，如张维迎教授认为信任是"所有交易的前提"④，是"市场经济的道德基础"⑤，是"除物质资本和人力资本之外决定一个国家经济增长和社会进步的主要社会资本"⑥。

  长期不间断地关注信任的学科首推伦理学，特别是中国儒家传统伦理学。儒家传统伦理学认为，"信"从人从言，是与仁、义、礼、智并列的五常之一，是人应遵守的最基本的道德规范。"信"与"诚"合并为"诚信"，指真实无妄、人己不欺。学界一般认为，"诚"是一个本体论范畴，是对宇宙存在、人的本性、人类道德的价值肯定；"信"是"诚"的外在表现，即人按照"诚"去行为处世就做到了"信"。因此，"信"是立人、立企、立国之本，它以"义理"即应当承担的社会职责和道德义务为宗，从而构成处理人际关系的精神纽带。"信则人任焉"一语表明"信"与"任"的关系，即因信而任、由信而任。因此，信任是指以诚和信来维系的人际伦理关系，是人与人之间以诚和信为纽带的社会关系。

---

① ［美］弗朗西斯·福山：《信任：社会美德与创造经济繁荣》，彭志华译，海南出版社2001年版，第16页。
② 周文：《分工、信任与企业成长》，商务印书馆2009年版，第47页。
③ 同上。
④ 张维迎：《信息、信任与法律》，生活·读书·新知三联书店2003年版，第2页。
⑤ 同上书，第276页。
⑥ 同上书，第274页。

学界有很多人把"诚信""信义""信誉""信任""信用"等概念不加区别地在同等意义上使用。其实这些概念虽有密切联系，但还是应该作出区分。其一，"信用"不是一个道德概念，而是一个经济学概念。宋希仁教授曾精辟地分析过信用："信用是就交往关系而言的，用于经济领域，就是指经济交易的关系。这种信用不是从道德诚信开始的，也不是从竞争中产生的，而是从商品交换活动中产生的，是商品交换活动和货币流通得以实现的必要条件。"① 张卓元先生主编的《政治经济学大辞典》也诠释信用是"以偿还为条件的价值运动形式，即指商品买卖时的延期付款和货币的信贷关系"②。其二，"诚信""信义""信誉""信任"是道德概念，而且都是从道德诚信开始，其中"信义"一般指信誉和道义，即因有信誉而符合道德、义理，但人们较少运用这一概念。其三，伦理学界一般大量地运用余下的三个概念，"诚信""信任"的内涵前文已做分析，"信誉"是指诚信和声誉，它是诚信和信任的中介。因此，它们之间就构成一个因果链条，即因"诚信"而获得"信誉"，因"信誉"而获得"信任"③。所以，作为一个社会伦理关系概念，信任比诚信、信誉具有更强的包容性、综合性，是一个需要多学科合作攻关、共同分析以便取得共识的跨学科概念或综合性问题。

综上所述，笔者借鉴郑也夫先生关于信任的定义，从经济伦理学角度对经济信任作如下界定：经济信任是经济活动中主体之间以信任为纽带而发生的一种社会经济交往关系，是主体之间的一种经济伦理关系，是某一主体相信其他主体的经济行为符合自己的愿望、期许的一种态度，是以信任感为本质的经济交换媒介。总之，经济信任是经济活动不可或缺的精神资本和交往纽带或媒介。

---

① 宋希仁：《论信用和诚信》，《湘潭大学社会科学学报》2002年第5期。
② 张卓元主编：《政治经济学大辞典》，经济科学出版社1998年版，第184页。
③ 廖小平教授将这样"一个依次递延的诚信链条"表述为"因'诚'而具有'信用'，因有'信用'而值得'信任'"。我认为把"信用"换成"信誉"更为妥当、准确。（廖小平：《论诚信与制度》，《北京大学学报》（哲学社会科学版）2006年第6期）

（二）经济信任的实质

经济信任既表现为一种态度，也表现为一种经验可感的媒介；既表现为一种精神性的东西，也表现为一种物质性的东西。但究其实质，它是经济主体之间的一种社会经济关系。

根据历史唯物主义基本原理，人是集个体性与社会整体性于一身的二重性存在物，社会交往或社会关系是人的本性。一方面，作为个体性的存在，任何个体都有维持自己生命存在的需要，即自己的个人利益，但是每个人赖以生存和发展的自然和社会环境所拥有的资源和条件是有限的，而为了实现自己的个人利益，每个人就需要通过社会交往与他人发生竞争。就此看来，竞争并不是纯粹自然性质的行动，而是社会交往的一种表现。另一方面，作为社会整体性的存在，任何个体仅仅依靠自身的力量是不可能实现自己的需要和利益要求的，因为每一个人总有这方面或那方面的局限性，都有自己的不足，而为了实现利益需要，就必须通过社会交往与他人发生合作。合作则两利、共赢。就此看来，合作也不是纯粹自然性质的行动，而是社会交往的另一种表现。因此，人的交往活动是竞争与合作并存的活动，竞争和合作都是由人的交往本性生发出来的行动，是人的社会本性的外在表现。正如埃里克·尤斯拉纳（Eric M. Uslaner）所言："人与人之间被普遍地联结着，这种联结使人与人之间必须有合作。"[①]

信任就是人的这种合作行动的原因或前提。"合作是人的特性，是人们交往的一种基本形式，是指个人与个人、群体与群体之间为达到某一共同目的，彼此以一定方式配合、协作的联合行动。"[②] 合作是人与人的相互信任的结果。因为任何合作都是在一定的社会交往和联系中，在合作双方共同的需要和利益的基础上、在一致的目标牵引下、在统一

[①] ［美］埃里克·尤斯拉纳：《信任的道德基础》，张敦敏译，中国社会科学出版社2006年版，第2页。

[②] 陈志尚主编：《人学原理》，北京出版社2005年版，第238页。

的认识和规范约束下,以公平合理的形式进行的,合作双方都是出于对对方的信任,认为双方都能够认同这些需要和利益、目标、认识和规范、合作形式等,认为各自的需要和利益都能够通过合作得以满足才采取合作行动。埃里克·尤斯拉纳说:"信任是通往合作的道路……当我们信任他人时,我们是在期望他们能够实现自己的承诺,这既是因为我们知道他们过去通常能够实现自己的承诺,也是因为相信,如果我们认为他人值得相信,我们会生活得更好。"① 由于合作发生于人与人的相互信任,而合作本身就是人的社会交往和联系的重要形式,因此信任也就是人类所特有的一种社会关系。

如果说信任是人所特有的社会关系,那么经济信任就是经济主体之间形成的一种社会经济关系。经济活动是人所特有的对象化活动,在这种对象化活动中,人与人之间发生经济交往,结成一定的经济关系。经济关系是以利益特别是物质利益如利润、效率、金钱等物质产品为基础的,但是,这些物质产品并不是一种纯粹的自然物品,而是在本质上体现为一种社会关系——物质的社会关系。而与这种物质的社会关系相配合,就必定会有一种精神的社会关系,在这种精神的社会关系中又必定包含着信任、团结、参与等伦理关系。伦理关系是人所特有的以一定道德意识、道德规范为纽带而结成的社会关系,它既表现为人们对这种社会关系的道德认知,也表现为人们的道德价值评价。信任是道德价值系统中一种重要的正向评价尺度。在这一意义上,经济信任是经济主体之间的社会经济关系及主体对这种关系的经济伦理评价。

(三)经济信任的种类

我们可以按照不同的标准对信任进行分类。张维迎教授从两个维度把信任分为两类:第一类是从信任的来源上把信任分为"基于个性特征的信任"即"由先天的因素或后天的关系决定的信任""基于制度的信

---

① [美]埃里克·尤斯拉纳:《信任的道德基础》,张敦敏译,中国社会科学出版社2006年版,第2页。

任""基于信誉的信任"①；第二类是从信任的对象上把信任分为"对作为个体的人的信任""对由个人组成的组织（如企业）的信任""对政府的信任"②。那么，在这些种类的信任中哪些信任最重要呢？他说："在现代社会里，我们更多依赖的还是基于制度的信任和基于信誉的信任，同时就信任的对象来讲，对一个组织的信任——特别是对企业中介机构以及对政府的信任，是最重要的。"③ 将之运用于经济信任，也就相应地有以下两类。

第一，按照信任的来源来看，有根据制度而确立的经济信任和根据信誉而确立的经济信任。前者是指经济主体基于经济领域的制度安排而建立起来的信任。它主要包括：一是对一个社会所选择的经济体制的信任，如对市场经济体制的信任；二是对调控经济活动的法律的信任，如对合同法、竞争法、经济法等的信任；三是消费者对生产和服务者的信任、生产和服务者相互之间的信任；四是对现代企业制度和治理结构的信任；五是对社会性规范如会计职业道德准则、行业协会章程、质量控制标准、环境保护标准等的信任。后者是指经济主体之间在长期的、多次的交易中合作，形成信誉和良好形象，从而建立起来的信任。它主要包括：一是企业、公司内部的管理者和员工之间的信任；二是企业、公司与其他企业、公司之间的信任。

第二，按照信任的对象来看，有对企业中介机构的经济信任和对政府管制的经济信任。前者是指人们对一个作为组织的企业的信任④。它主要包括：一是企业员工对企业的信任，这种信任是因为"每个人的生命是有限的，但是企业的生命可以是无限的，企业将有限的多个个体参

---

① 张维迎：《信息、信任与法律》，生活·读书·新知三联书店2003年版，第10—11页。
② 同上书，第11页。
③ 同上。
④ 一个社会系统中作为连接个体和整个社会的桥梁的中介机构，不仅有企业或公司，还有公共性的组织、社团、社群、行业协会、联盟等，个体对企业中介机构的信任是经济信任，对其他中介机构的信任是社会信任。本章因为只论及经济信任，故此处只解释对企业中介机构的信任。

与人连接成一个无限的经济主体。有了企业，市场就有了长期的参与者，人们之间就有了长期合作的可能"①；二是消费者对企业的信任。对政府管制的经济信任，是指经济主体对政府针对市场秩序发布的规章制度、施行的监管措施的信任。

在经济信任价值系统中，基于制度的信任是经济信任的前提，基于信誉的信任是经济信任的基本形式；对企业中介机构的信任是经济信任的保障，对政府管制的信任是经济信任的关键。它们之间相互作用、相互影响。当然，我们把经济信任分为这几种类型，只是在思维中相对区分，在现实的经济活动中，我们观察和研究经济信任时不能形而上学地划分或归类，而应把它当作一个整体，进行科学地分析，才能抓住经济信任的重点，解决经济信任问题。

二 经济信任与经济、社会和企业的发展

经济信任对于一个社会的经济社会发展具有极为重要而关键的意义。福山说："经济行为成为社会生活的重要组成部分，各种各样的规范、法规、道德义务和其他习俗将许多经济行为交织在一起，于是就形成了社会……我们从检验经济生活中获得的一个最重要的启示是：一个国家的福利以及它参与竞争的能力取决于一个普遍的文化特性，即社会本身的信任程度。"② 由此看来，作为一种经济伦理价值的经济信任对于经济社会发展就构成一种预制性的价值前提。

（一）经济信任是现代市场经济发展的经济伦理基础

亚当·斯密虽然认为市场经济活动是受利益最大化驱动的，但是他从未赞同市场经济活动仅仅受理性利己和利益最大化动机支配，相反，

---

① 张维迎：《信息、信任与法律》，生活·读书·新知三联书店2003年版，第16页。
② ［美］弗朗西斯·福山：《信任：社会美德与创造经济繁荣》，彭志华译，海南出版社2001年版，第8页。

他一再强调市场经济必须建立在良好的法律和道德的基础上，而这种法律和道德基础毫无疑问是包括市场经济活动中经济主体相互间的信任的。他在《关于法律、警察、岁入及军备的演讲》中明确地说过，信任是市场经济的主要优点，而如果一个国家市场经济兴盛、繁荣，又会带来重诺言、守时间等信任文化和习惯。恩格斯曾经也强调过经济信任的重要价值，他说："现代政治经济学的规律之一……就是：资本主义生产越发展，它就越不能采用作为它早期阶段的特征的那些小的哄骗和欺诈手段……的确，玩弄这些狡猾手腕和花招在大市场上已经不合算了，那里时间就是金钱，那里商业道德必然发展到一定的水平，其所以如此，并不是出于伦理的狂热，而纯粹是为了不白费时间和辛劳。"[①]因此，经济信任是市场经济的经济伦理基础。

那么，经济信任何以是市场交换的前提条件呢？市场经济是契约经济，契约实质上就是市场交换中经济主体之间为满足自身利益需要而自愿签订的、靠法制来保障实施的协议、合同，就整个市场经济背景来说，它表现为一种文化，形成一种文明。从伦理学上看待这种文明，就意味着：契约、协议或合同是道德规范起源的唯一根据，是道德规范内容合法性的唯一标准，也是判断人们行为合道德性的唯一准则。契约经济就是以遵守、履行契约这一道德规范为评判经济行为的标准的经济。在契约经济下，只有那些合乎契约的经济行为，才是具有道德正当性的举动；否则就是没有道德正当性的、不应该的举动。但是，契约经济具有一系列以经济信任为核心的价值前提。

第一，契约经济以经济信任为前提。经济主体之所以签订契约，是因为他们都信任对方能够按照自己的期待和愿望而行动，能够按照契约规定的游戏规则出牌而不会爽约，从而都会满足自己的利益需要。从这里可以看出，信任在前，契约在后，或者说契约是由信任这一前提导致的结果。

第二，契约经济以意志自由自主为前提。经济主体之所以签订

---

① 《马克思恩格斯文集》（第1卷），人民出版社2009年版，第366页。

契约，是因为他们都认为通过契约可以满足自己的利益需要。因此，他们签订契约的举动是受自己意志支配的、自由自主的，而不是受到强迫或外来干涉的。这里面也反映出经济主体对契约订立者的自由意志和选择能力的信任，即相信订立者签订契约的举动是自愿自主的。

第三，契约经济以权利和义务对等为基本特征。契约的基本特征在于它的"在顾及到每位契约当事人的利益方面……强调所谓平衡性、对等性、相互性之价值诉求……"[①] 即是说，经济主体之所以签订契约，是因为他们都信任契约在规定他们应该享受的权利、履行的义务上是平衡的、对等的、相互的，即所有契约签订者都对等享有权利、对等履行义务。

第四，契约经济以公平互惠为基本要求。契约的平衡性、对等性、相互性即契约的公正性。"相互性、对等性的实质恰恰就是公正，相互性、对等性概念与公正概念是互通的。"[②] 在市场经济活动中，公正就是公平互惠。经济主体之所以签订契约，是因为他们都认为契约能够保证他们得到公平对待，保全自己的权益。"而保全自身权益的前提则是对他人权益的认可与尊重。换言之，相互的认可与对等的尊重是人类权益存在的基础。"[③] 认可与尊重实际上就是信任。因此，契约经济的公平互惠要求也是以信任为基础的。

总之，作为契约经济的市场经济以经济信任为前提，其意志自主、权利和义务对等、公平互惠等价值要求也是围绕经济信任而生发、显现的，经济信任构成市场经济的伦理基础。正是在这一意义上，我们从价值论而不是本体论意义上说，市场经济是道德经济。

（二）经济信任是社会信任的前提

对于整个人类社会来说，信任是其基础。洛克曾在《无声的社会》

---

① 甘绍平、余涌主编：《应用伦理学教程》，中国社会科学出版社2008年版，第33页。
② 同上书，第23页。
③ 同上。

中说："信任就像我们吸进去的空气一样——它是所有人类行为的基础……"① 作为一种社会资本，信任具有极为丰富而宏大的内涵，它不仅包括经济信任，还包括政治信任、文化信任、技术信任、生态环境和社会环境信任等，所有这些信任组合在一起就可以构成整个社会的信任价值系统。而在整个社会信任系统中，经济信任是前提。如果经济信任缺失，社会信任就不可能达成。虽然经济信任未必一定促进经济发展，但经济信任缺失必然破坏经济秩序，导致经济发展不足，而经济发展不足又导致整个社会信任失去物质基础。正如整个社会结构系统以经济基础系统为基本前提一样，经济信任也构成整个社会信任的前提。现代社会经济生活比过去繁荣得多、人们生活水平比过去富裕得多，但是人们之间的相互信任并没有增强，甚至一度出现信任危机。这就与经济信任没有得到良好建构和打造有密切关系。因此，要谋求整个社会信任，首先就要谋求经济信任。因为经济信任缺失必然造成经济关系失序，经济关系失序必然造成社会关系的紧张、失稳，使整个社会信任无法变成现实，信任文化无法形成。

（三）经济信任是作为经济主体的企业的经济美德

著名管理学家德鲁克（Peter F. Drucker）曾说："现代企业的基础不再是暴力，而是信任。"② 对于企业来说，经济信任是其应该具备的经济美德。唐·科恩和劳伦斯·普鲁萨克这样描述经济信任对于企业的重要价值："有很多因素充当合作和团队的黏合剂，这当中就包括共同的利益和共同的任务。信任是最重要的一个因素。共同利益和任务可以增进信任，但当信任不存在时，再大的工作热情，再大的进步都很难将

---

① ［美］唐·科恩、劳伦斯·普鲁萨克：《社会资本：造就优秀公司的重要元素》，孙健敏等译，商务印书馆2006年版，第37页。

② Peter Drucker, "Managing Oneself", *Harvard Business Review* 77, no. 2（March-April 1999), p. 72.

一个团队凝聚到一起。"① 因此，作为经济美德的信任对企业发展意义重大②。

第一，经济信任能使企业真切理解自身行为的道义价值。信任可以内在地作用于企业行为。美德伦理学认为，信任是人的一种美德，它能够作用于人的内心，超越性和自律性是其显著特点。同样，如果我们把某个企业类比于某个人，把信任美德运用于这个企业，那么它的超越性和自律性也能够使这个企业对于自身行为产生非同寻常的理解。其超越性能使企业以信任为诉求，在更高层次上而不是局限于狭隘私利来理解经济活动，从而把经济活动的目标定位于如罗伯特·C. 所罗门所说的"实现普遍的繁荣，分配上的公平和对优秀的奖励"③，而非仅仅谋取自己的利润。企业当然也有自身利益追求，为了自身利益甚至还需要奋力拼搏，但从长远上看，信任与自身利益并不必然冲突，相反它还会增进自身利益。其自律性则使企业能将信任用于经济活动，自觉、自愿地体认美德，而不是从消极意义上把道德原则、规范考虑为束缚工具。信任强调合作以便节省资源、提高效率，但信任并不排斥竞争，真正的竞争是健康的、强调公平的、发挥主体积极性的竞争，是提倡和鼓励优秀、致力于创新、提高效率、解放和发展生产力的竞争，是参与者的智商、情商、德商和积极性、创造性的展示和竞技，而不是那种只强调领先于竞争对手的竞争，更不是那种与竞争对手拼个你死我活的竞争。只有那些以竞争参与者互相接受、彼此尊重、充分信任为前提和基础的竞争才称得上真正的、有意义的竞争，真正的竞争才能充分展示和体现参与者的智商、能力、素质和人格，并大大提高效率，实现道义理想。

第二，经济信任是交易的可能性条件。信任使企业行为具有越来越顽强的、旺盛的生命力。罗伯特·C. 所罗门说："商业伴随着文明

---

① [美] 唐·科恩、劳伦斯·普鲁萨克：《社会资本：造就优秀公司的重要元素》，孙健敏等译，商务印书馆2006年版，第67页。
② 龚天平：《德性伦理与企业伦理》，《武汉大学学报》（人文科学版）2009年第4期。
③ [美] 罗伯特·C. 所罗门：《伦理与卓越——商业中的合作与诚信》，罗汉等译，上海译文出版社2006年版，第324页。

的产生而产生,而且已经成为了文化的一个重要组成部分,这是因为它与美德、集体认识和最低限度的相互信任有着相互依存的关系,没有以上这些,就不会有各种生产、交换、互利互惠等活动,更不用说商业本身了。"① 的确,如果没有信任、坦荡和诚实,就不可能有商业活动。任何经济活动都是以参与其中的企业的信任、合作等美德为前提的。

第三,经济信任使企业行为跃升为效率与成就兼得的卓越之境。在经济交易中,如果参与交易的企业都具备信任美德,都认可、尊重参与者对于自己的产品和服务的持有、交换、转让、支配等权益,就能促进参与交易的企业之间的信任,而这些企业也就相应地会选择合理的方式、时间、地点进行交易,从而交易各方都能各取所需,增进自己的利益。从这里可以看出,信任美德能使企业决策简单化,降低、减少了交易费用。当然,企业在交易中都希望降低交易成本、谋取利润最大化,但这并非企业行为的唯一目的,相反,如果企业具备信任美德,这种美德还能够促进企业更好地实现这一经济目的。同时,信任美德是一种态度、情感或内在品质,它需要通过行为外化、显现:在企业内部,它体现为关爱员工、提供质量优异的产品和服务、开展环境友好型的生产经营,等等;在外部,它表现为注重社会响应和社会责任担当、拒绝恶性竞争、讲究诚实守信,等等。因此,它能为企业创造良好信誉。而信誉能带来两个方面的积极效应:一是从企业内部来说,员工更乐于把企业当作充分发挥自己的主动性、积极性、创造性,实现人生价值的重要场所或平台,这样,企业的生产经营也会繁荣兴旺;二是从企业外部来说,它会更容易吸引股东的投资,更容易吸引与之合作的商家,更容易吸引购买其产品和服务的顾客,从而获得效益与美德双丰收。

---

① [美] 罗伯特·C. 所罗门:《伦理与卓越——商业中的合作与诚信》,罗汉等译,上海译文出版社 2006 年版,第 9 页。

三 社会主义市场经济下的经济信任

当前，我国经济建设正在以加快发展社会主义市场经济为目标，深化经济体制改革。与其他模式的市场经济一样，社会主义市场经济也是以经济信任为前提的。但是，社会主义市场经济下的经济信任要立足中国现实，契合中国优秀传统伦理道德文化特别是儒家传统诚信伦理文化的发展历史。福山认为，美国、日本、德国是高度信任、注重群体的社会，而以中国为主的华人社会、意大利、法国则是低信任度的社会。"华人本身强烈地倾向于只信任与自己有血缘关系的人，而不信任家庭和亲属以外的人。"① 福山无疑是因为对中国传统儒家诚信伦理缺乏深度了解而言过其实，但客观、公允地说，近年来我国经济社会发展中由道德失范、假冒伪劣盛行、腐败频发等引发的信任危机，又确实需要我们对他的断言保持警觉，并结合当前实际情况，大力构建、培育以产权制度为基础，以法制信任、政府信任、中介信任、经济主体道德信任为内容的经济信任体系。

（一）建立明晰而稳定的产权制度以夯实经济信任的基础

社会有效运行、市场经济繁荣依赖于市场、权威和信任三大机制②，而市场充满活力、创造社会财富又依赖于明晰而稳定的产权制度、渠道畅通的信息，等等。其中产权制度是其首要的、基本的条件。党的十八届三中全会决议指出，产权是所有制的核心，要在社会主义市场经济条件下健全"归属清晰、权责明确、保护严格、流转顺畅"的现代产权制度。产权制度不仅具有对于经济的基础性意义，而且具有对于社会和人的发展的深刻的道德意义：产权当然是人和经济主体的经济权利，但

---

① ［美］弗朗西斯·福山：《信任：社会美德与创造经济繁荣》，彭志华译，海南出版社2001年版，第74页。

② 周文：《分工、信任与企业成长》，商务印书馆2009年版，第47页。

同时也是人的人权,是人的生命权、自由权、人格尊严的保障,是经济主体的生存权、自由经营权、发展权的体现;对于社会来说,产权则是优化社会道德风气、形成良好道德秩序、达成社会公平正义的基础和前提。这些道德意义其实都可归结为一点,即产权是人际信任、经济信任、社会信任形成的物质基础。张维迎教授说:"信任是市场经济得以健康运转的基石,但是良好的信任并非仅仅只是一种文化遗产,它和社会制度以及技术发展水平有关。尽管华人社会被认为是低信任度社会,但这似乎并没有妨碍香港、台湾和新加坡等地成为世界上最有效率的经济之一,所以关键是靠制度。而所有的制度中,稳定而明晰的产权制度是促进信任形成的基础。"①

(二)健全法律制度加强法治建设以培育制度信任

"信任是相当脆弱易变的。就算是长时间培养起来的信任也可能因为一件事情而毁于一旦……这种脆弱性也是公司或者机构里的个人彼此之间信任的一个特点。"② 但埃里克·尤斯拉纳认为,"信任是脆弱的"这种观点是一种常规智慧,在他看来,信任可以分为道德主义的信任和策略性的信任,其中前者是对陌生人的信任,后者是对你了解的人的信任;前者"大都基于乐观主义的世界观和我们能改善世界的感觉",后者"取决于我们的经验"。在经过详细调查、测量、研究后,他说:"信任是一种持久的价值,它不随时间的推移发生大的变化。信任不是静止的。但当它发生变化时,就反映出社会中有大的事件发生,是'集体经验到的事件',而不是我们个人生活中的事件。"③ 但我以为,无论是哪种信任都具有脆弱性,策略性信任因基于经验、感性而易变,道德主义信任也易变。因为道德虽然是一种价值观,但它毕竟是一种软约

---

① 张维迎:《信息、信任与法律》,生活·读书·新知三联书店2003年版,第305页。
② [美]唐·科恩、劳伦斯·普鲁萨克:《社会资本:造就优秀公司的重要元素》,孙健敏等译,商务印书馆2006年版,第55—56页。
③ [美]埃里克·尤斯拉纳:《信任的道德基础》,张敦敏译,中国社会科学出版社2006年版,第5页。

束，当主体发现不守道德也可得利时就可能搁置道德。因此，无论是人际信任、经济信任、社会信任，都要靠法律制度加以固化，靠法制建设来维系。同时，在培育经济信任的过程中，仅仅注重法律条文的订立是远远不够的，因为法律条文只是字面上的法律，不写入人心，得不到普遍遵循，法律就形同虚设。而且，法律也是一种实践，敬畏、信任、遵守、执行法律的行为是一种文明。因此，在加强法制建设的同时，还需加强法治建设，大力培养各层次主体的法律意识，培育以信任、尊奉法律为核心的法治文明。

（三）转变政府职能增强政府公信力以培育政府信任

政府信任是经济信任体系中具有重要地位和引导作用的一种信任，但政府信任来自于政府对自身在市场经济活动中的职能和角色的合理定位而获得的公信力。党的十八届三中全会决议指出，我国深化经济体制改革的核心问题是"处理好政府和市场的关系，使市场在资源配置中起决定性作用和更好发挥政府作用"。这实际上即是在明确政府的本来角色和应有职能。以往我们在发展社会主义市场经济过程中，因各种因素的影响，政府对市场干预过多，监管不到位；有些地方政府政绩观不科学，发展定位不准确；有些地方政府机构对人民耍横，服务意识淡薄，地方保护主义严重，甚至与民争利；有些地方政府机构说话不算数，朝令夕改，有令不行，不作为、乱作为、腐败现象严重。这些都严重有损政府形象，导致政府公信力下降。所以，现在需要转变政府职能，将政府职责和作用定位于"保持宏观经济稳定，加强和优化公共服务，保障公平竞争，加强市场监管，维护市场秩序，推动可持续发展，促进共同富裕，弥补市场失灵"等方面，这是发挥社会主义市场经济体制之优势的内在要求，也是培育、建构经济信任的内在要求。

（四）发展中介组织和机构以培育中介信任

中介组织和机构就是企业、公司、公共性的社群、社团、行业协会、联盟等，它们构成社会网络。按照福山的界定，社会网络是指"一群对超出正常市场交易所必需的规范和价值观达成非正式共识的人"①，他还认为，"家族以外缺乏信任使无关系的人很难组成社团或组织，包括经济企业。与日本形成鲜明对比的是，中国社会不是以社团为中心的社会"②。福山的观点显然值得质疑，但是他对社群中介组织和机构在培育信任方面的作用的肯定，还是值得借鉴的。"社会网络、社群都是由拥有共同利益、经验、目标和任务的人组成的。它们都需要经常性的交流和一定程度的信任。"③"互助和互惠是所有社会网络的基础。"④ 因此，社会主义市场经济条件下，我们如果大力发展中介组织和机构，让广大经济主体借助于它们确认成员身份，分享信息和知识，增强合作能力，就有望增强经济信任。

（五）继承中国优秀传统诚信伦理加强道德教育以培育道德信任

道德信任就是某主体从道德品性方面对他人或其他经济主体的声誉的信任，是该主体因他人或其他经济主体的诚信品质而施予的信任。埃里克·尤斯拉纳认为道德信任"基于一种基础性的伦理假设，即他人与你共有一些基本价值"⑤。在社会主义市场经济下，广大经济主体都共同享有中国传统诚信伦理。中国传统诚信伦理特别是儒家诚信伦理自先秦孔子、孟子、荀子等人肇始，中经汉代式微，到宋明程朱理学和陆王心学的复兴，再到清初颜元、戴震、王夫之等人总其成，构成一个体系庞大、内涵丰富的诚信伦理价值体系，从而深刻地影响了华夏子孙，滋养了以晋商、徽商、浙商为代表的广大商人及其团队的经营。就内容而

---

① ［美］唐·科恩、劳伦斯·普鲁萨克：《社会资本：造就优秀公司的重要元素》，孙健敏等译，商务印书馆2006年版，第74页。
② ［美］弗朗西斯·福山：《信任：社会美德与创造经济繁荣》，彭志华译，海南出版社2001年版，第75页。
③ ［美］唐·科恩、劳伦斯·普鲁萨克：《社会资本：造就优秀公司的重要元素》，孙健敏等译，商务印书馆2006年版，第73页。
④ 同上书，第75页。
⑤ ［美］埃里克·尤斯拉纳：《信任的道德基础》，张敦敏译，中国社会科学出版社2006年版，第2页。

言，这一传统诚信伦理价值体系良莠并存、精糟兼具，时代局限性强。因此，我们需要进行仔细分析和鉴别，并结合当前实际状况，继承优秀成分，将其创造性地转化、运用于社会主义市场经济，同时辅之以有成效的道德教育，使广大经济主体将诚信伦理内化于心、外化于行，注重经营形象和声誉，那么社会主义市场经济下的经济信任文化就能形成，并传播、流布于整个社会，从而对整个社会信任的形成产生优良影响。

第七章　安全价值原则

在当代社会，科学技术、市场经济、全球化进程日益深入持久地影响着人们的日常生活。这使人与人之间的联系越来越紧密，社会交往关系越来越复杂，同时也使社会的脆弱性越来越明显，且越来越演变成为风险社会。在这种风险社会中，人们感到自己的未来充满了越来越多的不确定性，同时又对之把控无力。于是，人们的安全需求越来越强烈，以致成为人们生活中绝不亚于生存目标的至关重要的价值，并演变成为一个基本的经济伦理价值原则。对它进行经济伦理学的学理分析并提出应对策略，从而提升当代经济社会的"伦理质量"，确保人们的安全，就成为目前经济伦理学研究的一个极有意义和趣味的话题。本章拟从经济伦理学角度分析安全这种伦理价值原则。本章的分析将包括三个部分，即当代社会日益得到彰显的脆弱性与风险特征或安全伦理价值凸显的原因、安全价值的伦理意蕴和安全伦理价值的实现途径。

一　当代社会的脆弱性与风险社会特征

马克思曾对受资本宰制的现代社会的基本特征有一段不无义愤的描述："在我们这个时代，每一种事物好像都包含有自己的反面。我们看到，机器具有减少人类劳动和使劳动更有成效的神奇力量，然而却引起了饥饿和过度的疲劳。财富的新源泉，由于某种奇怪的、不可思议的魔力而变成贫困的源泉。技术的胜利，似乎是以道德的败坏为代价换来的。随着人类愈益控制自然，个人却似乎愈益成为别人的奴隶或自身的卑劣行为的奴隶。甚至科学的纯洁光辉仿佛也只能在愚昧无知的黑暗背景上闪耀。"① 美国著名的西方马克思主义学者埃里希·弗洛姆（Erich Fromm）也在其伦理学名著《为自己的人》中表示，人们依靠理性的力量，建造了一个强大的物质世界，获得了维护尊严和生存所必要的物质条件，尽管人的许多目标还没有达到，但无可怀疑地正处于实现这些目标的路程中。然虽如此，"现代人却感到心神不安，并越来越困惑不解"②。因此，异化感、焦虑感、不安感、凶险感等已然成为当代社会人们所普遍具有的精神状态和情绪体验。

的确，迅猛发展的科技革命把社会从农业社会带到工业社会，工业社会使劳动分工日益精细化、专业化，专业化的分工一方面极大地推动了生产力的发展，但另一方面也使处于不同领域的人们需要学习并熟练掌握更多的由于科技革命而成为必须的专门知识和不同技能。为了提高生产力而设计的技术革新不仅要求工人们具有更高水平的知识和技能，也使生产方法变得更加复杂而难以掌握，其费用也相当昂贵。工人们必须足够熟练才能适应。为了降低成本，生产也趋向于地理位置上的集中。这样，"分工，费用昂贵的技术革新，还有生产的地区集中，创造了一个重要的、并非蓄意的副产品——脆弱性，尤其在遭受恐怖主义、封锁和其他形式的不合作时显得更加脆弱"③。专业分工使每一个人的需要的满足都依赖于他人为自己提供产品和服务。生产的地区集中让所有人都依赖于交通运输系统，一旦交通运输系统被中断，那么人们的生活就会瘫痪。技术革新加深了人们的脆弱，也产生了脆弱的实体设施，比如鳞次栉比的高楼大厦，一旦没有电，许多人就无法回到居于高层的家；再如汽车，一旦没有汽油和零部件，许多人就无法去维持自己生活的工作单位上班。总之，技术革新给人们的生活带来了极大方便，增进

---

① 《马克思恩格斯文集》（第 2 卷），人民出版社 2009 年版，第 580 页。
② ［美］埃·弗洛姆：《为自己的人》，孙依依译，生活·读书·新知三联书店 1988 年版，第 25 页。
③ ［美］彼得·S. 温茨：《环境正义论》，朱丹琼、宋玉波译，上海人民出版社 2007 年版，第 17—18 页。

了人们的自由，但同时也使人们的生活变得脆弱，不安全感增强。

科技革命也使社会充满了各种风险，即不确定性，许多社会学家都指认了这一点。英国著名社会学家安东尼·吉登斯（Anthony Giddens）说："我们今天生活在一个人为不确定性的世界，其中的风险与现代制度的早期阶段的风险完全不同。"① 德国著名风险社会学学者乌尔里希·贝克（Ulrich Beck）说："工业社会的社会机制已经面临着历史上前所未有的一种可能性，即一项决策可能会毁灭我们人类赖以生存的这颗行星上的所有生命。仅仅这一点就足以说明，当今时代已经与我们人类历史上所经历的各个时代都有着根本的区别。"② 沃特·阿赫特贝格（Wouter Achterberg）也说："风险社会不是一种可以选择或拒绝的选择。它产生于不考虑其后果的自发性现代化的势不可挡的运动中。"③ 他们所指称的这些风险归纳起来有五种：一是科学技术迅猛发展所带来的风险，如转基因食品的生产给人们的健康带来威胁，生化技术、生殖遗传技术等的发展对人们家庭、社会结构构成挑战；二是市场经济的全球化发展所带来的风险，如无法控制的移民潮、因贫困导致的难民潮，国际金融市场动荡，影响国际经济交往和贸易的关税壁垒和障碍等；三是社会政治制度和文化的冲突所带来的风险，如因伦理道德文化冲突、宗教冲突和民族主义冲突引发的无政府状态，因大规模进口军火而引起的国家间的冲突，以及那些"大规模的政治—宗教狂热运动"等；四是恐怖主义行动和战争危险的存在所带来的风险，如各种形式的恐怖主义和国家恐怖主义行动，扩大常规武器生产量，生产和制造非常规武器，违背国际协议的核试验等；五是生态环境的破坏和污染所带来的风险，如因人口规模扩大而导致的资源短缺，全球气候暖化，空气、水和

---

① ［英］吉登斯：《超越左与右》，李惠斌、杨雪冬译，社会科学文献出版社2001年版，第82页。
② ［德］乌尔里希·贝克：《从工业社会到风险社会》，《马克思主义与现实》2003年第3期。
③ ［荷］沃特·阿赫特贝格：《民主、正义与风险社会：生态民主政治的形态与意义》，《马克思主义与现实》2003年第3期。

土地被放射性物质和有害物质污染，因生态破坏导致的物种多样性减少和疾病的蔓延等。

正是由于多种多样的风险的存在，整个世界的人们为了应对风险而越来越连结成为一个相互依赖的命运共同体。人们之所以要连结起来，是因为风险是以世界风险的形式出现的。正如贝克所言："从总体上考虑，风险社会指的是世界风险社会。"① 也就是说，当代社会的风险是在全世界以全球规模的形式表现出来的，人们难以预测，无法防范。某地某时发生的风险极有可能跨越时空、波及全球各地。"风险以一种'风险共担'或'风险社会化'的形式表现出来，任何单一的个体和群体想要逃避风险的影响都是不可能的。"② 在这种情况下，为了生存和发展，连结成命运共同体的人们就都产生了一种迫切需要，即安全。只有安全得到保障，人们在风险面前才能化险为夷、转危为安。

二　安全价值的伦理内蕴

虽然对于人来说，安全在任何时候都不可缺少。但是，在自然经济条件下，人们日出而作、日落而息的生活模式仍然把维持生存当作生活的第一目标，安全只是作为生存的附属目标而隐性存在于背后。然而，在市场经济条件下，由于科学技术力量的推动，社会的脆弱性日益增强，威胁人们日常生活安逸、社会稳定和进一步发展的风险越来越多，此时安全就在人们的生活中得到凸显而成为人们日常生活中的显性价值话语。本部分拟首先对安全价值进行界定，然后讨论安全价值的伦理内涵。

（一）安全：事实描述与价值评判

从内涵上说，安全是人对无危险和恐惧之生活状态的事实描述与价

---

① ［德］乌尔里希·贝克：《世界风险社会》，吴英姿、孙淑敏译，南京大学出版社 2004 年版，第 24 页。
② 曹刚：《道德难题与程序正义》，北京大学出版社 2011 年版，第 36 页。

值评判。所谓安全,《现代汉语词典》的解释是:"没有危险;不受威胁;不出事故。"英语中的安全有 safety 和 security 两种表达,按照英文词典的解释,前者指一般意义上的安全,而后者则多与国家安全相联系,其含义有两个方面,一是指安全的状态,即免于危险,没有恐惧;二是指对安全的维护,指安全措施和安全机构。一般而言,安全就是指没有危险和恐惧、不受侵害和威胁。政治学界一般从主、客观两个方面定义安全,即安全一般是指社会行为主体没有或很少受到威胁的生存状态——客观上不存在外部攻击的现实或潜在的威胁,主观上不存在担心外部攻击的恐惧感①。这样看来,我们对安全一词应该有两个维度的理解:一是客观的生存状况即现实中是否安全;二是人们主观上对这种生存状况的感觉即安全感。其中前者是事实,后者是人们的价值评判。因此,安全也就成为一种人们对自己生活进行评判的价值符号。国际关系学者卡尔·多伊奇(Karl Wolfgone Deutsch)指出,在个人和政府追求的许多目标中,最广泛和最共同的是安全,安全本身也是一种价值,同时也是享受其他许多价值的方式和条件②。正是由于安全成为一种价值,所以,安全也就具有了深刻的伦理意义。正如余潇枫教授所言:"当面临威胁、遭遇危险、卷入战争时如何认知和应对无疑反映着人们的某种价值取向;陷入环境污染、种族分裂、文明冲突及非传统安全威胁挑战时,如何处理和解决同样反映着人们的价值立场与伦理向度。也就是说,对安全的理解与对安全措施的设计和定位本身就包含着行为者的道德立场与伦理限定……当我们把安全定义为人或行为体的生存优态时,安全便成了一种反映人的价值水准的伦理关系。"③

  国际政治学者们一般从军事和国家层面把安全分为传统安全和非传统安全,前者主要涉及军事安全,后者主要涉及军事安全、政治安全、经济安全、文化安全和社会安全等。但是当着"冷战"结束以后,由

---

① 刘胜湘主编:《国际政治学导论》,北京大学出版社 2010 年版,第 183—184 页。
② 同上书,第 184 页。
③ 余潇枫:《从危态对抗到优态共存——广义安全观与非传统安全战略的价值定位》,《世界经济与政治》2004 年第 2 期。

于苏联解体和美苏对抗消失，军事因素的地位相对下降，经济全球化进程的加快，国与国的竞争转变为经济实力和文化软实力的较量时，世界上就出现了一种新的安全现象，即把安全当作国家和个人的一种带有普遍性色彩的价值诉求。

作为一种价值诉求，我们可以根据不同标准，把安全分为很多种类。以国家或地区为标准，有国内安全和国际安全；以个人及其生活领域为标准，有家庭安全、财产安全、职业安全、饮食安全、交通出行安全、医疗安全、生活周围的自然环境安全等；对于群体，有群内安全、群际安全；对于企业，有财务安全、产品和服务安全、原料供应安全、员工安全、企业生产经营的物质设备安全等；以整个社会为标准，有经济安全、政治安全、文化安全、社会公共安全、环境安全等；从性质和成因看，有自然环境安全、社会安全。巴巴拉·哈瑞斯—怀特（Barbara Harriss-White）曾概括了四种"不安全"：（1）物质不安全，指对人、财产和环境的威胁；（2）对国家的经济和政治自主性的威胁；（3）不稳定，特别是市场不稳定；（4）脆弱性，容易受伤害的程度，往往与贫困和不平等联系在一起[①]。受这种划分方法的启发，按照其反意，我们就可以把安全分为如下几类：（1）人、财产和环境等物质安全；（2）国家经济（国际经济竞争力、资源、粮食、能源、发展、金融等）安全和政治安全；（3）市场安全；（4）个人生活（物质和精神两方面的）安全。因而，无论是什么安全，都归根到底是人的安全。联合国开发计划署1994年《人类发展报告》就曾首次提出"人的安全"这一范畴，这是对当今时代人的生存境遇、自由权利和价值等的弘扬和彰显。所以，如果把安全归结为人的安全，以个人为标准，安全大体上又可划归为两类：物质安全和精神安全。其中，物质方面的安全包括人的身体、生命、财产、外部生活环境、维持生命存在的手段等的安全，精神方面的安全则包括人的权利、尊严、心灵、人格、思维等的安全。而就两者的关系来看，两者虽是相对区别的，但又是紧密联系，无法截然两

---

① 杨雪冬等：《风险社会与秩序重建》，社会科学文献出版社2006年版，第10页。

分的，物质安全是精神安全的前提，精神安全是物质安全的意识化反映；物质安全不过是精神安全的外部化，精神安全不过是物质安全的内在化。

（二）安全何以成为伦理价值

既然安全是人们主观上对这种生存状况的感觉即安全感，那么它就是人们对生存状况的价值评判。作为一种价值评判，安全也就具有了深刻的伦理内涵，即安全不仅是人的基本需要，而且是人们尊重生命的表现，代表的是人们对长期自由的信心。

第一，安全是人的基本需要的反映。根据历史唯物主义原理，安全是指人的安全。所谓财产、环境等物质安全，只有在与人相联系时才有可能、有意义，人们维护物质安全实际上是在维护自己的目的和利益。而人的目的和利益表征的是人的需要。因此，安全是人的需要的反映。美国著名人本主义心理学家亚伯拉罕·马斯洛（Abraham H. Maslow）提出的需要层次论把人的需要分为生理需要、安全需要、归属和爱的需要、自尊需要、自我实现需要这样五个层次，其中生理需要是最基础的需要，其他需要都比前一个层次的需要高一级，自我实现需要是最高级的需要。它们都是人的基本需要。安全需要是人的生理需要得到满足后必然产生的一种较高一级的需要。他在其名著《动机与人格》中说："如果生理需要相对充分地得到了满足，接着就会出现一整套新的需要，我们可以把它们大致归纳为安全类型的需要（安全、稳定、依赖、保护、免受恐吓、焦躁和混乱的折磨、对体制的需要、对秩序的需要、对法律的需要、对界限的需要以及对保护者实力的要求等）。"[①] 从安全需要角度来看，"我们可以将整个机体描述为一个寻求安全的机制，感受器、效应器、智力以及其他能力则主要是寻求安全的工具……假如这种状态表现得足够严重，持续得足够长久，那么，处于这种状态的人可以

[①] ［美］亚伯拉罕·马斯洛：《动机与人格》，许金声等译，中国人民大学出版社2007年版，第21页。

被描述为仅仅为了安全而活着"①。

人的任何需要都只有通过社会交往才能实现，安全也并不纯粹是每个人自己的事。人在自己需要之本性的驱使下，为满足自己的需要而活动，与他人发生社会交往关系，从而建立起自己的社会关系网络。但是，处于社会关系网络中的人都是单个的目的和利益主体，都是为了满足自己目的和利益而活动的，而使目的和利益得以满足的资源又是有限的，这样，人们就必然会展开利益的争夺。为了使目的和利益处于自己的可控状态，人们就产生了安全需要。所以，安全实际上是人的需要之本性的对象化。但是，由于安全只有在社会交往中才能得以满足，所以，安全又实际上是一种社会关系。

第二，安全体现了人们对生命的尊重。安全实际上是人的目的和利益的可控状态，因而它本质上是人的生命活动的体现。所谓安全，就是人的目的和利益没有受到威胁和伤害。人的目的和利益又是直接与人的身体、生命相联系的，目的和利益之基本功能或品性就在于维持生命。因此，它承载着生命的价值。从根本意义上说，一个人寻求目的和利益的满足及满足目的和利益的手段反映了他或她如何对待生命。而一个生命的最基本的需要就是首先能够存在和延续，其存在是第一位的。对待生命最根本的道德态度就是尊重和敬畏生命，既包括一个人自己的生命，也包括他人的生命。尊重和敬畏生命这种道德规范要求我们每个人首先要成为一个人，同时也要把"爱护其他人的生命、关注和促进其生存和延续"作为判断自身行为合理性的道德标准。康德极为深刻地说："人是一个可尊敬的对象，这就表示我们不能随便对待他。他不纯粹是主观目的，并不纯然因为是我们行为的结果而有价值，他乃是一种客观目的，是一个自身就是作为一个目的而存在的人，我们不能把他看成只是达到某种目的手段而改变他的地位。"② 法国著名环境伦理学家、诺贝

---

① ［美］亚伯拉罕·马斯洛：《动机与人格》，许金声等译，中国人民大学出版社2007年版，第22页。

② 周辅成编：《西方伦理学名著选辑》（下卷），商务印书馆1987年版，第371页。

尔和平奖得主阿尔贝特·施韦泽（Albert Schweitzer）在《敬畏生命——五十年来的基本论述》中饱含深情地说："伦理与人对所有存在于他的范围之内的生命的行为有关。"① 在他看来，伦理就是一个人敬畏他自身和他之外的生命意志，对生命如何是判断一个人行为善与恶的标准，而且他将作为伦理范畴的善与恶分别界定为："善是保存生命，促进生命，使可发展的生命实现其最高的价值。恶则是毁灭生命，伤害生命，压制生命的发展。这是必然的、普遍的、绝对的伦理原理。"② 这样看来，像生活中那种无视生命安全包括其他安全的行为，只反映了行为当事人的残忍和无情，而不应该看作有教养的表现。因而，当今伦理包括经济伦理自然地就衍生了一个重要的道德价值规范，这个规范就是重视人的安全，因为不安全的产品和服务对人的存在构成了威胁甚至伤害。

第三，安全是人们对长期自由的信心。柯武刚和史漫飞从关注社会秩序与公共政策的制度经济学角度认为，安全是长期持续的自由。"安全是长期的自由。它是一种信心，即相信自由在未来不会遭受侵害。"③ 安全是人们对于未来的一种信心，它标志着人们相信自己的利益、自由权利、尊严等在未来不会遭受毫无理由的侵害。对安全的威胁一般有两个方面：一是来自国外的强制和进攻；一是来自国内的侵犯和不可预测的事件。前者如战争、侵略、国际争端等，后者如内战、犯罪行为、暴力冲突、游行示威、罢工、群体斗殴、骚乱等，像那种政府机构、作为整体的社会组织对公民的尊严不尊重、不认可，侮辱、伤害、侵犯公民的自由、平等、民主权利的行为，也属于此列。在此，安全与和平是一而二、二而一的价值。正是在此意义上，人们一般把安全和和平连接起来，在同一意义上予以言说和判断。

与社会生活中一般意义上的冲突和争执不同，安全必定是与一方滥

---

① ［法］阿尔贝特·施韦泽：《敬畏生命——五十年来的基本论述》，陈泽环译，上海社会科学院出版社2003年版，第9页。
② 同上。
③ ［德］柯武刚、史漫飞：《制度经济学——社会秩序与公共政策》，韩朝华译，商务印书馆2000年版，第96页。

用暴力和权势的行为紧密联系在一起的。处于社会生活中的人总是有差异的、有个性的，为了追求自己的幸福，人们之间必然会产生人际冲突和争执，这恰好说明这个社会是充满活力、也是处于不断进步的社会。人们在道德价值与情感欲望方面的多样性和差异性所产生的必然后果就是那些细小的个人与个人之间的冲突，这种冲突也是社会上每一个人拥有平等的追求幸福、情感满足和自由发展的必然产物。但是，因为人是社会的人，社会也是人的社会，人与人之间总是相互联系、相互影响、相互作用的，所以，个人追求幸福的行为必定会对他人构成影响，产生对他人有利或有害的后果。而有害的后果也许就对他人的安全构成威胁。这样，威胁和损害安全的行为与个人冲突之间就有一个界限。这一界限就是，那些追求自身目的的人运用了暴力或权势或不负责任的手段，使冲突已升级到依靠沟通、协商、制度和规则、第三方力量也无法解决的地步。

作为一种价值，安全依赖于安全的评价者和评价对象。评价者和评价对象是指是谁在评估安全、评估谁的安全和评估谁的什么样的安全。因为人与人之间所天然具有的差异性，所以不同的人面对未来的不可确定性，对安全的感觉、认知及处理方式和应对方法也是不一样的。当影响安全的事件发生时，有的人感觉敏锐，控制和驾驭能力强，应对措施恰当；有的人则反应迟钝，惊慌失措，应对失当。因而，对安全的评估依赖于充分的信息和对事件发展进程的预测能力、反应能力、把控能力。由于社会是处于不停地运动、变化和发展中的，所以，安全也是相对的，而非绝对的。世界上并不存在绝对安全，而只有相对安全。正如柯武刚和史漫飞所言："追求绝对安全只能损害其他社会价值，也是难以持久的……当环境因现实发生变化而进一步偏离良好状态时，企图避免变化从长期来看只会导致更大的不安全。我们为自己的安全所能采取的最佳策略往往是保持应付不测的警觉和反应能力。"[①]

---

① ［德］柯武刚、史漫飞：《制度经济学——社会秩序与公共政策》，韩朝华译，商务印书馆2000年版，第97页。

安全建立在利益的基础上，而利益有长期利益和短期利益之分，因此，安全也有长期安全和短期安全或未来安全和眼前安全之别。这是安全因利益而表现出来的时间维度。人们在这种时间维度上做出何种选择反映了他们对未来和眼前的态度。眼前安全和未来安全是对立统一的关系：首先，两者都是安全的一部分，都是人的需要的反映，从长远来看，眼前安全的不断积累构成未来安全，未来安全是眼前安全的总和；其次，眼前安全毕竟只反映了眼前利益，人们看得见、摸得着，现实性强，能够及时让人的需要得到满足，而未来安全往往是短期内无法实现的，需要人们用较长的时间等待，而根据新制度经济学的观点，人都有"搭便车"和机会主义行为，都会选择眼前安全，而选择了眼前安全就意味着失去了未来安全。正因为这种对立关系，所以人们追求眼前安全往往容易损害未来安全。如果有人仅仅重视确保眼前五年甚至更短时间内的安全，那么他或她就是在用未来十年甚至更长时间的安全做赌注。因此，人们应该用权变思维即以变化的时间视野来看待安全，在眼前安全和未来安全之间进行仔细权衡和合理排序，看看哪类安全能让自己的安全达到最优化状态，然后做出恰当的选择。

马斯洛的需要层次论表明，如果人们选择了满足某一种需要，那么其他需要就会退居幕后。同样，当人们选择了安全，那么其他价值目标就会因被遮蔽而退隐。然而，经过一段时间后人们又会发现，这是安全变成了保守——人们因满足安全需要而不愿意变革，此时人们追求自由的意愿和手段就会遭到侵蚀。"当人们丧失了对变革的兴趣和建设性地适应变革的能力时，他们就开始在主观上感到不安全；他们会丧失信心。那时，他们可能会努力抑制竞争和开放，即抑制经常对既有经济地位和社会地位发出挑战的源泉。"① 此时，人们会对那种强加的安全（即保守）表现出越来越浓厚的兴趣和偏好，这标志着人们选择了眼前安全，而选择眼前安全又会迟滞人们对未来安全的选择。因此，人们对

---

① ［德］柯武刚、史漫飞：《制度经济学——社会秩序与公共政策》，韩朝华译，商务印书馆2000年版，第97页。

安全和保守要做细致分析，当对安全构成威胁的保守出现时，就要做出及时的适应性调整和灵活性变革。

三　安全如何得到实现？

作为一种价值诉求，安全既与个人在社会生活中心理上和道德上极度注意有关，同时也与社会为其获得所提供的条件有关。特别是当代社会，人们安全需要的满足必须具有基本的保障，这种保障从伦理学角度来看，实际上就是个人对社会的伦理期盼。与安全作为社会对个体的伦理期盼而以个体道德的形式表现出来不同，安全作为个人对社会的伦理期盼则以社会伦理的形式表现出来。所谓社会伦理，是指社会要以道德的方式对待同样以道德的方式融入社会的人而形成的一种伦理价值形态。"个体道德研究个体应当如何，社会伦理则研究社会应当如何。个体道德为个体寻求价值合理性根据及其存在方式，而社会伦理则为社会寻求价值合理性根据及其存在方式。"[①] 这是两种不同的思维路径：个体道德是"从社会出发看个人，旨在改造个人使之成为道德的"；社会伦理是"从个人出发看社会，旨在改造社会使之成为道德的"[②]。就安全而言，作为个体道德的安全是个体以自身的安全行为对待社会，不对社会构成威胁；作为社会伦理的安全是社会以安全的方式对待个体，不对个体构成伤害。其中社会伦理的安全具有宰制性的地位。因此，当代社会人们的安全价值诉求是否得到应允，关键就在于社会是否有这种安全价值的供给与释放。而社会供给安全价值的途径或机制主要在于如下三个方面。

（一）政府机制

在保障安全方面，政府机制具有非常关键的作用。政府往往代表

[①] 高兆明：《"社会伦理"辨》，《学海》2000年第5期。
[②] 安启念：《马克思恩格斯伦理思想研究》，武汉大学出版社2010年版，第16页。

着国家，而国家在历史上就是为适应提供安全的社会秩序而产生的。恩格斯说：“国家是社会在一定发展阶段上的产物；国家是承认：这个社会陷入了不可解决的自我矛盾，分裂为不可调和的对立面而又无力摆脱这些对立面。而为了使这些对立面，这些经济利益互相冲突的阶级，不致在无谓的斗争中把自己和社会消灭，就需要有一种表面上凌驾于社会之上的力量，这种力量应当缓和冲突，把冲突保持在'秩序'的范围以内；这种从社会中产生但又自居于社会之上并且日益同社会相异化的力量，就是国家。"① 国家可以通过其政府机构制定各种制度和规则，从而把共同体成员之间的冲突限定于非暴力之中。"当潜在的冲突被这类规则非个人化时，共同体的和平一般都会得到加强"②，而个人的安全感也就得到保障。当然，政府也不能全部包办，否则，个人就没有了自由活动空间，而自由活动空间的丧失反而是把人推向了不安全。所以，照这条途径来看，安全的保障一方面需要政府提供制度和规则使冲突非个人化；另一方面又需要政府的集体行动领域得到缩减，即政府职能要限定在合理范围内。亚当·斯密曾提出，在市场经济条件下，政府就像是一个"守夜人"。因此，提供制度和规则、保障人的生命和物质财产不受无端侵害，并建立相应的行使这些职能的行政机关，是当今政府向公民供给安全价值时应尽的基本的道德责任和伦理义务。

代表国家的政府的这种道德责任得到了来自德国著名伦理学家 K. 拜耶慈（K. Bayertz）的论证。他说："自由的国家被理解为是一中立的平台，它对个体的相互分歧着的利益间的冲突进行调节，借此为这些利益的最大实现空间提供保障。"③ 其意思很明显，即国家的责任就是调节冲突、提供安全、实现个体利益，而国家的这种责任与当今道德的功能具有相似性，因为道德其实就是保护个体、防止无端侵害的平

---

① 《马克思恩格斯文集》（第 4 卷），人民出版社 2009 年版，第 189 页。
② ［德］柯武刚、史漫飞：《制度经济学——社会秩序与公共政策》，韩朝华译，商务印书馆 2000 年版，第 98 页。
③ 甘绍平、余涌主编：《应用伦理学教程》，中国社会科学出版社 2008 年版，第 19 页。

台或机制，其底线即是不伤害。哈贝马斯（Jürgen Habermas）也认为，当今人际交往中存在巨大的价值分歧，人们很难在积极的高线道德要求上取得共识，但是，在底线的道德要求上是可以取得一致认同的，这就是"互不伤害"。具体到国家的道德责任即是不无端伤害个体，提供制度安排调节冲突并保护个体利益的实现，以满足个体成员的安全价值需要。

我国社会主义市场经济条件下，政府也必须承担起供给安全的责任。我国政府是中国共产党领导下的人民政府，人民政府就必须保障人民生活安全、秩序稳定。习近平总书记在2017年10月25日带领十九届中共中央政治局常委同中外记者见面会上庄严地指出："我们要牢记人民对美好生活的向往就是我们的奋斗目标，坚持以人民为中心的发展思想，努力抓好保障和改善民生各项工作，不断增强人民的获得感、幸福感、安全感，不断推进全体人民共同富裕。"这不仅是我党对人民的郑重承诺，也是代表我国政府对人民的郑重宣誓。

（二）市场机制

政府集体行动领域被缩减到最小范围，相应地对资源的配置就留给了市场。市场也是使冲突非个人化的安全供给机制，它主要通过交换和竞争来实现安全价值。市场竞争有两个重要功能：一是抑制权势，使双方保持平衡，即处于竞争的双方中无论哪一方都面临着来自对方及其他方的争夺的风险，而这种风险实际上就是对那些给安全带来威胁的不平等交易、垄断、非正当获得的经济权势和政治权势的遏制；二是使潜在的冲突非个人化。我们知道，在市场上，买卖双方是靠交换来实现自己的利益需求的：卖方付出自利且自愿的劳动和服务来满足买方，买方付出一般等价物即货币来满足卖方。买卖双方的自利需求如果不能满足，即表明交换失败。而交换失败的原因，买卖双方都不会归结为对方和其他竞争者，而是归结为"市场的匿名力量"。"这意味着，想索要高价的卖方与想索要低价的买方之间永远存在的冲突被非个人化了。这是一种对确保国内和平和国际关系中的和平都作出贡献的环境。"① 因此，"市场这种非个人化制度有助于使冲突变得无害……市场竞争显然是整合一个多样化社会的更有效途径"②。

市场竞争提供安全保障的最重要的条件就是尽量避免来自政府的行政干预。也就是说，要让市场中的经济主体去自由竞争。只要人们能在市场中自由竞争，即便个性迥异、背景不同，人们也能和平交往。这种交往的久而久之地不断重复地进行的过程，实际就是人们之间相互学习的过程，而相互学习的人们就能相互尊重，从而处于安全之中。"市场是一个对他人需要和价值进行探索学习的过程。"③ 任何经济个体，无论其目的是自利的还是利他的，如果他或她准备通过市场机制这个制度框架去实现这一目的，那么他或她就必须顾及、考量这种"他人的需要和价值"，而"他人的需要和价值"又是凭借市场上的价格信号传递并发布出来的。市场上的价格信号反映的是他人的需要和偏好，因而当市场上的生产者和消费者对市场价格信号有所行动时，他们实际上是在对他人的需要和偏好做出相应行动。相反，如果行政干预过多、过泛，竞争就可能为权势所控制而造成人们的情绪化，从而导致分裂。柯武刚、史漫飞说："竞争被作为一种协调原则得到广泛认可意味着竞争在分配上和其他方面所导致的全部后果都会被接受。只有在具备了这一条件且政治主体始终不进行干预的情况下，经济利益冲突的非个人化才可能出现。一旦特定的主体为限制竞争过程而进行干预（如形成卡特尔），或者运用其权势以进行强制（如建立市场进入壁垒），和平和安全就可能因冲突的个人化、情绪化和政治化而遭殃。"④ 因此，培育竞争、保护竞争是一种遏制集权、抑制垄断的有益方式和手段，它能够有效地阻止

---

① ［德］柯武刚、史漫飞：《制度经济学——社会秩序与公共政策》，韩朝华译，商务印书馆2000年版，第98页。
② 同上书，第98—99页。
③ ［英］约翰·米德克罗夫特：《市场的伦理》，王首贞、王巧贞译，复旦大学出版社2012年版，第111页。
④ ［德］柯武刚、史漫飞：《制度经济学——社会秩序与公共政策》，韩朝华译，商务印书馆2000年版，第99页。

集权、垄断、特权等对市场公平性的破坏,防范这些不公平势力或因素对安全、自由的伤害和损毁。

(三) 公民社会机制

健全的公民社会也是安全保障的重要机制。所谓公民社会,是指"凸显每一位作为个体的公民的民主社会"[①]。在其中,所有公民的自主权益、安全诉求、人格价值等都能得到不同于以往社会的尊重和认可。作为近代社会的产物,公民社会介于国家和市场之间。也就是说,在国家和市场不能保证安全的地方,公民社会机制予以提供和补充。其中国家为公民安全提供制度支持和政治上的平等地位与权利,市场则提供多样化的社会结构、个人的独立经济地位及整个社会雄厚的经济基础。而公民社会则以其独特的功能来保证人的安全。这样整个社会就形成一个保障人的安全的场。

公民社会主要是由各种非政府组织和非营利性组织所构成,它具有四大功能:一是填补国家和市场安全供给所无法达到的领域,比如公民社会可以通过志愿行动来调动必要的人力和物力以调解那些无法通过正式制度解决的冲突;二是连接公权与私权领域,减少公权对私权的直接干预,又可以把私人领域的共识、权利诉求通过言论和行动传达给公权;三是减少市场对社会的过度侵入,从而抑制整个社会的经济化趋势;四是自律功能,公民社会可以通过具有专业技能的自律的专家系统的信息咨询和相关社会组织的监督建立起社会的信任体系,减少未来风险,从而增进安全[②]。所以,培育和健全公民社会机制也是当今社会满足人们的安全价值诉求的不可或缺的道德责任。

---

① 甘绍平:《人权伦理学》,中国发展出版社2009年版,第93页。
② 杨雪冬等:《风险社会与秩序重建》,社会科学文献出版社2006年版,第52—53页。

第八章　绿色价值原则

当今世界，随着由资本逻辑主导的市场经济在全球范围内愈益深入地推进，持续多年的经济增长所导致的环境污染也愈益深重；随着生物科技、医疗及信息技术的进步，饥饿、瘟疫和战争的成功遏制，人口死亡率大幅下降，人口规模日益彭胀。此种状况使人们都不约而同地强烈感觉到，为人类提供生存和发展基础的资源、环境面临巨大危机。为了化解这种危机，人们又不约而同地聚焦于绿色价值原则，从而使之日益崛起为一个基本的伦理价值精神。以此来观照经济或商务领域，其同样转化为一个厚植于其中且要求各类经济主体都必须遵循的新定律，成为一个从道德上审视和衡量一切经济行为的合理性、正当性的基本标尺，而作为一个标尺，它也就顺理成章地演化为经济伦理价值系统中与其他原则具有同等重要地位的原则之一。正如著名经济伦理学家 R. 爱德华·弗里曼（R. Edward Freeman）等人所主张的，要把绿色价值或环境保护的意识当作深藏于经济和商务活动之中的新逻辑①，即任何经济活动都必须经得起这一标准的审视和追问，否则就是不合理、不道德的经济活动；再如我国著名学者张华夏教授也提出过一个"整合多元主义"的伦理价值体系，这一体系包括"有限资源与环境保护原则""功利效用原则""社会正义原则""仁爱原则"，其中第一个原则又称生态原则，其实就是绿色价值原则，主要调节人与自然的关系并使之协调发

---

① ［美］R. 爱德华·弗里曼、杰西卡·皮尔斯、里查德·多德：《环境保护主义与企业新逻辑》，苏勇、张慧译，中国劳动社会保障出版社2004年版，第38页。

展,这一伦理价值体系的目的是"保持社会生活稳定""促进社会繁荣发展",是约束和调节人们社会关系的社会价值体系①。从系统论角度看,经济无疑是整个社会系统的子系统,因此这些原则包括绿色价值原则也是经济伦理原则。本章试图就绿色价值原则的崛起及其内涵,它何以成为经济伦理原则及其作为经济伦理原则的核心旨趣和具体要求做出论述。

一 绿色价值原则的崛起及其内涵规定

所谓绿色,是对生态化发展、环境保护、生态经济、生态文明等一系列与生态系统和资源环境有关的思想观念、实际行动的形象化描述。按照元伦理学的看法,它本是一个难以直接推出价值的事实概念,但正如美国著名学者希拉里·普特南(Hilary W. Putnam)所认为的,虽然事实与价值不能直接等同,但也不是绝对地二分,价值和事实密切相关:价值判断本身为事实判断所预设,又成为事实判断的承载者,因而二者是相互缠结的②。在他看来,伦理学中的许多概念和判断有"厚"(thick)"薄"(thin)之分,前者如"冷酷""罪恶""粗鲁""笨拙""虚弱"等"否定的"的词汇和"勇敢""慷慨""高尚""熟练""强壮"等"肯定的"词汇;后者如"好""应当""对"等"肯定的"词汇和"坏""不必""错"等"否定的"词汇。前者"有时候用作规范的目的,有时候用作描述性术语"③,即既是事实判断也是价值判断。即是说,伦理概念按性质可以分为两类:厚伦理概念和薄伦理概念。薄伦理概念如果不通过中介和逻辑转换,的确难以直接找到与之相符合的事实,但厚伦理概念则不同。厚伦理概念又可称为厚事实概念,它们都是预设了价值判断的。所谓价值,都是相对于人而言的,是事物能满足

---

① 张华夏:《道德哲学与经济系统分析·前言》,人民出版社2010年版,第Ⅲ—Ⅳ页。
② [美]希拉里·普特南:《事实与价值二分法的崩溃》,应奇译,人民出版社2006年版,第59页。
③ 同上书,第43页。

人的需要的属性,是其所具有的好的、优秀的性质。因而厚事实概念包含了价值(判断)。绿色就是这样一个概念。张华夏教授说:"诸如'盖娅'(地母)、'敬畏自然'之类有争议的词……是规范性的又是描述性的……它的规范性部分决定描述性部分怎样运用于不同情景,而描述性部分约束了和限制了规范性的表述。"① 绿色是自然生态的底色和地球物种生命力的象征,反映的是生态系统和环境资源所具有的好的、优秀的性质,这种性质对于人具有无法替代的根基性益处,这样,与自然一样,绿色就具有或包含了价值,即绿色价值。

绿色价值是以可见的生态系统和环境资源为载体的,因而是客观的,属于物质价值,但当人们认识到它对于人(个体和整体)具有基础性意义而从精神层面对之表现出尊重、热爱、赞颂等情感和态度时,它就转化为一种价值判断;而当这种价值判断从情感层面转化为理性层面,就成为人们的以观念为载体的价值观;当这种价值观形成时,它就并非一种一般意义上的价值判断,而是已经跃迁为一种处于主导地位起根本性指导作用,并靠一系列具体的价值规范支撑或拱卫的价值原则,这便是绿色价值原则。那么,支撑或拱卫它的具体的价值规范包括哪些呢?甘绍平教授提出三个规范,即"自主自控、至简知足和恬静怡心"②,这一观点值得借鉴。

绿色价值原则反映的是人与自然环境的生态关系,或者说是人们关心环境的理由。但在这一问题上,人们历来有两种观点:一是认为自然环境并不仅仅是满足人的目的的手段,其本身即有独立的、内在的价值。如生态主义者乔纳森·波里特(Jonathon Porritt)在《绿色观察:生态政治学阐释》中认为:"绿色……本身就是一种精神的体验,因为它基于一种对天地万物'一体性'及其相应的对'自己的生活、其他人的生活和地球本身的尊重'的承认。"③ 支持这种观点的哲学基础是

---

① 张华夏:《道德哲学与经济系统分析》,人民出版社2010年版,第223—224页。
② 甘绍平:《寻求共同的绿色价值》,《哲学动态》2017年第3期。
③ [英]安德鲁·多布森:《绿色政治思想》,郇庆治译,山东大学出版社2012年版,第20页。

整体主义哲学，即依照生态系统本来面目来探究其相互依赖性。二是认为自然环境对人类有利，因而应该保护环境。在这种观点看来，人类既是环境的产物，也是环境的塑造者；环境既给人类提供了生存条件，也提供了发展机会。人类与环境本就应该处于共生共荣的和谐状态。支持这种观点的哲学基础是人类中心主义哲学，即依照人的需要来探究环境对于人的价值和意义。

绿色价值原则在文学、哲学和伦理学史上拥有悠久、漫长的历史。18世纪后期至19世纪中期席卷欧洲的浪漫主义文艺运动，如英国华滋华斯（William Wordsworth）、柯勒律支（Coleridge）、雪莱（Shelley），德国施莱格尔（Schlegel）、蒂克（Tieck）、诺瓦利斯（Novalis），法国卢梭、雨果（Victor Hugo）等，虽然因民族、文化传统不同而呈显为大不相同的国别色彩，及作家个人的迥异风格，但在他们笔下都充分展现了对大自然的山川河流、花鸟草树的赞美、虔诚、感激、惊异等情感，展现了对绿色价值立场的肯认和推崇。这种立场对以后的环境保护运动具有不可忽略的影响。19世纪中期，美国历史上最伟大的文学家和思想家之一梭罗（Thoreau）和缪尔（John Muir），倡导自然保护主义，强调自然是一个有机整体，亲近自然使人类精神健康，增进道德，人类文明要得以长久持存，就必须与自然保持平衡，使自然保有其美感、诗意和灵性，这显然是把绿色价值当作一种基本的价值原则，从而为以增进绿色为职志的环境保护运动奠定了精神基础。20世纪，经过两次世界大战后，世界各国都大力发展经济、加速工业化进程、开发自然资源，以增强实力，在经济理性、技术理性支配下，巨大的物质财富被人们创造出来。然而，这种极其雄厚的物质财富在得到增长的同时，自然环境的组成、结构、功能和自身运行过程也被严重打乱和改变。据资料表明，50年代以来，人类活动使全球气候暖化、臭氧层的耗损与破坏、生物多样性减少、酸雨污染、森林锐减、土地荒漠化、大气污染、淡水紧缺、海洋污染、危险性废物污染、城市的生产生活环境趋恶等，诸如此类的环境问题愈演愈烈、日渐深重，极为严重地扰乱了人与自然所应建构的和谐共生关系，造成了不易挽回的环境损毁。为了缓解环境危机,各国纷纷采取了一系列举措,如成立环境组织、制定环保法律、举办环境会议,从80年代开始,一场世界范围内的环保运动即绿色浪潮广泛兴起并迅速扩展开来。

在弘扬绿色价值原则的文献中,有两部特别值得一提的经典:一是蕾切尔·卡逊(Rechel Carson)的《寂静的春天》;一是丹尼斯·米都斯(Dennis L. Meadows)等于1972年代表罗马俱乐部发表的《增长的极限》。前者虽然因"缺乏一种应对它所发现的难题的主导性政治战略"① 而不是生态主义,但"具有生态主义的特征"即强调一种自然平衡的思想,是不言而喻的;后者"是生态主义具备它的当代形态的标志",提出如下洞见:"我们确信,认识到世界环境的数量限制以及超越此限的灾难性后果,对于尝试一种新的、可能导致人类行为和相应的当今世界整个结构的根本变革的思考方式是关键性的。"② 它认为人口、经济、粮食、资源、环境,作为全球系统的五个子系统,以不同方式发展:以指数方式发展的人口、经济子系统,没有限制性;但以算术方式发展的粮食、资源和环境子系统,却有限制性,而它们又构成人口、经济子系统的依赖条件。因而,如果人口规模无节制地扩大、经济发展失却控制,那么必然导致有限的粮食、资源和环境子系统雪上加霜,而这种糟糕的局面又会反过来导致人口和经济子系统受到限制以至失稳失序。后者正是因为提出了这种振聋发聩的观点,而"开启了一场全新的绿色价值的观念革命"③。

绿色价值的观念革命,是由严峻的环境危机促发的,环境危机促使人们深入反省传统的经济发展方式、资源利用方式和消费方式,与此同时人们也全面检讨传统的政治、文化、伦理、宗教观念。因而,这种反省实质上是由环境危机加剧引发的关于人类生存方式和生活前景的反思和探究。通过反思,人们已经认识到,环境问题实质上是人类过度干预

---

① [英]安德鲁·多布森:《绿色政治思想》,郇庆治译,山东大学出版社2012年版,第33页。
② 同上书,第32页。
③ 甘绍平:《寻求共同的绿色价值》,《哲学动态》2017年第3期。

自然、行使不节制的生产、生活活动所致，它反映了人与自然的生态关系已到了极不和谐的状态。而这种极不和谐实质上又是因为人类在乎眼前利益而不关注长远利益、缺乏对未来负责的价值精神的结果。所以，要解决环境问题，关键就在于要使人与自然的生态关系和谐。但是，在人与自然的生态关系中，人又是积极、主动的因素，因此这种关系达致和谐的关键，又在于人与人之间能够达致和谐的社会关系。因为前者实质上不过是后者的反映；从直接起因上看，当今人们遭遇的环境危机虽然是由于经济增长方式和发展取向不科学，物质生活方式和消费取向不合理等所造成的，但从根本原因上看，是由于人类文化和价值观遭遇危机的反映。而文化和价值观遭遇危机，实质上又是由于迷失、卸却了伦理价值。因此，确立以资源节约、环境保护为精神内核的绿色价值原则，以便协调人与人的社会关系，从而协调人与自然的生态关系，逐渐成为国际社会的普遍性价值共识，成为人类价值系统的重要构成内容，如联合国通过的许多决议、宣言等都有关于绿色价值原则的条款。所以，绿色价值原则的提出，绝非环保主义者的杞人忧天之见，而是人类在深刻反思以往生产生活方式后得出的价值定律。

绿色价值原则之内涵要得到恰当阐释并被转换为一个贯穿经济社会系统的普遍性理念，必须从绿色发展经济学关于绿色发展的诠释中引伸出其规定。关成华、韩晶在界定绿色发展时说："绿色发展是将资源环境作为经济社会发展的内生变量，以制度创新和技术创新为发展的根本动力，以资源节约、环境友好的方式获得经济增长，关注社会福祉，实现可持续增长的一种发展模式。"[①] 有鉴于此，我认为，绿色价值原则是指以资源环境和绿色价值为基础前提，借助于制度和技术创新的推动，以增进绿色价值、谋求社会福祉和安康，实现经济、政治、社会和文化可持续性和永续延展之目标的一种价值原则。

绿色价值原则的本质在于，经济、社会与生态环境的协调统一和可持续性，它通过以下六个方面得以具象化地呈现：经济层面发展绿色经

---

① 关成华、韩晶等编著：《绿色发展经济学》，北京大学出版社2018年版，第28页。

济,即在保护资源环境和绿色价值的前提下谋求经济发展,使经济发展符合资源环境的承载能力和消化能力,并以绿色价值为核心来考核各项经济指标,形成绿色经济形态,以便实现经济可持续性;社会层面建构绿色社会,拓展绿色内涵和边界,将社会福祉、公平正义、安康、就业机会创造、贫困援助、弱势群体关护、国际合作、代际关系等,都纳入其中,以便实现社会可持续性;环境层面维护绿色生态,要尊重自然、顺应自然、保护自然,开发自然、利用资源时,不仅要遵循自然规律,节约、高效、友好利用,而且要保护自然,增进绿色价值,以实现生态可持续性;技术层面以绿色技术创新为动力,改造传统产业结构,发展节能环保技术,开发新能源和新材料技术等;制度层面做出一系列以增进绿色价值为目标的制度安排,包括管理体制、法律法规、政策举措等;文化层面培育绿色文化,即以绿色为核心的世界观、价值观、思维方式等,以实现文化可持续性。

  绿色价值原则的根本特点在于,作为当代人的我们对于未来的责任性。本来,作为自然生态的底色和地球物种生命力的象征,无论过去、现在还是未来,绿色都是如此,但当我们把它当作一种价值原则时,其内涵就发生了变化,它作为一种价值原则也是在与别的价值原则竞争时才得以凸显的。以往人们关于价值原则的理解中并没有它,那是因为在人类进入工业文明以前,绿色价值并没有遭到侵蚀和破坏因而也就没有成为人类生活中的显性话语。它的崛起是因为资本逻辑的深入推进和持续多年的经济增长所导致的绿色价值被严重损毁以至于造成了严峻的环境危机所促成的,是否确立这一原则,已经关乎人类的未来持存和发展,关乎当代人如何对待未来人。"绿色价值……体现为一种调节当代人与未来人之间关系的处事规范或原则……强调当代人的生存不得妨碍未来人的生存……"① 因而,与过去的绿色价值不一样,它就具有了强列的未来指向性。这种未来性要理解为对未来的责任性,即从人与自然关系的角度看,它要求人类在与自然相处时,要立足于现在,放眼未

---

① 甘绍平:《寻求共同的绿色价值》,《哲学动态》2017 年第 3 期。

来，把保护环境、增进绿色价值作为自己活动的新导向，在利用科学技术开发资源、发展生产时，以绿色技术创新为动力，只有如此，人类自身才有未来；从当代人与后代人关系的角度看，它要求人们把维护生态可持续作为自己行为的自觉自愿的责任，关注未来人的福祉，以便当代人和后代人都能在地球上共生共存；从当代人与当代人关系的角度看，它要求人们转换价值观念并重新界定价值观念，把未来利益和整体福祉作为价值诉求，把自身行为的合理性从过去那种注重当下或者现实的幸福与正义转换成注重长远或者未来的幸福与正义。显然，这种价值原则是发散性的、敞开性的，是以面向未来为导向的。由于具备这种未来性，所以绿色价值原则与其他价值原则明显区别开来，从而对人类未来生存和永续发展具有了重大意义，而人与自然也才能和谐共生。

二 绿色价值：经济持续发展的约束条件

绿色价值作为一种价值，有两种形态，即物质形态的绿色价值和精神形态的绿色价值原则。因此，绿色价值与经济发展就有如此关联：绿色价值是经济发展的物质基础，绿色价值原则是经济发展的精神前提。绿色价值原则不仅是建构人类命运共同体的国际社会的共同价值和共同伦理，而且是可以具体化为人类活动各领域的应用伦理，特别是经济伦理。因为它以节约资源、保护环境为核心内涵，而节约资源、保护环境又是为了经济获得更好更优的发展，因此它作为一种观念，构成经济更好更优发展的精神前提。所谓环境保护，在经济学上的定义是指"人类为解决现实的或潜在的环境问题，维持自身的存在与发展所进行的各种具体实践活动的总称"[①]，当解决环境问题时，人们所遵循的生态与环境科学理论，所使用的技术手段，所选择的制度规章和经济体制，所制定的公共政策，所策划的管理方式等都属其列。环境保护与绿色价值是相同意义上的不同说法，都是一种客观价值。绿色价值与经济发展是直

---

① 张卓元主编：《政治经济学大辞典》，经济科学出版社1998年版，第129页。

接的正相关关系，只有绿色价值才有持续性的经济发展，前者量越大，后者越可持续。因此，绿色价值构成经济发展的约束条件。

第一，从政治经济学角度看，绿色价值构成经济发展的先决或基础条件，审慎对待并增进绿色价值才能保护资源并使经济发展成为可能。绿色价值首先是一种使用价值，是财富的物质内容。马克思在《资本论》中表达过他的财富观，认为财富一般是指物质财富，由使用价值构成。结合劳动，财富可分为不含人类劳动的天然财富、内含人类劳动的社会财富、自然与社会相统一的财富，天然财富是由自然提供给人类的有使用价值之物的总和，它们不含人类劳动，包括两类："生活资料的自然富源，例如土壤肥力，鱼产丰富的水域等等；劳动资料的自然富源，如奔腾的瀑布、可以航行的河流、森林、金属、煤炭等等。在文化初期，第一类自然富源具有决定性的意义；在较高的发展阶段，第二类自然富源具有决定性的意义。"① 自然与社会相统一的财富是指那些与人类劳动相结合的自然物，它们内含人类劳动但又没有改变原使用价值而仍以自然物之形式存在。这类自然物本身对人有使用价值，但在打上人类劳动烙印后其使用价值得以增长，比如经过改良的土壤，经过整治的河流，经过净化的水和空气等。绿色价值本身就代表着植物生长茂盛、生命力强健，体现着植物与大自然其他物种的平衡与和谐，植物吸入的是CO_2，释放的是氧气，这对人有直接的益处；但当经过人类的精心整饬、剪裁或嫁接后，绿色植物的使用价值更高，比如经济植物的生产力会提高，长出更多的果实、花卉……供人类享用，非经济植物的绿色更为兴旺，让人更爽心悦目、情趣高雅、精神愉快。因此，绿色价值作为一种财富，是人类生存发展的基础条件，也是人类理解自身存在和发展意义即劳动的出发点。但是，正是因为绿色价值是一种财富，具有有用性，然而又具有相对有限性，表面上看起来它是无限的，但从生态系统的结构、功能和生物多样性整体上看，则是有限的。正因为有限，所以我们需要保护植物物种和生态环境，以增进绿色价值。

---

① 《资本论》（第1卷），人民出版社2004年版，第586页。

第二,从生态经济学角度看,绿色价值是一种自然资本,节约并增进绿色价值才能实现经济发展的可持续性。所谓自然资本,是随着21世纪的到来,经济学家们又提出的一种资本概念,"指的是由自然提供的可再生与不可再生资源,并包括影响这些资源存在与使用的生态过程"①,是当今正如火如荼地发展的生态经济学之核心概念。迪特尔·赫尔姆(Dieter Helm)认为,自然资本以三种形态存在:一是具有除去令观看者愉悦之直接效用外没有其他明显用处的自然资本;二是既可以提供美丽怡人的自然风光也可以为人们提供阻挡洪水、灾难等重要服务的自然资本;三是为人类提供化石燃料等能源资源以支撑经济体系的自然资本。在他看来,自然资本可分为"生态系统、物种、淡水、土地、矿产、空气、海洋及其自然过程和自然功能"②等类别。它们之所以被称为"资本",是因为它们同样是用来生产产品以服务于人类的资产;之所以被称为"自然的",是因为它们本身是出于大自然的无偿提供,而并不是由人类生产出来的。显然,是自然资本使经济发展成为可能,也使人类生存成为可能。但是,正如经济学家们所认为的,自然资本又是有限的。不可再生资本因为越消耗就越少直至耗尽而有限,可再生资本尽管可以不断更新,但是如果不以自然生态系统运行规律为遵循,致使其更新条件遭到破坏,也并非想取则有、无穷无尽。自然资本的有限性导致经济发展的有限性。许多学者尤其是演化生物学或社会生物学家、环境伦理学家也提出,经济发展之所以不可能延续下去,是因为地下的矿产、可饮用的水、未污染的土地及清洁的空气等经济发展所必须的自然资本是有限的。美国哈佛大学社会生物学创始人爱德华·威尔逊(Edward O. Wilson)曾经表示:只有绿色价值才把人类当作与大自然紧密相依的生物物种,然而,如今资源枯竭、大气恶化、人口膨胀,已到了极其危险的不可逆转的程度。他甚至不无忧愤地质问:"人类是不是

---

① [澳]戴维·思罗斯比:《经济学与文化》,王志标、张峥嵘译,中国人民大学出版社2015年版,第49页。
② [英]迪特尔·赫尔姆:《自然资本:为地球估值》,蔡晓璐、黄建华译,中国发展出版社2017年版,第3页。

要自杀?"① 所以,选择切实举措,有效改变如此不可延续的经济发展方式,是迫切需要人们立即采取的实际行动,否则人们必然会自食生态环境破坏、自然资本丧失的恶果。正是基于此,绿色价值原则才被提升为当下新时代的道德规范,企图由此来促使人们在经济活动中节约自然资本、增进绿色价值,实现经济发展的可持续性。

第三,从系统论角度看,绿色价值代表的是人与自然和谐共生,生态系统稳定,从而使经济系统具有良好的发展基础。人与自然和谐共生表明的是人与自然的生态关系是协调的、平衡的、稳定的,因为是绿色的,所以又是美丽的。人与自然的生态关系构成整个生态系统的组成部分,这种关系的和谐共生表明生态系统是完整的、稳定的、美丽的。根据美国威斯康星大学哲学教授克里考特(J. Baird Callicott)的共同体主义观点,生态系统的结构和组织反映着生态系统的伦理原则,因此生态系统的完整、稳定、美丽应该受到人类道德上的看护,或者说人类对生态系统的完整、稳定、美丽负有道德义务。生态系统的完整、稳定、美丽深受社会系统的影响。社会系统是指与人类有关的一切,主要以经济活动及建立在经济活动基础之上的政治、文化、科学技术活动等为载体,由相互作用的"知识、技术、人口、社会组织、资金"② 等构成。通过输入或输出物质、信息、能量,生态系统与社会系统相互影响、相互服务、相辅相成,从而呈现为人与自然和谐共生、互促繁荣。但人与自然和谐共生的关键在于人,只有人把自己的活动控制于生态系统之许可范围,输入其中的物质、信息、能量保持适度,人与自然才能和谐共生,否则生态系统就会趋于紊乱,人与自然就会对立、冲突。这种状况又会反过来制约、阻碍人的活动,导致社会系统失序。

作为母系统,社会系统又可分为许多子系统,如经济子系统、政治子系统、文化子系统等,虽然按照系统论的观点,这些子系统都具有同

---

① [美]保罗·萨缪尔森、威廉·诺德豪斯:《经济学》(第十六版),萧琛等译,华夏出版社1999年版,第260页。
② [英]杰拉尔德·G. 马尔腾:《人类生态学》,顾朝林、袁晓辉等译,商务印书馆2012年版,第1页。

等重要的作用，但经济子系统构成这些子系统的基础。经济系统又由生产系统、分配系统、交换系统、消费系统等构成，向其中输入经济运行机制、资金、企业制度、价值观、生产资料、技术手段、产品和服务等物质、信息和能量，由经济利益为连接桥梁，就能正常运转。经济系统与生态系统之间也相互影响，如经济主体从生态系统摄取化石燃料、矿藏、土地和水等自然资本来为人们提供产品和服务，然后把余下的废弃物又向生态系统排放。但是，这种影响也必须适度。当主体摄取的自然资本超过一定限度，排放的废弃物多过其消化和承载能力，那么生态系统就会被破坏并陷于紊乱。生态系统紊乱又会反过来对经济系统构成破坏性的甚至崩溃性的后果。因此，经济发展要可持续，经济系统就要得到维系，而经济系统要得到维系，就必须保护环境，增进绿色价值，使生态系统保持稳定。

三　作为经济伦理的绿色价值原则之旨趣

既然绿色价值构成经济发展的约束条件，那么它就可以因人类的幸福和发展而与经济伦理相容，并成为经济伦理价值规范系统中的原则之一。W. M. 霍夫曼和 J. M. 摩尔（W. M. Hoffman & J. M. Moore）曾说，20 世纪 90 年代以后的绿色运动都具有把环保和增绿工作同经济伦理联系在一起的特点。与一般性的生产经营活动一样，环保增绿工作并非为增绿而增绿，也并非为了任何其他目的，其目的在于促进人的真正幸福、发展与完善[1]。经济伦理是经济活动和经济发展中的伦理意识、伦理规范和伦理实践的统一。正因为有经济发展，所以才有经济伦理。经济伦理是一般伦理在经济领域的体现。它与经济发展、绿色价值的价值诉求是共通的，即谋求人的幸福、发展和完善。作为一种经济伦理理念，绿色价值原则包含如下意蕴。

---

[1] W. M. Hoffman & J. M. Moore, *Business Ethics*, New York: McGraw-Hill, 1990, pp. 487–494.

第一，把绿色价值原则转化为经济伦理原则之一，意味着经济发展必须与绿色价值的增进相融合、适应，意味着它是经济主体分析经济活动的伦理工具，即经济活动必须在经济要求和伦理要求上双重符合，既能创造效益价值，也能增进绿色价值。当然，经济学也同样关注绿色价值，虽然它受制于效益价值。但是，经济伦理学毕竟不同于经济学，虽然它与经济学无法脱离开来，但并不是对经济学所言说的内容的简单重复，而是要以伦理学思维对经济学保持清醒、理性的批判，给经济学以合理的价值定向。正如瑞士社会伦理学家克里斯托弗·司徒博（Christoph Stückelberg）所言："经济伦理学的特殊之处，恰恰在于伦理学的思考，而不只是重复经济学家也说过的东西。"[①] 绿色价值原则作为一种经济伦理，意味着绿色价值原则应该构成经济伦理的核心精神之一，也构成企业等经济主体一切经营行为的前提性条件，经济活动及其效益目标应服从于绿色价值，而不是相反；意味着人们判断一种经济活动之伦理质量时取决于企业等经济主体把绿色价值置于何处；意味着绿色价值原则是经济活动的基本的道德判断标准，即凡是损害、破坏绿色价值的经济活动，就是低甚至是没有伦理质量的；凡是一定程度上维护绿色价值的经济活动，就是有一定伦理质量的；凡是有利于绿色价值增进的经济活动，就是高伦理质量的。因此，大力弘扬、坚持并切实践行以绿色价值原则为核心精神之一的经济伦理，是当今任何经济主体都不能规避的职责。

第二，绿色价值原则作为一种经济伦理，同样不能回避效益，但这种效益是绿色、经济双重复合效益或者二重性效益。市场经济无疑要讲经济效益，因为这是作为"一个历史——结构性的预先规定"[②] 被赋予之的，无论哪个主体，只要它作为经济主体而存在，都无法拒斥，其任何决策都得以经济效益为考虑。同时，经济伦理与经济效益也并不截然

[①] ［瑞士］克里斯托弗·司徒博：《环境与发展——一种社会伦理学的考量》，邓安庆译，人民出版社2008年版，第211页。

[②] ［德］霍尔斯特·施泰因曼、阿尔伯特·勒尔：《企业伦理学基础》，李兆雄译，上海社会科学院出版社2001年版，第101页。

对峙，只不过它要求经济主体不能仅仅考虑经济效益这一个目标，而是必须结合伦理标准审视之，以期达成既有经济效益，也有社会效益。如果说增进绿色价值是一种合伦理的行为，那么，经济伦理与增进绿色价值就表现为统一的关系，其具体规范即是，只有把经济效益与增进绿色价值紧密结合，对经济活动进行经济、绿色效益的双重权衡，形成绿色—经济效益，这才是具有较高伦理质量的经济活动。换言之，道德上好的经济行为，就是绿色、经济双重效益都好的经济行为；反之，就是道德上不好的或值得怀疑的。

第三，就内涵上看，绿色—经济双重效益，是指绿色价值与经济效益相契合、相统一，即处于生产经营过程中的经济主体，在重视经济效益的同时，也要重视其行为给社会和生态环境造成的影响，进行效益价值和绿色价值的共时性、双重性考量，将过去那种单纯的效益最大化观念转换到当今的绿色、经济双重效益最大化的观念上来，以增进绿色价值，实现经济可持续。所谓绿色效益，是主体的行为活动给生态环境和绿色价值带来的某种影响，进而对人类经济生产、社会生活所产生的某种后果。从性质上看，这种效益有正负之分，但就一般情况而言，绿色效益被正向化地诠释为对绿色价值的维护和增进性的影响和结果，换句话说，如果经济主体既能有效地从绿色价值中获得其所需要的物质、能量和信息，又不对绿色价值构成破坏、损害，从而使人们能够从绿色价值中受益的良好效果。对于经济主体来说，绿色效益主要表现为节约自然资本、节水节能、清洁低碳，以及提高绿色产品生产能力和扩大绿色服务规模等。这是经济主体在生态文明时代必须具备的一种新的经营思维，它要求主体既要追求经济效益，也要增进绿色价值，并且还要出于增进绿色价值的原因去节省经营成本特别是自然资本，提高效率，提升核心竞争力。

四 作为经济伦理的绿色价值原则之四大规范

霍尔姆斯·罗尔斯顿（Holmes Rolston Ⅲ）在《环境伦理学》中

说，尽管人类可以通过劳动改变大自然的自发演进的进程，以便让自然生态满足和适应自己的需要，而非相反，但是，人类也无论如何都改变不了自己毕竟是生物的事实，都必须顺应并尊重大自然演化、运行的基本规律，而无法改变这一规律①。这段话实际上精辟地揭示了绿色价值原则与经济伦理的深刻关联。绿色价值原则作为一种经济伦理，与其他伦理价值规范系统一样，也是以一系列具体要求才能得以让经济主体积极作为、有所适从的。这一系列具体要求表现在经济活动的各个环节，而各个环节也都必须围绕绿色价值这一轴心而展开和运转。

第一，经济生产的伦理规范：绿色生产。经济活动的第一个环节就是生产，以绿色价值原则引导生产的伦理要求即为绿色生产。而绿色生产又通过以下几个准则得以具体化。

首先，尊重、顺应、保护自然。习近平总书记在党的十九大报告中提出"人类必须尊重自然、顺应自然、保护自然"，"要提供更多优质生态产品以满足人民日益增长的优美生态环境需要"②的论断，要做到这一点，经济伦理就必须要求经济主体把对自然的尊重、顺应、保护摆在首位，要求主体在经济生产活动中进行绿色生产。其具体含义是：一是无论是开发、利用自然资本时，还是向大自然排放污染废弃物时，都必须适度、谨慎，不可把利润动机肆意膨胀，要遵循自然规律，时刻以自然的限度约束、考量生产行为。无论是承载能力，还是消化能力，大自然都是有限度的。如果经济主体掠夺性地开发、利用自然资本，那么自然资本必然有朝一日被消耗殆尽；如果经济主体放肆性地排放、抛投污染废弃物，那么大自然的更新能力必然有朝一日被不可逆地破坏、损害，生态系统将被置于崩溃境地。二是开展绿色生产，不对环境构成污染。所谓绿色生产，是指以节能、降耗、减污为目标，按照保护生态环境增进绿色价值的原则来组织生产过程，创造绿色产品，提供绿色服

---

① ［美］霍尔姆斯·罗尔斯顿：《环境伦理学——大自然的价值以及人对大自然的义务》，杨通进译，中国社会科学出版社2000年版，第396页。

② 习近平：《决胜全面建成小康社会 夺取新时代中国特色社会主义伟大胜利——在中国共产党第十九次全国代表大会上的报告》，人民出版社2017年版，第50页。

务。之所以要节能、降耗、减污，是因为自然资本有限，所以就要节能。以往经济活动中，自然资本的经济价值是不被承认的，其非经济价值也不被重视，所以人们对节能不予考虑，这样就导致大量自然资本和能源被消耗，资源近乎耗尽，污染愈益严重，生态环境面临危机。

其次，资源节约，循环利用。资源节约、循环利用是指经济主体在经济活动中坚持 3R 即减量化（Reduce）、再利用（Reuse）、再循环（Recycle）的原则，降低能耗、物耗，实现生产系统循环链接，其实质是尽可能降低环境代价、保护绿色价值，以实现发展效益最大化[1]。作为一种经济发展措施，它本身并没有伦理属性，但因为它以环境保护、绿色价值等可持续发展理念为价值圭臬，因而也构成经济伦理价值规范的具体要求。

循环利用是适应我国加快生态文明体制改革，建设美丽中国的经济发展措施。非循环利用是以"原料——产品——废弃物"为模式，投入高、产出低、排放高是其基本特征，这使得自然资本被大量消耗，生态环境被严重污染；循环利用则是以"原料——产品——剩余物——产品……"为模式，对原料、资源采取分层次多级化地利用，以实现绿色化生产，这是其基本特征，也使得自然资本得到节约，生态环境和绿色价值得到保护[2]。显然，循环利用模式是与生态文明建设相适应的新的经济价值观的外在化反映，之所以说它新，是因为过去我们持有的经济价值观不承认环境质量、绿色价值、自然资本等的价值，因为它们不是人类劳动产品；而这种经济价值观不仅承认自然资本的价值，而且需要付费才能使用，经济成本中要计入资源和绿色价值消耗[3]。从经济伦理意义上说，承认"自然资本的价值"要求经济主体必须以道德态度对待自然，尊重、顺应、保护自然；"付费才能使用""成本中要计入资源消耗"实质上是"得者当得、失者当失"之公正伦理的反映。只有

---

[1] 曹洪军等：《环境经济学》，经济科学出版社 2012 年版，第 267 页。
[2] 余谋昌：《生态文明论》，中央编译出版社 2010 年版，第 153 页。
[3] 同上书，第 155 页。

如此，经济主体才能在生产经营活动中遵循自然规律，对自然资本加以合理利用，并积极保护环境、维持绿色价值；也才能遵循道德规则，使自己与自然和谐共生、与其他经济主体合作双赢。

第二，经济分配的伦理规范：正义分配。经济活动的第二个环节就是分配，以绿色价值原则引导分配的伦理要求即为正义分配。而以正义分配为导向的绿色价值原则又强调社会的公平正义，并把社会公平正义的关键置于抑制环境压力增强、实现可持续发展上。从这一角度来看，生态环境危机的根源既是由于经济增长和发展方式不当，也是由于社会的资源和财富的不平等、不公平分配。由此，效率价值与生态系统承载和消化能力有限之间的冲突和紧张，部分地通过正义分配导向的绿色价值原则而得以缓和。正义分配导向的绿色价值原则是当今各国各地区之间和国家内部各区域之间的施策方向和增进绿色价值的主要保障机制，前者主要有：发达国家和地区以资金和绿色创新技术支持发展中国家和地区；后者主要有：各国家各地区内部挖潜，通过大力发展绿色经济，来提供绿色产品和服务，消除贫困、促进就业和财富增长，顾及弱势群体权益以便让他们公平分享绿色价值；通过健全绿色财税绿色金融体制，来调节收入分配差距；通过弘扬代际正义原则，促进本国本地区的可持续发展。总之，正义分配导向的绿色价值原则是当今经济伦理的具体要求，它以社会的公平正义为关注点，以求自然资本分配和财富分配的代内公平和代际公平，以便缓和经济发展与环境保护的矛盾。

第三，经济交换的伦理规范：公平交换。经济活动的第三个环节就是交换，以绿色价值原则引导交换的伦理要求即为公平交换。而公平交换又通过以下几个准则得以具体化。其一，交换主体地位公平。这种地位公平是指参与经济交换的双方在绿色价值和生产价值的拥有上，在地位上都是公平的，没有其他任何加诸对方的特权，都可以公平地参与经济交换。其二，互利互惠。这是指交换发生后双方都各自获得自己所需要的绿色价值和劳动价值。其三，公平交易。这是指双方在绿色价值和劳动价值的交换上是公平的，主要是指交易价格的公平。以往市场经济框架下，由于没有确立绿色价值观念，所以绿色价值没有计入成本，没有进入交易，所以，以往的公平交换主要是劳动价值的公平交换。而当今以绿色价值原则引导的公平交换不仅包括劳动价值的公平交换，还包括绿色价值的公平交换。绿色价值的公平交换是绿色价值原则作为一种经济伦理与以往置绿色价值原则于不顾的经济伦理的根本区别所在。

第四，经济消费的伦理规范：简约适度、绿色低碳义务。经济活动的第四个环节就是消费，以绿色价值原则引导消费的伦理要求即为简约适度、绿色低碳义务。如同生产领域一样，消费领域也要贯彻绿色价值原则，这一点在当今社会可能影响更为深远。"没有消费的绿色化，只靠生产环节的改变是无法从根源上解决当前的资源环境问题的。"[1] 就消费与环境资源、绿色价值关系的角度看，消费构成人类开发利用环境资源、享用绿色价值的目的，环境资源、绿色价值则是消费的工具。因此，当今资源稀缺、环境破坏、绿色价值亏损的根源在一定意义上就是消费。人们一般按照对资源的索取程度，把消费分为必要的、适度的、奢侈的三种类型。必要消费是消费主体维持生存所必需的基础性消费，虽不会对资源和绿色价值进行过量索取，但它不能满足主体的发展性需要；奢侈消费罔顾资源和绿色价值是消费主体经济社会生活的约束条件，对其进行过量索取，必定导致资源和绿色价值亏损、破坏。所以，从伦理学上看，如果把必要消费看成消费的不及，把奢侈消费看成消费的过，那么适度消费才是符合伦理的中道。适度消费即绿色消费，也就是消费主体以推崇自然健康的消费观念指导自己消费那些未经污染或有助于健康的绿色产品和服务，同时又注重合理处置废弃物的消费行为，它在经济伦理上的具体要求就是消费主体都有履行简约适度、绿色低碳的义务。

所谓简约适度，是指消费主体消费中要简朴、节俭，不要奢侈浪费，抗拒诱惑和不合理的、挥霍性消费。简约适度不是要消费主体拒斥金钱和物质财富，因为缺乏金钱和物质财富，只能使人们陷于贫困，而现实生活的贫困必定使主体精神上不能自由自主，从而无法分享道德价

---

[1] 关成华、韩晶等编著：《绿色发展经济学》，北京大学出版社2018年版，第129页。

值；简约适度要求消费主体在消费中能够获取满足生存需要的必需品和满足发展需要的提质品即可，必需品和提质品即是罗尔斯意义上的基本善，即基本的权利和自由、在各种各样机会的背景条件下的移居自由和职业选择自由、政府官职和社会职位、收入和财富、自尊的社会基础，而这些基本善都是通过相应的物质条件来保障的；简约适度要求消费主体在消费中不要追求奢侈品，追求奢侈品一方面必定导致资源和绿色价值被过度开发和利用、被浪费和挥霍，导致后代人无以生存，另一方面这种行为导致主体纵欲无度从而精神贫穷、焦虑、紧张，远离真正的幸福和安康。所谓绿色低碳，是消费主体在消费中要尽量减少污染和废弃物排放特别是 CO_2 排放，因为 CO_2 排放量增大会使温室气体增加，气候变暖，导致环境破坏。当前国内国外正在大力提倡的碳排放交易体系、碳金融等都是通过市场化手段来实现环境权益优化配置、减少污染，以便保护环境、增进绿色价值的有效举措。消费主体自觉选择绿色低碳的生活方式，比如衣、食、住、行都低碳化，那么这对于环境修复和可持续性的增强都是有重要意义的道德行动。

第三篇

经济伦理实现机制的建构

我们在仔细探讨了经济伦理价值原则后，这些原则到底应该如何真正落实于经济主体的经济活动，达到生根开花的良好效果？显然，这就需要借助于实现机制。只有相应的实现机制才是使得经济伦理通达现实的中介或桥梁，也是经济伦理价值的有效载体。本部分共提出了我国社会主义市场经济条件下经济主体践履经济伦理即经济伦理实现的六大机制，主要包括社会方面的共识引领机制、制度安排机制，经济方面的市场交换机制、资本节制机制、利益合作机制，市场经济中最主要的经济主体即企业自身方面的主体调控机制等。这些机制的建构是依据以下原则提出来的：第一，利于经济主体特别是企业发展的原则，即这些机制既要有利于经济主体特别是企业实现经济伦理，使他们的经济活动趋向道德化，但也要有利于他们的整体发展，使其能够提升经济效益；第二，推动社会道德进步的原则，即经济主体特别是企业实现经济伦理并不能只着眼于给自身带来益处，而且还应该给整个社会风气改善、社会道德进步带来积极影响，从而发挥经济主体特别是企业作为社会公器而存在的敦风化俗功能；第三，维护经济伦理价值系统整体性原则，即经济伦理价值是一个由相互联系、相互作用的各要素组成的规范系统，它遵循系统论的整体性原则，其中社会的和经济的是经济主体特别是企业实现经济伦理的外围机制，也是必要的支持性条件，经济主体特别是企业自身的机制是他们实现经济伦理的内在机制，也是必要的动力性条件，这些机制必须相互联动、相辅相成，缺一不可；第四，帮助经济伦理价值观群化，即这些机制必须有利于经济主体特别是企业把经济伦理价值通畅地广泛传播于经济主体特别是企业之中，让经济组织的每个成员都能消化、汲取并在实践中切实地贯彻。

第九章 经济伦理实现的共识引领机制

经济主体实现经济伦理的过程是从理论走向现实，从价值观到实际行动的过程，这一过程的顺利完成必须通过相应的桥梁或中介即经济伦理实现机制，而社会共识是这一机制的重要构成。因为始终在社会中进行的包括企业和个人等在内的经济主体的经济伦理实践行动必须得到社会共识的坚定支持，否则，这种行动就会因为孤立无援而无法持续。因此，社会共识实际上是经济伦理得以实现的现实起点。实事求是地说，我国广大的市场经济主体在践履经济伦理方面不是很理想，这一方面是由于市场经济主体没有足够重视践履经济伦理；另一方面是由于经济伦理在一定程度上没有借助于社会共识发力。从学界来看，李萍教授曾发表过相关论文[1]，并在她的有关著作中做过非常有启发性的探讨[2]，但总的来说关于这方面的学术成果尚不多见。为了促进人们充分认识和理解社会共识对于我国社会主义市场经济条件下广大的经济主体真正落实经济伦理的意义，本章试图置喙于此，聊表拙见。

一 社会共识：内涵与形成

社会共识，又可简称共识，"社会"在这里不过是一个形式上的限

---

[1] 李萍:《社会共识是管理伦理的规范基础》,《学习与探索》2007 年第 3 期。
[2] 李萍:《企业伦理：理论与实践》,首都经济贸易大学出版社 2008 年版,第 103—113 页。

定性词汇,其实质在于"共识"一词。它本是一个社会哲学、公共哲学、政治哲学词汇。《现代汉语词典》把它解释为,人们经过多次讨论、消除分歧后而达成的"共同的认识"。但这只是社会共识的语义学内涵而非学理意义上的内涵。那么,学理意义上的社会共识又是何所指呢?

(一) 社会共识的学理内涵

目前,学界关于社会共识的讨论非常热烈,其中有代表性的界定主要有以下几种:

第一,美国著名政治学家乔·萨托利(Giovanni Sartori)在其《民主新论》中,从内容或对象的角度来定义社会共识。他说:"(1)终极价值,如自由和平等,它们构成了信仰系统;(2)游戏规则或程序;(3)特定的政府及政府的政策。"① 随后他又按照伊斯顿(Easton)的说法,把它转换为三个层次:"(1)共同体层次的共识,或曰基本的共识;(2)政体层次的共识,或曰程序的共识;(3)政策层次的共识,或曰政策共识。"② 这就是说,社会共识一般有基本共识、程序共识、政策共识等层次。其中基本共识是指社会有着共同的基本价值观念和信念,程序共识是指社会在解决冲突的办事规程和操作程序上的共识,政策共识是指政府制定的政策的共识。正是这些共识把社会维系成一个竞争与合作同在的联合体。

第二,在学界特别是政治学界有着很高权威性的《布莱克维尔政治学百科全书》的定义是,"在一定的时代生活在一定的地理环境中的人们共有的一系列信念、价值观念和规范准则",它包括古典政治理论提出的"共有的集体目标观念和决策完成过程的共同一致性"两个要素和民主政治学提出的"对具体的公共政策的共同认可"这一要素③。从

---

① [美]乔·萨托利:《民主新论》,冯克利、阎克文译,东方出版社1998年版,第101页。
② 同上。
③ [英]戴维·米勒、韦农·波格丹诺编:《布莱克维尔政治学百科全书》,邓正来译,中国政法大学出版社1992年版,第155页。

这一含义上看，社会共识主要表现为价值共识、程序共识和政策共识等，这种理解与萨托利的理解是一致的。

第三，中国社会科学院哲学研究所甘绍平教授认为，社会共识"分事实上的共识与理性论证基础上的共识两种"，事实共识是生活于地域狭小的封闭村落、彼此相互认识、拥有着相同生活方式且都无法超越巨大传统的人们所形成的共识，它大体上属于传统社会的范畴，是这一社会共同体的精神基础；理性共识是处于原子式的生活状态，通过以利益为核心的人与人的相互需求而非通过传统理念和血缘纽带来维系人际关系的人们所形成的共识，它建立在理性论证的基础上，属于现代社会的范畴①。从这一含义上看，社会共识主要表现为事实共识、价值共识和程序共识等。

第四，上海市社会科学院程伟礼教授认为，社会共识"就是社会成员对社会事物及其相互关系大体一致的普遍认知"。在他看来，社会共识具有非常重要的意义，"它既是社会整体存在的基础，也是人们判断与行动的价值载体"②。

基于上述，笔者在此综合地表述为，所谓社会共识，就是生活于一定时代、一定地理环境中的共同体（包括群体、政府组织、企业组织等）中的人们通过理性协商而共同享有的一系列价值观念、规范及形成这些共识的基本程序。社会共识一般包括两个种类。

其一，价值共识。这种价值共识一般有三个层面：一是作为价值观念而存在的社会共识，即人们关于什么是价值、怎样评判价值、如何创造价值等问题上的共识，主要表现为人们共同享有一些价值原则，即关于价值的本质、价值的来源等方面的基本观念；二是作为规范而存在的社会共识，即人们在判断自身、他人、组织和群体行为时所持有的价值尺度和准则，人们在判断事物或现象有无价值及价值大小时所运用的评价标准等方面的共识；三是作为理想和信念而存在的社会共识，即人们

---

① 甘绍平：《应用伦理学前沿问题研究》，江西人民出版社2002年版，第15页。
② 程伟礼：《今天我们需要什么样的社会共识》，《文汇报》2011年4月18日。

所追求的、具有实现可能性和合乎自己愿望的价值目标等方面的共识。这三个层面的价值共识分别又可称之为价值原则共识、价值规范共识和价值理想共识。

价值共识还包括事实共识。之所以把事实共识也包括在价值共识之中,是因为当今社会已截然不同于传统社会,虽然它不可避免地脱胎于传统社会;同时价值共识也不可能离开事实共识,而是以事实共识为基础,虽然事实与价值不能直接等同,但也并非如元伦理学和逻辑实证主义主张的那样有一道不可逾越的鸿沟。希拉里·普特南就对事实与价值二分作了严厉批评,他说:"我首先表明,无论从历史上还是从概念上看,那些论证起源于一种贫困的经验主义(后来是同样贫困的逻辑实证主义)的事实观;其次,如果我们不把事实与价值看作深刻地'缠结'在一起的,我们就将与逻辑实证主义者误解价值的本性一样糟糕地误解事实的本性。"① 他借鉴量子力学的量子缠结概念说明了事实与价值是相互缠结在一起而不可分割的:事实判断本身预设了价值判断,而价值判断又承载了事实判断。既然如此,事实共识与价值共识就是相互缠结的,我们指出社会共识包括价值共识,也就自然地包括了事实共识。

其二,程序共识。这主要是指形成社会共识的、中立的、理性协商的交往对话程序。当今社会正处于价值观念和利益需求多元化的时代,社会共识虽然包括实质性的规范,但它"首先并不体现在实质性的规范上,而是体现在规范与价值之多元性的'中立的'处置程序——交往对话上"。也就是说,人们关于一件事情或许很难达成一个相关各方满意、符合公平正义的结果,但是,"人们可以期待,对产生这一结果的程序的公正性达成一致,从而和平相处而又不丧失各自的差异性"②。对"这一结果的程序的公正性达成一致"就是程序共识,而这种程序共识

---

① [美]希拉里·普特南:《事实与价值二分法的崩溃》,应奇译,人民出版社2006年版,第59页。
② 甘绍平、余涌主编:《应用伦理学教程》,中国社会科学出版社2008年版,第16页。

也可称之为程序伦理。

（二）社会共识的形成

社会共识形成于人与人的相互交往活动。历史唯物主义认为，有生命的个人的存在是全部人类历史的第一个前提。"全部人类历史的第一个前提无疑是有生命的个人的存在。因此，第一个需要确认的事实就是这些个人的肉体组织以及由此产生的个人对其他自然的关系。"① 为了满足自己生命存在的需要，人总是并且也不可能不是从自我本身出发，与他人发生交往，参与、拓展人际关系。而在这一过程中，相互交往的各个个人就组织、连结而成人所特有的共同体，即社会。社会是"直接从生产和交往中发展起来的"②。"社会——不管其形式如何——是什么呢？是人们交互活动的产物。"③ 正是在此意义上，我们说，人在本质上是社会关系的动物，是交往的动物。交往是人的本性，而人的交往是冲突与合作并存的，其中冲突代表了人的本性中利己性的一面，合作代表了人的本性中利他性的一面。人是利己与利他的统一体，其本性则是集冲突与合作于一身的。因而社会共识必然出现。

首先，冲突是社会共识出现的必要性条件。社会中的每个人都有维持自己生命存在的需要，但是周遭环境提供的能够满足所有人的需要的资源和条件是有限的。所以人与人之间就不可能不发生冲突。为了把这种冲突控制在维持社会秩序许可的范围内，社会就产生了限制和约束人的行为的意识和规则，从这些意识和规则中就发展出了各种各样的社会共识。近代社会契约论思想家霍布斯这样论证：人从本性上说是自私的，自私自利的人生活于"人对人像狼一样""每一个人对每一个人的战争状态"这种自然状态，在自然状态下，没有财产，没有占有，没有政府和法律，没有秩序和公正，生命短促而且没有任何保障。人类和平

---

① 《马克思恩格斯文集》（第1卷），人民出版社2009年版，第519页。
② 同上书，第583页。
③ 《马克思恩格斯文集》（第10卷），人民出版社2009年版，第42页。

和安全的欲求强烈要求摆脱自然状态。因而人类理性便发现了力求和平；已所不欲，勿施于人；履行已定契约等自然法则。为了自然法的实行和契约的实现，一个强大的公共权力或共同的力量就是必要的了，这就是国家。国家是一个共同体，能够控制所有的意志，是由契约形成的统一人格和每个人之个人人格的统一体，因而能够保障和平。由于霍布斯所描述的这种自然状态实际上是当时英国社会的真实写照及处理人与人关系的原则的抽象化，因而他所说的自然法、契约、国家等实际上就是当时社会形成的社会共识。所以，社会共识基于人们的交往活动和利益冲突。如果没有交往，没有利益冲突，那么人们也就没有必要谋求社会共识。服从规则，遵守契约，以便所有人都能在一个有秩序的共同体或社会内生存和发展，就是人类社会的普遍的、根底性的社会共识。

其次，合作是社会共识出现的可能性条件。人的本性中还有合作性的一面。社会中的任何个体仅仅依靠自身的力量是不可能实现自己的利益要求的，因为每一个人都有这方面或那方面的局限性，因此，为了实现利益需要，人与人之间就必须合作。合作就能够实现互利、实现共赢。正因为有合作之本性，社会共识就有了形成的可能性。社会共识就是每一个人都具有作为人的共性的体现。如果没有合作，人们的行动就没有统一性，人的认识和意见就只能全是没有"共同性"的歧见、异见，也就不能形成社会共识。当然，这时社会共识仍然是建立在利益的基础上的，只不过它反映的是共同利益，是社会成员彼此在最低限度上的一致利益。休谟认为，那些作为社会共识出现的"稳定财物占有""根据同意转移所有物""履行许诺"等法则是维持人类社会的和平、安全和秩序所绝对必需的，但它们是依照协议而产生的，而协议是"以社会的需要和利益为基础的人类的发明"[①]，即是由人们的共同利益感——人们的相互利益——促成的。这种共同利益感就是人的合作本性的体现。

社会共识一旦形成，就把人们的行动凝聚起来。社会共识一般反映

---

① ［英］休谟：《人性论》，关文运译，商务印书馆1980年版，第559页。

的是共同体的整体的、共同的利益，这种利益是共同体每一个成员都有份的。正因为人人有份，所以人们为了满足这种利益，就一定会采取一致的行动。这样社会共识就把共同体成员都凝聚起来了。同时，凝聚人们行动的社会共识还能激励共同体成员的信心与激情，促发他们实现目标的行动。社会共识也一般反映的是共同体的长远的、未来的利益，因此，它对于共同体每一个成员的个人利益都具有优先性。但尽管如此，由于共同体的长远利益的实现对于每一个成员都有好处，因而社会共识所代表的利益对于共同体成员都具有很强的吸引力，人们愿意为它做出个人利益的牺牲。当然，这并不是说人们在社会共识面前就已经没有不同意见，只是说明人们已经把个人意见保留下来。正是在这个意义上，社会共识只是社会意识和价值观的最低限度的一致性观念、规范和价值诉求。

二 社会共识对经济伦理实现的支持

按照人们的活动领域，我们可以把社会共识分为经济共识、政治共识、道德共识等，关于经济伦理方面的社会共识是由经济共识和道德共识相互交叉、融合后形成的。这种共识包括程序共识和价值共识两个方面。程序共识主要是指社会成员对经济伦理及经济主体践履经济伦理的行动的共同认可和普遍接受。社会共识的达成，对于经济伦理的实现来说，具有极为重要的意义。

第一，为经济伦理实现提供精神滋养。经济伦理具有指导并规范经济主体市场经济行为的功能，但是，这一功能要很好地发挥出来，必须有相应的社会因素的配合，这种社会因素反映在观念层面就是社会共识，而这种社会共识是经济伦理得以落实于经济主体的精神支撑。因为一旦有了这种共识，经济伦理就会成为一种思潮，甚至构成一种运动。马克思说："批判的武器当然不能代替武器的批判，物质力量只能用物质力量来摧毁；但是理论一经掌握群众，也会变成物质力量。理论只要说服人［ad hominem］，就能掌握群众……"① 历史证明，任何一套伦理价值体系成为社会共识而为人们所践履，都经过了思潮和运动的推动。经济伦理同样也不例外。比如，环境保护就是如此。按美国副总统阿尔·戈尔（Albert Arnold Gore Jr.）在为蕾切尔·卡逊的《寂静的春天》所写的前言中的说法：当该书第一次出版时，"公众政策中还没有'环境'这一款项。……《寂静的春天》犹如旷野中的一声呐喊，用它深切的感受、全面的研究和雄辩的论点改变了历史的进程"②，虽然这本书"提出的问题不能马上解决，但这本书本身受到了人民大众的热烈欢迎和广泛支持……政府和民众都卷入了这场运动……播下了新行动主义的种子，并且已经深深植根于广大人民群众之中……应该恰当地被看成是现代环境运动的肇始"③。

再如，经济伦理在西方曾经也是在社会达成共识后，演变为一种思潮和运动，从而影响了广大的经济主体。"经济伦理"这个概念最先是马克斯·韦伯在《世界宗教的经济伦理》中提出的，在这本书中，他希望通过叙述儒教、印度教、佛教、基督教、伊斯兰教的伦理，能够逐渐地论说清楚"究竟什么是一种宗教的'经济伦理'"④。当然马克斯·韦伯并没有给经济伦理下一个明确的定义，但是他的确阐明了经济伦理的内容，并从比较宗教社会学角度提出了一种经济伦理理论。因为他挖掘了资本主义兴起和发展的精神动力，为市场经济提供了伦理辩护，从而产生了巨大影响，特别是到了20世纪70年代，经济伦理作为社会共识，经思潮和运动的推动，在美国勃兴，而90年代以来，经济伦理以伦理管理运动、社会责任运动、企业公民运动等形式在世界各地广泛开展，演变成一种具有全球性色彩的思潮和运动。而当经济伦理成为社会

---

① 《马克思恩格斯文集》（第1卷），人民出版社2009年版，第11页。
② ［美］蕾切尔·卡逊：《寂静的春天·前言》，吕瑞兰、李长生译，吉林人民出版社1997年版，第9页。
③ 同上书，第11—12页。
④ ［德］马克斯·韦伯：《世界宗教的经济伦理·儒教与道教》，王容芬译，中央编译出版社2012年版，第41页。

共识，就会获得社会的滋养与呵护，变成一种令广大经济主体不能置之不理的巨大社会精神力量。

第二，为经济伦理实现提供价值牵引。社会共识显然是一个价值系统。而属于伦理学家族的经济伦理，作为一种需要广大经济主体心悦诚服地真实行动才能转化为现实的实践精神，也是一个价值系统。这两个系统的交叉重叠部分就是社会的关于经济伦理的社会共识，其形成标志着共享它们的经济主体的一种承诺，即这些主体会按照它们去行动。当经济主体按照它们行动，虽然他或她不一定会得到共同体的褒奖和赞扬，但一定会得到社会的认可；相反，当经济主体违背或偏离它们去行动，他或她一定会受到社会的贬斥和谴责，当然更不可能得到社会的认可。所以，社会共识可以为经济主体践履经济伦理提供一种价值牵引，从而有利于经济伦理的实现。

价值牵引对于经济伦理的实现是非常必要的。因为不同的经济主体，不同的经济共同体，甚至同一个经济共同体经济发展的不同阶段，经济伦理可能都不相同。马克斯·韦伯说："经济伦理往往是十分复杂的东西……表面上相似的经济组织形式与一种极不相同的经济伦理结合起来，就会按照各自的特点产生出极不相同的历史作用。"① 但正如柯武刚和史漫飞所言："每个人自己特有的目标都不同于他人的目标，并随时间不同而发生变化。但当个人追求自己的特有目标时，他们的行为一般仍要服从并依赖于大体相似的基本价值。不管人们的背景和文化是什么，绝大多数人，在选择范围既定的情况下，都会将实现若干极普遍的基本价值置于高度优先的地位上，甚至不惜为此损害其他较个人化的愿望。这里所说的价值就是人们通常所追求的终极目标。"② 这些终极目标反映在经济伦理中主要有经济自由、经济公正、经济繁荣、安全和平、环境保护等，既然它们都是人类经济活动所共同追求的东西，那么

---

① ［德］马克斯·韦伯：《世界宗教的经济伦理·儒教与道教》，王容芬译，中央编译出版社2012年版，第41页。
② ［德］柯武刚、史漫飞：《制度经济学——社会秩序与公共政策》，韩朝华译，商务印书馆2000年版，第84—85页。

它们就属于关于经济伦理的社会共识,对经济主体的践履行动具有一种强大的牵引作用。

  经济伦理的一个重要目标就是要有利于良好的市场经济秩序和企业经营秩序的形成,但是当社会具有关于经济伦理的社会共识时,这种秩序更容易形成,因为经济主体会在这种社会共识的牵引下,按照经济伦理的要求去行动。而良好的市场经济秩序和企业经营秩序的形成,又表明经济伦理经社会共识的牵引作用得到了有效实现。一般说来,经济活动存在着两种秩序,这就是自发秩序和人为秩序。自发秩序是指"间接地以自发自愿的方式进行,因各种主体都服从共同承认的制度"①而形成的秩序,如市场经济秩序和企业经营秩序;人为秩序是指"直接凭借外部权威……靠指示和指令来计划和建立……以实现一个共同目标"②的秩序,如计划经济秩序、指令性经济秩序。张华夏教授说:"虽然经济结构不可能截然机械地划分为自发的经济结构和自觉的经济结构两个部分,我们也至少可以找出经济结构存在与运作的两种机制:第一种是自组织机制……它……不是自觉形成的;第二种机制是依一定价值体系自觉调节的机制,它是一定的自觉的目的性的产物……"③两相比较,自发秩序受"看不见的手"支配,不以人的意志为转移;人为秩序则受"看得见的手"支配,是人们自觉地、有目的地制定各种政策、规则、相应的操作措施而形成的,它以人的意志为转移。良好的市场经济秩序和企业经营秩序就是这两种机制的相辅相成、相互支撑、密切配合的秩序。自发秩序和人为秩序中都蕴含着相应的经济伦理,都必须形成相应的社会共识:自发秩序的经济伦理是市场伦理、竞争伦理、自由意志伦理,这种伦理必须成为社会共识,即社会必须形成尊重经济主体的自由选择、尊重产权、尊重契约等共识,这种秩序才能形成;人为秩序的经济伦理是权威伦理、等级伦理,这种伦理也必须成为社会共识,即

---

  ① [德]柯武刚、史漫飞:《制度经济学——社会秩序与公共政策》,韩朝华译,商务印书馆2000年版,第171页。
  ② 同上。
  ③ 张华夏:《道德哲学与经济系统分析》,人民出版社2010年版,第199—200页。

社会必须形成尊重公共利益、尊重政府和集体权威、服从指示和命令等共识,这种秩序才能形成。美国社会批评家简·雅各布斯(J. Jacobs)将这两种秩序所蕴含的经济伦理称为"商业型道德"和"维护型道德",它们相应形成的社会共识是:前者是诚实、首创、进取、合作、尊重契约、勤奋节俭、乐观等开放性共识,后者是尊重计划、服从纪律、固守传统、要求忠诚、认可宿命等封闭性共识①。这两种关于经济伦理的社会共识都在形成良好市场经济秩序和企业经营秩序中起着不可忽视的牵引作用。

第三,为经济伦理实现提供舆论支持。社会共识一旦形成,就会转化成为一种舆论。舆论是社会团体、活动家或公共人士借助于媒体或其他公共平台、交流场合向一定数量的公众发表的旨在赢得他们注意和支持的见解。"广泛及时的舆论对于经济伦理学具有最重要的意义。"② 作为一种重要的社会赏罚形式,舆论要求它所指向的对象"顺应普遍愿望",这种愿望实际上是社会对经济主体提出的道德要求。正如德·乔治所言:"社会对企业设定的界限和提出的要求往往都是道德方面的,企业可以忽略某些个人的道德要求,但是很难忽略整个社会对它的道德要求,因为即便它是服务于社会的,它也是社会的一部分并依赖于社会。"③

作为经济伦理走向现实所依靠的一种工具,舆论具有激励、监督、揭露等功能:激励功能可以让经济主体因自身的正确表现得到社会的嘉奖,也更有劲头做得更好;监督功能可以让经济主体在舆论的监视和督促下控制自己,以便有意识地正确行动;揭露功能则让经济主体道德上不正确的行动被公布、展示于公众之中,受到社会的谴责和鞭笞,从而

---

① [德] 柯武刚、史漫飞:《制度经济学——社会秩序与公共政策》,韩朝华译,商务印书馆2000年版,第185页。
② [德] 乔治·恩德勒等主编:《经济伦理学大辞典》,李兆雄、陈泽环译,上海人民出版社2001年版,第357页。
③ [美] 理查德·T. 德·乔治:《企业伦理学》,王漫天、唐爱军译,机械工业出版社2012年版,第6页。

不得不回到正确行动的轨道上来。舆论的揭露功能"也许不援引现行的法律规范，而只是采纳一般价值观和基本道德观，就足以激起广大公众的愤怒，使当事人处在巨大的压力之下：将其逐出正派人士的圈子"①。正是因为揭露具有如此强大的效果而更为合适地显示了舆论的特殊力量，因而被人们一再运用到贿赂、歧视、欺诈、金融失范、内部人交易、环境违规等经济伦理问题上。

第四，为经济伦理实现提供对话平台。与社会共识的形成需要冲突条件一样，经济伦理中也有大量的冲突存在，正因如此，所以取得关于经济伦理的共识，就需要经济主体进行交往对话和理性协商，否则就不可能形成良好的经济秩序和企业交往秩序。而社会共识的形成路径就可以提供这样一个对话平台。

寻求市场经济活动中的道德冲突、伦理悖论的解决方案是应用伦理研究的使命，但在关于应用伦理的本质特征的讨论中，我国学界出现了"程序共识论"和"基本价值论"两种观点。"程序共识论"主张："任何一个有关道德冲突、伦理悖论的解决方案，都是参与商谈的行为主体在无外力强制的前提下所达成共识的结果。"② 所以，涉及具体的决策，应用伦理研究的目标只能是达成共识。本章无意于讨论应用伦理的本质特征，但是赞同"程序共识论"所主张的共识形成的路径，即面对多元化的价值诉求，无论人们需要寻求的是哪种社会共识，都必须是通过伦理委员会这一平台依靠理性协商和对话而形成的。也就是说，社会共识必须借助于一定的程序才能达成。拜耶慈认为共识"只能是关涉到规范与价值之多元性的处置程序。共识只能是在程序问题上才是可能的、有意义的"③。从这个意义上，我们可以理解到，程序的功能就是形成共识，而程序就是商谈，即理性协商、交往对话。

---

① ［德］乔治·恩德勒等主编：《经济伦理学大辞典》，李兆雄、陈泽环译，上海人民出版社2001年版，第359页。

② 甘绍平、余涌主编：《应用伦理学教程》，中国社会科学出版社2008年版，第11—12页。

③ 甘绍平：《应用伦理学前沿问题研究》，江西人民出版社2002年版，第16页。

同其他类型的应用伦理如环境伦理、媒体伦理、生命医学伦理、技术伦理等一样,经济伦理要转化为社会共识,也需要借助于相应的程序。经济伦理中的道德冲突和伦理难题是非常多的,其最基本的难题就是道德与利润的选择,由此难题可以引申出诸多难题,比如生产发展与环境保护、公平与效率、企业谋利与社会责任、经济自由与经济秩序、权利与义务、自利与互利、收益与成本、弱势群体的权益问题、社会保障、拉动内需与适度消费等,对这些难题的解决,人们显然不能希望通过某一种伦理学理论来予以解决,事实上这也没有办法可以解决。这样就必须让所有的利益相关者都把自己的利益诉求和价值主张向伦理委员会和盘托出,即要把各种要求、主张放置于这一平台上,通过利益相关者和社会成员的充分讨论、交流、对话,让广大的经济主体和社会成员都明白经济伦理的内容和诉求,从而形成社会共识。而当这一共识形成,就会形成相应的经济伦理规则,从而相应的道德难题就有望解决。从这一意义上看,社会共识及其形成路径是经济主体进行经济伦理对话并践履经济伦理的平台。

三 社会主义市场经济下关于经济伦理的社会共识

关于经济伦理的社会共识还包括价值共识,即人们对经济主体所形成的经济伦理观念或经济伦理规范的共识,也就是一些具体的经济伦理原则和规范。那么,我国社会主义市场经济条件下,相对于广大经济主体的这种价值共识应该有哪些呢?

(一) 经济与伦理辩证统一的社会共识

经济伦理的基本矛盾是经济与伦理的关系,这一关系包括以下两个方面:一是伦理与经济是否一致;二是伦理与经济何者优先。在这两方面学界都是有争论的:第一方面,有人主张伦理与经济具有一致性,也有人主张伦理与经济不一致;第二方面,有人主张"伦理优先于经济",也有人主张"经济优先于伦理"。正因如此,社会就需要形成正确处理两者关系的社会共识,从而为经济主体提供行为指导。我们认为,经济与伦理的关系并不是简单的一致或不一致,也不是简单的谁优先谁靠后的选择问题。两者之间应该是一种辩证统一的关系,正如阿马蒂亚·森所言:"经济学问题本身就可能是极为重要的伦理学问题……"[①] 反过来也可以说,伦理问题本身也可能是经济问题,因为伦理问题从根本上是利益矛盾导致的,而利益虽然包括精神利益,但归根到底是物质利益或经济利益。从历史唯物主义角度来看,这种辩证统一关系经历过一个统——分——统,即自然经济时期经济与伦理直接同一、商品经济和市场经济时期经济与伦理分离、现代发达市场经济时期经济与伦理辩证统一的历史过程。在这一历史过程中,在一些社会历史条件下伦理优先于经济,即伦理居于台前、经济居于幕后;而在另一些社会历史条件下经济又优先于伦理,即经济居于台前、伦理居于幕后。这里的"一些社会历史条件"是由社会生产力与生产关系、经济基础与上层建筑的矛盾运动提供的。所以,经济与伦理的关系实际上是生产力与生产关系、经济基础与上层建筑的矛盾运动在经济学与伦理学的交叉地带即经济伦理上的反映。这样看待两者的关系遵循的是唯物主义辩证法的方法论,这种方法论具有显而易见的科学性,根据它所得到的结论显然能够成为社会的共识。

(二) 围绕经济伦理基本矛盾之子矛盾的社会共识

围绕经济伦理基本矛盾,还有以下四大子矛盾,因而社会还必须相应达成以下社会共识,以便为经济伦理实现提供良好的社会氛围。

第一,自由与责任相统一。这是社会主义市场经济条件下首先必须取得的经济伦理共识。因为自由是市场经济体制的基本前提,也是其伦理合理性的体现。市场经济体制之所以优越于计划经济体制就在

[①] [印] 阿马蒂亚·森:《伦理学与经济学》,王宇、王文玉译,商务印书馆 2000 年版,第 16 页。

于它能使经济主体获得更多的自由，具有更大的自主选择、自我决定的空间，因而更有效率。但是，市场经济主体是理性的、自利的，在经济交往中往往极为关注自己自由的行使，而忽视其他经济主体也具有同样的自由，即与自身自由相应的责任，导致自由与责任失衡，从而破坏自由与责任相统一的道德秩序。所以，在社会主义市场经济条件下形成自由与责任相统一的经济伦理共识，其目的即是要对自由与责任的关系进行协调，以使它们保持一种张力，形成对立统一的辩证关系：既不能片面地强调自由而忽视相应的责任，这样反而会阻碍经济主体的自由行动；也不能片面地强调责任，过多限制经济主体的自由，这样反而会伤害经济主体的积极性，导致市场经济体制道德合理性的缺失。

第二，权利与义务相统一。同自由与责任相统一的经济伦理共识密切相关的就是权利与义务相统一的经济伦理共识。因为自由就意味着权利，责任就意味着义务，自由与责任相统一也就意味着权利与义务相统一。所以，权利与义务相统一也构成市场经济体制具有高于计划经济体制的伦理合理性的又一个基本尺度。但是，市场经济运行的内在机制很容易导致一部分经济主体享有较多的权利，而另一部分经济主体承担过多的义务，致使权利与义务失衡。因此，社会主义市场经济条件下形成权利与义务相统一的经济伦理共识，就是要让那些可以轻而易举地享有超额权利而不尽相应义务的经济主体受到应有谴责，让那些被迫承担过多义务的经济主体之应有权利不被虚拟化。

第三，公平与效率相统一。一般说来，伦理侧重于公平，虽然它不搁置效率，但效率受公平制导；经济侧重于效率，虽然它也注意公平，但公平是效率的条件。社会主义市场经济条件下形成公平与效率相统一的经济伦理共识，就是要求社会成员和广大经济主体都要正确认识和处理两者互为前提、互为目的的关系，公平与效率并重。当然，在实际的市场经济活动中，公平与效率相统一是一个具体的、历史的、相对的过程，而它们的对立和冲突则是绝对的，在一定时空条件下，其冲突、分裂还表现得特别突出。此时，社会和一定的经济主体就不能不有所侧重，有所取舍。但是，社会主义市场经济条件下社会成员和广大经济主体之所以要谋求这种共识，就是希望形成如阿瑟·奥肯所言的状态："如果平等和效率双方都有价值，而且其中一方对另一方没有绝对的优先权，那么在它们冲突的方面，就应该达成妥协。这时，为了效率就要牺牲某些平等，并且为了平等就要牺牲某些效率。"① 此即要在两者的对立和冲突中寻求其动态平衡。

第四，利己与利他相统一。美国经济学者安德鲁·肖特（Andrew Schotter）说："自由市场论证的基础是个人的权利，它只根据个体的喜好作出效益主义或帕累托式的计算，而由于它假定了个人是理性的，因此它相信不受约束的贸易制度能够将个体喜好的总和最大化。"② 虽然肖特是为了批评市场经济论证的内在冲突，但是他同时也揭示了市场经济条件下广大经济主体的普遍性特征，即求利性、利己性。作为社会共识的经济伦理就应该为广大经济主体的这种利己性进行辩护，否则它就会失去根基而走不了多远。也就是说，"它的着眼点和立足点不是提倡和普及崇高的无条件利他的"经济行为，"而是承认理性利己主义的伦理精神，承认出于合理利己动机的"经济行为的伦理合理性，"承认虽然出于商业动机，却实际地给行为对象和整个社会带来好处，增进幸福，并且可以被普遍仿效的"③ 经济行为也可以归于道德行为。但是，正如肖特所批评的，市场经济论证只承认经济主体利己性，而否认经济主体所处的社会的历史、文化、道德环境，这是不能接受的。因为经济主体并不是生活于真空中，而是受社会文化、伦理、制度等条件的制约，因而经济主体同时也具有利他性特征。因此，社会主义市场经济伦理既要为经济主体的利己性提供辩护，也同时要为经济主体的利他性行为动机提供辩护，从而形成利己与利他相统一的社会共识。

---

① ［美］阿瑟·奥肯：《平等与效率》，王奔洲等译，华夏出版社 1999 年版，第 86 页。
② ［美］安德鲁·肖特：《自由市场经济学——一个批判性的考察》，叶柱政、莫远君译，中国人民大学出版社 2013 年版，第 5 页。
③ 刘可风、龚天平主编：《企业伦理学》，武汉理工大学出版社 2017 年版，第 15 页。

第九章 经济伦理实现的共识引领机制

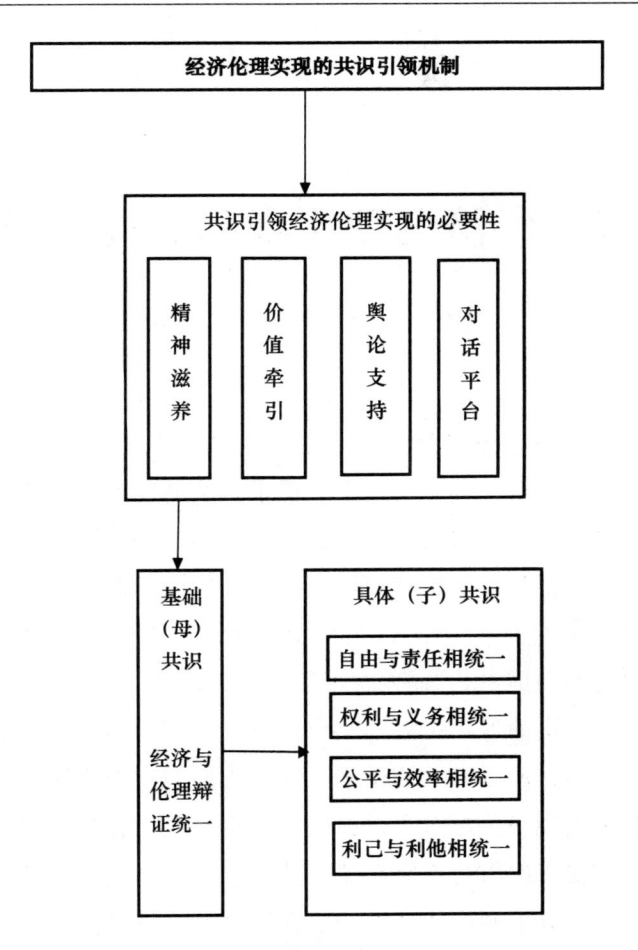

```
┌─────────────────────────────────┐
│   经济伦理实现的共识引领机制    │
└────────────────┬────────────────┘
                 ↓
┌─────────────────────────────────────┐
│   共识引领经济伦理实现的必要性      │
│  ┌──────┐ ┌──────┐ ┌──────┐ ┌──────┐│
│  │精神  │ │价值  │ │舆论  │ │对话  ││
│  │滋养  │ │牵引  │ │支持  │ │平台  ││
│  └──────┘ └──────┘ └──────┘ └──────┘│
└────────────────┬────────────────────┘
                 ↓
┌──────────┐        ┌──────────────────────┐
│基础（母）│        │   具体（子）共识     │
│  共识    │        │ ┌──────────────────┐ │
│          │───→    │ │ 自由与责任相统一 │ │
│ 经济与   │        │ ├──────────────────┤ │
│ 伦理辩   │        │ │ 权利与义务相统一 │ │
│ 证统一   │        │ ├──────────────────┤ │
│          │        │ │ 公平与效率相统一 │ │
│          │        │ ├──────────────────┤ │
│          │        │ │ 利己与利他相统一 │ │
│          │        │ └──────────────────┘ │
└──────────┘        └──────────────────────┘
```

图 9-1 经济伦理实现的共识引领机制结构图

第十章　经济伦理实现的制度安排机制

每当经济活动中出现机会主义行为，即靠诡计、胁迫、垄断、剥削、说谎、偷窃、欺诈等不道德手段谋求私利的行为时，人们总是要从经济伦理上寻找原因，随后又总是把原因归结为制度安排阙如。这种思路表明，制度安排是经济伦理得以实现的刚性依赖和关键机制。作为一种伦理价值规范体系，经济伦理必须现实化即得到广大经济主体的切实践履，否则就形同虚设；经济伦理现实化又必须借助相应的制度安排，否则就会缺乏稳定的保障机制而不可持续。我国当前各类市场经济主体在践履经济伦理方面令人不敢乐观，这一方面当然与市场经济主体主观上没有足够重视经济伦理有关，另一方面也与人们在借助制度安排促进经济伦理的实现方面做得不够有关。那么，中国广大的经济主体经济伦理的实现为何要寻求制度支持？制度何以可能支持经济伦理的实现？制度又到底如何支持经济伦理的实现？经济伦理的真正落实和我国社会主义市场经济的健康发展，迫切需要我们进一步深入探讨这些问题，寻求切合实际的答案。本章试图对此做出论述。

一　制度：调整人们社会关系的强制性规则

制度机制，或称制度安排，也可简称制度，是一个社会学、政治学、法学、管理学、经济学等许多学科都在广泛使用的语汇，但也是一个在每个学科中都有不同内涵的范畴。柯武刚和史漫飞说："'制度'一词有着众多和矛盾的定义。不同学派和时代的社会科学家们赋予这个词以如此之多可供选择的含义，以致于除了将它笼统地与行为规则性联系在一起外，已不可能给出一个普适的定义来。"①《现代汉语词典》将其解释为两方面的含义：一是"要求大家共同遵守的办事规程或行动准则"；二是"在一定历史条件下形成的政治、经济、文化等方面的准则体系"②。这种解释虽然只是语言学上的含义，但也的确表明了制度的内核是准则、规程。

　　对于制度的研究最为详尽的，当然首推新制度经济学思想家们。他们对于制度的理解非常宽泛，大都将其定义为由人所制定的规则。诺思说："制度是一个社会的博弈规则，或者更规范地说，它们是一些人为设计的、型塑人们互动关系的约束。"③柯武刚和史漫飞也把制度理解为规则："制度是人类相互交往的规则。它……使人们的行为更可预见并由此促进着劳动分工和财富创造……'制度'和'规则'这两个词……可互换使用。"④ 由此看来，新制度经济学家们所理解的制度是指由人所设计的规范人们社会关系的各种规则，这些规则包括习惯、风俗、伦理道德、意识形态、法律、契约等。不过，要注意的是，制度经济学有新旧之分，旧制度经济学家对制度的理解与新制度经济学家虽有些微不同，但实质是一致的。制度经济学的创始人凡勃伦（Thorstein B. Veblen）把制度理解为"一般思想习惯"或"一种流行的精神状态或一种流行的生活理论"⑤，康芒斯（Commons, John Rogers）后来又在习惯、传统的基础上补充法律约束，这些看起来好像有些偏题，但实质上与后来新制度经济学对制度的诠释并没有多少冲突。

---

　　① ［德］柯武刚、史漫飞：《制度经济学——社会秩序与公共政策》，韩朝华译，商务印书馆2000年版，第32页脚注。
　　② 中国社会科学院语言研究所词典编辑室编：《现代汉语词典》（第6版），商务印书馆2012年版，第1678页。
　　③ ［美］道格拉斯·C.诺思：《制度、制度变迁与经济绩效》，杭行译，格致出版社、上海三联书店、上海人民出版社2008年版，第3页。
　　④ ［德］柯武刚、史漫飞：《制度经济学——社会秩序与公共政策》，韩朝华译，商务印书馆2000年版，第35页。
　　⑤ ［美］凡勃伦：《有闲阶级论——关于制度的经济研究》，蔡受百译，商务印书馆1964年版，第138页。

与此类似，社会学、政治学和法学学者们也把制度理解为规则，比如韦伯认为"制度应是任何一定圈子里的行为准则"①，包括惯例和法律；罗尔斯说："现在我要把一个制度理解为一种公共的规范体系，这一体系确定职务和地位及它们的权利、义务、权力、豁免等等。"② 制度经济学成果传入国内后，学界很多人迅速地把研究的注意力转向了中国社会转型期制度建设问题，因此人们提出了各种各样的关于制度的定义，其中最有代表性的也是把制度定义为规则，如林毅夫、黄少安、张宇燕等学者都作如是观。

邹吉忠教授认为，新制度经济学家比如诺思把那些以价值观为核心的伦理道德、习俗、社会意识等都看成制度的做法是一种将制度泛化的倾向，他把制度定义为："制度是用以调整个体行动者之间以及特定组织内部行动者之间关系的权威性行为规则（体系）。"③ 辛鸣教授也曾对那种把制度直接定义为规则的做法提出批评，他认为，规则确实是制度的重要的核心的内容，但规则与制度不能完全等同④。他采用与新制度经济学定义制度时采用的个体主义方法不同的方法，坚持本体论原则、由现象到本质的原则、社会与人相关的原则和制度之作为制度应具有的客观性和强制性特点，把制度定义为："制度，就是这样一些具有规范意味的——实体的或非实体的——历史性存在物，它作为人与人、人与社会之间的中介，调整着相互之间的关系，以一种强制性的方式影响着人与社会的发展。"⑤ 我比较倾向于上述两个定义，因为它们从哲学高度阐明了制度的本质即规范、规则，运用历史唯物主义原则揭示了制度的特性即社会历史性存在和具有强制性、权威性的色彩，以整体主义方法展现了制度的功能即调整关系，依据价值学方法指明了制度的价值目标即促

---

① ［德］马克斯·韦伯：《经济与社会》（上卷），林荣远译，商务印书馆1997年版，第345页。
② ［美］约翰·罗尔斯：《正义论》（修订版），何怀宏等译，中国社会科学出版社2009年版，第42页。
③ 邹吉忠：《自由与秩序——制度价值研究》，北京师范大学出版社2003年版，第68页。
④ 辛鸣：《制度论——关于制度哲学的理论建构》，人民出版社2005年版，第42页。
⑤ 同上书，第51页。

进入与社会的发展，但同时我也认为过于繁琐。我认为，制度就是调整人与人的社会关系的强制性的成文规则，包括法律、产权安排、正式的分配措施、契约或协议、共同体内部等级结构和章程、政策举措等。

　　众所周知，诺思按照规则的表现形式把制度分为正式规则和非正式规则两种类型。他说："制度是正式的，还是非正式的？答案是：二者兼有。"① 制度"由正式的成文规则以及那些作为正式规则之基础与补充的典型的非成文行为准则所组成"②，其中，非正式规则是指"行事准则、行为规范以及惯例"③，而"正式规则包括政治（和司法）规则、经济规则和契约。这些不同层次的规则——从宪法到成文法、普通法，到具体的内部章程，再到个人契约——界定了约束，从一般性规则直到特别的界定"④。柯武刚和史漫飞的分类与诺思稍有区别，他们按照规则的起源把制度分为内在制度和外在制度。"内在制度是从人类经验中演化出来的……其例子既有习惯、伦理规范、良好礼貌和商业习俗，也有盎格鲁—撒克逊社会中的自然法。"⑤ "外在制度是被自上而下地强加和执行的……它们的一个例子就是司法制度。外在制度配有惩罚措施。"⑥ 这些分类很有价值，值得借鉴。也正是在这一意义上，我赞同把制度定义为规则，但必须与同样是规则的习俗惯例、伦理道德、意识形态等区分开来，因为这些东西虽然离不开强制性，但是它们并不以强制性为自己开辟道路。如果笼统地把它们也称作制度，那么它们也就没有必要被冠以不同于制度的名称。制度就是制度，其关键特点就在于"度"和"制"，前者说明它是正式的标准或尺度；后者说明它是被制定出来的、也是强制性的，对于主体来说是异己的、外在的，因而是压

---

① ［美］道格拉斯·C. 诺思：《制度、制度变迁与经济绩效》，杭行译，格致出版社、上海三联书店、上海人民出版社 2008 年版，第 4 页。
② 同上书，第 5 页。
③ 同上书，第 50 页。
④ 同上书，第 65 页。
⑤ ［德］柯武刚、史漫飞：《制度经济学——社会秩序与公共政策》，韩朝华译，商务印书馆 2000 年版，第 36 页。
⑥ 同上书，第 37 页。

迫性的东西。当然，我在这里强调制度的强制性并不意味着制度与伦理道德、意识形态、习俗等是各自孤立或毫不相关的，并不意味着它们不会相互影响。当我强调两者的区别时，我只是在分析它们在理论上的区别，现实中它们则是相互缠结、密切相联的，后者一般构成制度所蕴含的理念性的东西，引导制度的建构、创新和变迁，也许正因如此，导致人们往往模糊了后者与制度之间的区分。然而，在当代市场经济社会，伦理道德、意识形态等依然存在，而制度则往往集中地表现为法律、政策和契约。人们在它们之间仍然可以看到泾渭分明的界限。

二　经济伦理：需要制度支持才能实现的柔性约束

相比于强制性的制度体系，任何一种伦理价值规范体系都是一种柔性约束力量，虽然它对于主体也有甚至很强大的约束压力，但是这毕竟取决于主体的内心信念，当主体内心信念没有达到相应高度，伦理价值规范就可能得不到遵循，从而被搁置。然而，当以适宜的制度安排支援伦理价值规范时，伦理价值规范就可以得到真正落实。作为伦理价值规范大家族中的一分子，经济伦理同样如此。

以制度支持伦理的实现，这是许多学者的基本观点。在罗尔斯那里，作为公平的正义是一种伦理价值，但它是抽象的原则，必须外化为相应的制度安排才能发挥其潜能，从而转化为现实。他曾区分出五种政治、经济和社会制度：自由放任的资本主义、福利国家的资本主义、带有指令性经济的国家社会主义、财产所有的民主制度、自由（民主）社会主义，并认为前三种制度安排"都至少以一种方式违反了两个正义原则"[1]，后两种则"包含了用以满足两个正义原则的安排"[2]，即"都

---

[1] ［美］约翰·罗尔斯：《作为公平的正义——正义新论》，姚大志译，中国社会科学出版社 2011 年版，第 167 页。

[2] 同上。

建立了民主政治的宪政框架，保证了基本自由以及政治自由的公平价值和公平的机会平等，而且使用相互性原则，如果不是差别原则的话，来规范经济不平等和社会不平等"①。他说："在每一种场合，当它们（即财产所有的民主制度和自由社会主义——引者注）的制度像所有描述的那样运行的时候，正义原则都能够得到实现。"② 福山也说："尽管产权和其他现代经济制度是建立现代企业的必要条件，但是我们常常意识不到，后者有赖于我们往往视为理所当然的坚实的社会和文化习俗基础。对于创造现代繁荣和由其所支撑的社会福祉来说，现代制度是一个必要而非充分的条件。制度若要能够良好运行，就必须与某些传统的社会和伦理习俗相结合，当然这些习俗本身要运转良好。"③ 福山的观点可以概括为一个经济伦理命题：经济繁荣必须使经济制度与经济（社会）伦理美德相结合。这一命题有两方面的含义：一方面，经济制度要有经济伦理美德的润泽，否则经济生活就只有骨架而没有血肉；另一方面，经济伦理要有经济制度的支撑，否则经济生活就只有血肉而没有骨架。

根据历史唯物主义基本原理，所谓经济伦理，是指人们关于经济交往关系的伦理化反映，它通过一定的经济道德观念、规范和实践活动而彰显。具体说来，经济伦理包括三个层面：一是观念层面的经济道德意识，这主要体现为人们关于经济关系的善与恶、是与非、正当与不正当、应该与不应该等价值取向的各种心理过程和观念；二是规范层面的经济道德规范，这主要体现为引导和评价经济主体行为的善恶价值取向、调整主体与主体之间利益关系的行为规范；三是活动层面的经济道德实践，这主要体现为经济生活中经济主体（包括个体和组织）的一切可以进行善恶评价的行为和活动。经济道德意识、经济道德规范和经济道德实践这三个层面相互联结、相互制约、相互依存而构成一个整体

---

① ［美］约翰·罗尔斯：《作为公平的正义——正义新论》，姚大志译，中国社会科学出版社2011年版，第168页。
② 同上。
③ ［美］弗朗西斯·福山：《信任：社会美德与创造经济繁荣》，郭华译，广西师范大学出版社2016年版，第141—142页。

性的价值规范体系①。作为一种伦理价值规范体系，经济伦理同样主要是依靠经济主体的自律机制和社会的舆论作用等非强制性方式来得到实现的，但是，如果没有相应的强制性外在机制的配合，单靠经济主体良心自律和舆论作用，那么经济伦理就有被搁置、虚化而不能转化为现实的风险。

自律机制和舆论作用当然是经济伦理实现机制中极为重要的构成部分。自律机制通过选择命令、引导监控、奖励惩罚等功能可以督促企业等经济主体践履经济伦理，从而推动经济伦理的落实。但是，自律毕竟是主体自己的"律"，其发挥作用需要主体具有较强的自觉性。舆论作用对于经济主体来说是一种外在机制，具有不可忽视的约束性，但是这种约束性也必须经由主体自律机制才能体现。因而，在经济生活中，自律机制和舆论作用都需要主体具有相对于经济利益的自觉性和超越性。然而，经济主体比如企业也是由人构成的群体性组织或团体，如同任何人都是利己性与利他性相统一的二重性存在一样，经济主体同样也是自我利益与非自我利益（即他人利益、集团利益、共同利益或社会整体利益）的统一体，它需要利用经济伦理来有效协调这两种利益的关系。

经济主体的自我利益和非自我利益在经济生活中主要表现为经济利益。新古典经济学认为，经济主体都是经济人，其"行为自私而理性"，他"不担心道德、伦理，也不关心其他人……只关心自己，精打细算，处心积虑地抓住一切能带给他最大物质利益的机会，去追求最大利益"②。这种观点虽然武断，但又的确揭示了经济主体具有关切自我利益之本性这一侧面，因而具有片面的真理性。经济生活虽然是嵌入于社会生活之中的，但本质上仍然是经济利益主导的；虽然不能因为其有专属规则而把它与社会生活的其他部分隔离开来，但在其中经济利益仍

---

① 龚天平、李海英：《经济伦理内涵的反思——意识、规范与实践的统一》，《中南财经政法大学学报》2013 年第 1 期。
② ［美］琳恩·斯托特：《培育良知：良法如何造就好人》，李心白译，商务印书馆 2015 年版，第 6 页。

然是支配性的。而经济利益对于主体又是具有诱惑性的，面临这种诱惑，当主体利己性的一面与利他性的一面不能保持平衡，那么主体很难信守经济伦理。特别是当主体面临的经济利益的诱惑性极大，而且违背道德可以更多地获利，又没有有效的道德约束时，一些主体就可能选择自我利益，抛弃经济伦理，做出不道德的选择。要有效遏阻这种违背经济伦理的现象，不仅要靠道德宣教机制发挥作用，也要靠正式的制度化措施，使这些违规行为既受到舆论贬谪，也受到制度惩治，从而让违规主体为自己的败德行为付出沉重代价。同时，也可以借助于制度安排来有效保障那些遵守经济伦理的行为主体不因守规而吃亏，而是获得相应回报和制度的正式承认。这样，柔性的经济伦理就可以得到真正落实。

三 制度支持经济伦理何以可能？

历史唯物主义认为，制度是适应人际交往需要的历史的产物。任何经由公正的、严谨的程序订立并公开颁布的优良制度，都有自身特定的优良功能，即惩恶扬善培育良知、增进信任和合作、维护自由、防范或化解冲突。这些功能的发挥实质上是把经济主体往道德之路引导，让他们在制度促使之下践履经济伦理，从而把制度支持经济伦理的实现变成可能。总的看来，优良制度的优良功能有如下几点。

第一，制度不仅惩罚罪恶，也培育良知。长期以来，人们大都认为制度特别是法律（良法）主要是惩罚犯罪、抑制邪恶的，经济生活中的犯罪、腐败、不当竞争等都靠法律严加惩治，而那些合乎经济伦理的经济行为则靠物质手段施以奖励。这种看法一般说来并没有错，因为人们毕竟发现了制度安排的初始依据，即人都有关注自我利益的本性，但把认识局限于此又是不合理的。如果制度仅仅是抑制人的自我利益倾向的，而人在本性上又都是关注自我利益的，显然制度对人就是不利的，那么人类又为什么需要这种对人不利的东西呢？正确说法应该是，制度既是抑制自我利益的工具，同时也是维护自我权利（当然也维护他人权利）的武器。制度维护自我权利实际上就是其扬善功能的体现，然而对于这种扬善功能，人们则遗忘或者有意忽略了。其实，制度对恶的惩治从另一个侧面看来就是对善的弘扬。不仅如此，制度还可以塑造良善之人。哈耶克认为制度可以"激励人们根据自己的选择和依从那些决定着其日常行为的动机而尽可能地为满足所有其他人的需要贡献出自己的力量"①。即便是明确地以"人是不可靠的、有弱点的"为假设前提的法律也是培育良知的重要机制，只要我们不对经济生活中大量的善举有意地视而不见。美国法经济学者琳恩·斯托特（Lynn A. Stout）说："法律在很大程度上毕竟就是要鼓励有利于社会的无私行为……法律和良知巧妙地纠缠在了一起……法律可以给出奖励和惩罚，但法律也可以做更多的事。如果我们能够更好地理解法律激发（或泯灭）良知力量的途径，我们就不仅能深入了解法律，而且更能有效地运用法律。"②

第二，制度能有效增进信任，促进合作。任何制度都是一种人际关系的协调技巧，它"能增强生产要素——如劳动——在满足人类需要上的效能"，从而成为一种"制度资本"；制度给予相互交往的经济主体明确的信息，可以减少周围世界的不确定性和复杂性，从而简化识别负担，规避风险，克服主体对复杂的无法预测的经济生活所抱有的"原生焦虑"；制度可以排除未来的不确定性，从而减少主体的"远期无知"；制度"创造着诱发归属感的多种纽带"，从而增进经济组织中人们的相互信任③。所以，相比于专业技术及其专家系统和合法性的公共权威或公权力来说，制度是一种更为可靠的、重要的增进信任的机制。福山曾深入钻研过信任在塑造经济社会中的巨大作用，而信任与制度又是相互需要、相互塑造的，他说："产权法、契约和稳定的商业法体系等制度的发展，是西方崛起的关键所在。这些法律制度实际上充当了……信任

---

① [英] F. A. 冯·哈耶克：《个人主义与经济秩序》，邓正来译，生活·读书·新知三联书店2003年版，第17页。
② [美] 琳恩·斯托特：《培育良知：良法如何造就好人》，李心白译，商务印书馆2015年版，第18页。
③ [德] 柯武刚、史漫飞：《制度经济学——社会秩序与公共政策》，韩朝华译，商务印书馆2000年版，第143页。

的替代物，在它们所搭建的框架中，陌生人能够合伙做生意或在市场中展开交易。"① "如果说规则和契约对现代商业来说普遍重要，那么同样显而易见的是，在现代工厂，规则和契约离不开对信任的需要。"② 同时，制度还可以促进合作。美国著名经济学家曼瑟尔·奥尔森（Mancur Lloyd Olson, Jr）曾经证明，从理性的和寻求自我利益的行为不能推出非理性的和寻求非自我利益的行为，因为理性的和寻求自我利益的行为主体往往不会自愿地采取行动以实现非自我利益，而是想"搭便车"而坐享其成。"除非一个集团中人数很少，或者除非存在强制或其他某些特殊手段以使个人按照他们的共同利益行事，有理性的、寻求自我利益的个人不会采取行动以实现他们共同的或集团的利益。"③ 这就是说，通过强制性的制度化措施就可以限制关切自我利益的理性的主体"搭便车"的可能，迫使他们合作以促进非自我利益，而这种合作恰恰是制度功能的发挥。

第三，制度能有效维护和保障经济主体的自由。马克思在《资本论》中精辟地揭示：经济活动特别是市场经济活动是以自由为基础性前提的，自由在市场经济中体现为所有商品的买卖都取决于经济主体的自主意志，谁也不能使用胁迫、压榨、欺凌等违背主体自主意志的手段获取他人财产、干预经济活动，因此自由是市场经济下占统治地位的经济伦理价值。但是，这种自由要靠制度来保障。制度不仅可以保护经济主体自主经营，也可以保护个人自主选择，使他们免予受到来自外部的各种不恰当的、违背其自主意志的干预。因此，制度保障着经济主体和个人的自由。当然，制度一方面保护着自由；另一方面又限制自由。任何自由既意味着权利，同时也意味着责任，即自由从来都不是没有边界的，责任和他人的同样的自由追求不受干预即是自由的界限。没有这样

---

① [美]弗朗西斯·福山：《信任：社会美德与创造经济繁荣》，郭华译，广西师范大学出版社2016年版，第206—207页。
② 同上书，第207页。
③ [美]曼瑟尔·奥尔森：《集体行动的逻辑》，陈郁、郭宇峰、李崇新译，格致出版社、上海三联书店、上海人民出版社2014年版，第2页。

的界限或无视这样的界限，自由就变异为任性、放纵或为所欲为；没有对自由的合理的责任规约，市场经济秩序将陷于混乱，社会也将沦于无政府状态。因此，制度实际上是自由理念通向现实的中介和桥梁。

第四，制度能有效预防经济主体间的冲突，也能有效化解主体间已发生的冲突。市场经济活动是一种求利活动，处处充满利益诱惑，在其中活动的经济主体也受自身求利欲望的驱使。当这些主体都在市场中自主行事、各自求利时，它们之间就会相互影响，难免发生冲突。如果冲突处于理性的、正当的范围，那么它就是积极可取并创造市场繁荣的；如果冲突演变为激烈的、非此即彼的程度，那么它就是令人反感并破坏市场秩序的。此时，就必须采取代价相对较低和非暴力的方式解决冲突，或让主体的行动自由受到最佳约束，使冲突处于可控范围。而制度通过划定主体自由行动的范围，规定主体该做什么、不该做什么，就能发挥如此效能。同时，制度还能提供公正合理地解决冲突的裁决机制。柯武刚和史漫飞提出了以制度解决冲突的两种基本方法：一是"依靠限制任意行为和降低冲突可能性的规则，以一般性的、预防性的方式限制"主体的绝对自由，"其方法是预先标明谁将是正确的，谁将是错误的，从而就能预期到，谁将因违规而受惩罚"[①]；二是在冲突已经发生的情况下，用制度来"以先前协商好的、因而是可预见的方式裁决冲突"[②]。制度既有在冲突未发生之前有效预防冲突的功能，也有因其内含裁决机制而在冲突发生后有效化解冲突的功能，因而它实际上是经济主体交往关系和谐、有序的有力保障。

四　制度如何支持经济伦理？

作为非正式规则的经济伦理要得到真正落实就必须寻求作为正式规

---

① ［德］柯武刚、史漫飞：《制度经济学——社会秩序与公共政策》，韩朝华译，商务印书馆 2000 年版，第 146 页。

② 同上。

则的制度的支持,那么制度如何支持经济伦理的实现呢?

(一) 把经济伦理制度化或"经济伦理立法"

制度支持经济伦理实现的最为基本的方式之一是把经济伦理制度化或"经济伦理立法",即把一些基本的、底线性的经济伦理原则、规范确立为经济主体必须遵循的制度化规则,借助于有效的实施机制,使经济伦理由"柔"变"硬",凡违背经济伦理的主体都将受到制度的惩治,付出高于其可能收益的代价,从而逼迫主体自觉遵守经济伦理。这种方式对于经济伦理的实现具有如下重要价值和意义。

第一,彰显经济伦理原则。任何制度都是明确的、成文的,而不是秘而不宣的,这一特性使得它能够彰显经济伦理原则。经济伦理原则是经济主体关于经济活动与经济关系的善或恶的取向、正当或不当的选择、守德或失德的旨趣等基本观念。经济活动与经济关系是经济伦理原则产生和发挥作用的场域,善、正当、美德是正向的经济伦理原则,恶、不当、失德是负向的经济伦理原则,由于善与恶、正当与不当、德性等仍然可以展开为许多具体内容而表现为一个庞杂的具有层次性的价值系统,因而经济伦理原则也是一个结构和内容复杂的价值系统。作为一种价值系统,经济伦理原则是一种深藏于经济主体内在心灵的精神性、理念性的东西,对于其他主体来说,它一般不容易被发现因而是模糊的、抽象的。同时,它也是一种引导和评判经济行为的理念,因而一般并不以成文的形式独立体现出来。但是,如果把它规定、贯穿到一定制度中,通过制度对它进行成文的、明确的表述,使其具有正式的形式,那么经济主体就都会明白经济伦理到底是什么,应该怎么做才符合经济伦理。所以,制度对于经济伦理来说,具有一种显明经济伦理原则的作用。比如,党的十八届三中全会决议指出:"必须加快形成企业自主经营、公平竞争,消费者自由选择、自主消费,商品和要素自由流动、平等交换的现代市场体系,着力清除市场壁垒,提高资源配置效率和公平性。"这看似是对市场体系的表述,实质上是把经济伦理原则,即包括生产、交换、消费自由的经济自由伦理原则明确化了,特别是消费自由原则对于主体的意义非凡，能够让主体明显地体会到自己的尊严和权利。但也必须明白，我们并不能把所有的经济伦理原则都通过制度规定出来，否则经济伦理原则就失去了它作为伦理道德而存在的基本属性，从而与制度变成同一个东西。因而，把经济伦理原则通过制度规定出来，是指把一些基本的、具有强引导性作用的经济伦理原则如经济自由、经济正义、经济平等、环境保护等规定到制度中。而经济主体也可通过对制度的解读清晰地认识到这些基本的经济伦理原则，通过这些基本的经济伦理原则又可联想到其他非基本但很重要而又没有制度化的经济伦理原则。

第二，稳定经济伦理规范。任何制度在一定时段内都是稳定的。虽然任何制度都不是僵死的，而是随着人及社会的发展可以改造、变更、废止的，即制度具有可改造性、可设计性等主观性，但是，人们也不能因为它具有这些主观性就可以随意变更或废止。因为它同时也具有"形态的历史必然性""内容的客观必然性和客观独立性"等客观性[①]，这一客观性使得它在一定周期内必然稳定。这一特性使得它可以稳定经济伦理规范。"规范是调控人们行为的、由某种精神力量或物质力量来支持的、具有不同程度之普适性的指示或指示系统。"[②] 经济伦理规范是调控经济行为的、由经济伦理原则支配的、在经济领域具有普适性的指示或具体要求，是一般道德规范向经济领域渗透而形成的，比如不掺假使假、不缺斤少两、勿损人利己、童叟无欺等。但是，经济伦理规范毕竟是一种道德规范，具有前文所述的相关缺陷。同时，它也具有主观性和经验性，经济主体在针对不同对象时就可能出现执行上的任意性或区别对待，这样就使得经济伦理规范失去稳定。因此，如果把基本的经济伦理规范制度化，它就变得稳定，经济主体也不会不按照这些规范一视同仁地对待所有对象，而那些没有制度化的非基本的经济伦理规范虽然会发生变化，但这种变化也不会频繁。

---

① 辛鸣：《制度论——关于制度哲学的理论建构》，人民出版社2005年版，第61页。
② 徐梦秋等：《规范通论》，商务印书馆2011年版，第15页。

第三，强化经济伦理行动。任何制度都是一种他律。作为一种他律，它是刚性的，即它在调节利益冲突和纠纷时，是人、社会群体、经济主体等都会不得不同意的是非标准和共同尺度，是他们的价值追求与现实利益即使发生对立也仍然会做出的选择和遵循。制度的刚性来源于其惩罚功能，惩罚功能又使得它能够得到有效贯彻和实施。"制度为一个共同体所共有，并总是依靠某种惩罚而得以贯彻。没有惩罚的制度是无用的。"① 制度的惩罚措施是"以各种正式的方式强加于社会（如遵循预定程序的司法法庭）并可以靠法定暴力（如警察）的运用来强制实施"②。制度的这一刚性特性使得它能够强化经济伦理行动。经济伦理行动是经济主体践履经济伦理的实际行为。经济伦理毕竟是一种道德价值，是靠主体的意志自律和良心发现才能实现的"应当"。虽然经济伦理是在主体的经济活动中经过博弈、磨合并由主体的抽象概括而形成的，反映了主体的神圣的职业美德、追求至善和人生终极目的的可贵的伦理精神气质，发挥和展现了人之为人的本质力量，但它毕竟是柔性的，在面对利益冲突时，它不能确保主体仍然做出道德选择，因为利益毕竟是主体一切行动的硬性约束条件和发生学前提。"毕竟在一个充满复杂利益关系的社会里，仅仅靠道德本身是远远不够的，道德本身既无法阻止也无法惩罚人们出于利益驱动而破坏道德的行为。"③ 因此，如果我们把经济伦理与刚性的制度有机结合起来，使其基本原则、准则及主体的行动具体化为一系列操作性强的规范和措施，成为一种普遍适用于所有经济主体的制度，那么主体经济伦理行动的效果就能得到强化，而我国市场经济领域违背经济伦理的乱象、危及公众生命健康的不道德事件也会得到强有力的遏制。

第四，增进经济伦理秩序。柯武刚和史漫飞在谈到制度的功能时说："制度的关键功能是增进秩序：它是一套关于行为和事件的模式，

---

① ［德］柯武刚、史漫飞：《制度经济学——社会秩序与公共政策》，韩朝华译，商务印书馆2000年版，第32页。

② 同上书，第37页。

③ 辛鸣：《制度论——关于制度哲学的理论建构》，人民出版社2005年版，第258页。

它具有系统性、非随机性，因此是可以理解的。"① 增进秩序、协调经济活动，以形成有秩序的经济交往是制度的基本功能。这一功能使得制度能够构造并增进经济伦理交往秩序。即是说，如果我们把基本的经济伦理制度化，那么这些制度化的经济伦理与那些正式的经济制度就能够共同构建一种良好的经济伦理交往秩序。经济伦理交往是经济主体依据经济伦理观念和规范而结成的经济活动和经济关系，这种关系既有正式的，也有非正式的。正式的经济伦理交往是依据制度和制度化的经济伦理观念和规范而结成的，非正式的经济伦理交往则是依据没有制度化的、隐含的、习惯化的经济伦理观念和规范而结成的；前者所形成的秩序是可见的、稳定的，后者则是随着主体经验的演化而形成的，它也有一种自生自发的秩序，但不是明显的，也是不稳定的。如果人们完全根据非正式的经济伦理观念和规范自发地协调经济关系，那么这种行为就"有可能是任意的，可能带有很大的偏见和倾向性，例如在执行规则时可能会偏袒富人、名人和美人"②，而这种经济交往显然有失公正，不公的经济伦理交往必定失稳、失序。因此，经济伦理依靠制度就是必要的。因为制度"响应了这样一种要求，即不仅必须做到公正裁决，而且必须让人看到将会公正裁决，以便对人们的行为产生规范性影响"③，从而形成一种稳定的、公正的、可持续的经济伦理交往秩序。

（二）完善其他与经济伦理关联的制度安排

任何经济伦理都不可能离开社会环境而自足，其实现总是需要一定的与之配套的制度安排，即需要社会为其成长提供一个良好的制度环境。因此，以制度机制支持经济伦理的实现，除了把经济伦理制度化这种基本方式外，还有一种基本方式，这就是完善那些与经济伦理相互作用的制度安排。

---

① ［德］柯武刚、史漫飞：《制度经济学——社会秩序与公共政策》，韩朝华译，商务印书馆 2000 年版，第 33 页。
② 同上书，第 134 页。
③ 同上。

第一，完善法律制度。现代社会是法治社会，市场经济是法治经济，法治社会和市场经济建立在法律制度不可取代的基础之上。在这样的社会和经济体系里，"能够限制或阻止他人采取不道德行为的唯一有效方式，能够即便是在一种陌生人的环境中也能赢得一种可以信赖关系的唯一可靠途径，就是建构法律规则来对行为做出强制性的规约"①。完备的可以有效实施的法律制度，才能保障正常的社会经济运行秩序，也才能创造落实经济伦理的良好社会环境。法律制度、经济伦理与社会秩序之间是正相关关系：法律制度越健全，社会秩序越优良，经济伦理越有效；法律制度越残缺，社会秩序越混乱，经济伦理越失效。因此，经济伦理的实现有赖于法律制度的完备和有效调控。哈贝马斯认为，现代世界的法律从认知、驱动、组织三个方面"为道德起到了一种减轻负担的作用"②。法律制度是一种基本的底线的道德要求，其有效实施可以保证经济主体遵循最基本的道德准则；同时，它还可以帮助主体养成遵守规则的习惯，从而为主体进一步遵守较高层次的道德规则创造条件。

第二，健全社会经济政治制度。社会的经济政治制度也是经济伦理得以实现的重要的制度环境，经济伦理对经济主体的强大约束力，建立在公平公正的社会经济政治制度的基础之上。"如果社会的经济政治制度是不公正、不公平的，一些人可以利用特权大发不义之财，那么，就没有人会去相信伦理的价值和意义。"③ 只有社会经济政治制度公正合理，经济主体才会遵守经济伦理。健全的社会经济政治制度主要包括两方面：首先，产权制度。作为所有制的核心，产权与道德互为灵魂。"归属清晰、权责明确、保护严格、流转顺畅"的产权制度，既以道德为基础，又宣示道德、支持道德；道德也以这种产权制度为前提，又论证产权、辩护产权。当一个社会建立起健全的公正合理的产权制度，就

---

① 甘绍平：《伦理学的当代建构》，中国发展出版社2015年版，第46页。
② 同上书，第47页。
③ 罗能生：《义利的均衡——现代经济伦理研究》，中南工业大学出版社1998年版，第218页。

能为经济主体遵守经济伦理创造良好氛围;相反,当一个社会产权制度不明晰,人们对自己的财产不能切实拥有、自主支配时,那么人们就从道德上找不到辩护理由从而不会遵守道德,而经济主体也不会遵守这种没有产权制度根基的经济伦理。其次,权利义务分配制度。福山说:"政治与经济相互缠绕在一起。"① 与经济缠绕在一起的政治制度主要是社会的基本结构,即社会主要制度分配基本权利与义务的方式。这种"主要制度确定着人们的权利和义务,影响着他们的生活前景——即他们可望达到的状态和成就……它的影响十分深刻……"②,因此这种制度安排必须健全并且公正合理。就其与经济伦理的关系来看,分配基本权利和义务的政治制度集中地表现经济也统率经济,经济伦理是经济的价值遵循,因而也构成这种政治制度的价值遵循。经济伦理的实现固然不能脱离经济,但也不能与政治制度保持距离,而必须以政治制度为保障。

第三,完善现代企业制度。企业制度是经济活动中的具体的制度安排,对经济伦理的落实也具有重要作用。归属清晰、经营决策规范、竞争公平、政企和政资分开的现代企业制度不仅能提高企业效率、增强企业活力,也有助于企业承担社会责任,践履经济伦理。政企、政资分开,大大压缩了个别领导人搞权钱交易、以权谋私等不道德的腐败行为的空间;受公平的市场竞争机制制约的企业要生存和发展,就必须积极提高产品质量和服务水平,讲究职业道德,遵守企业伦理;健全的公平的企业内部管理制度、分配制度,对于企业员工职业道德水平的提高和忠于职守、团结互助之伦理精神的发扬,也具有重要作用。因此,完善现代企业制度也是建构经济伦理实现机制的重要环节。

第四,完善经济交往中的契约,健全信用制度。市场经济也是契约经济,契约实质上就是经济交往中主体之间签订的协议、合同,它也能

---

① [美]弗朗西斯·福山:《历史的终结与最后的人》,陈高华译,广西师范大学出版社2014年版,第6页。
② [美]约翰·罗尔斯:《正义论》(修订版),何怀宏等译,中国社会科学出版社2009年版,第6页。

有效抑制不道德的经济行为。市场中经济主体与经济主体之间的不公平不正当竞争、非法优惠、地方保护、垄断、欺诈、虚假宣传等都属不讲诚信的行为，这些行为在很大程度上是因为契约不完善导致的。如果契约是完备的，经济主体的权责是明确的，经济交往中道德风险就能大大减弱，在此基础上，建立健全社会信用制度，形成褒扬诚信，惩戒失信的局面，就能促成经济主体对经济伦理的遵循。

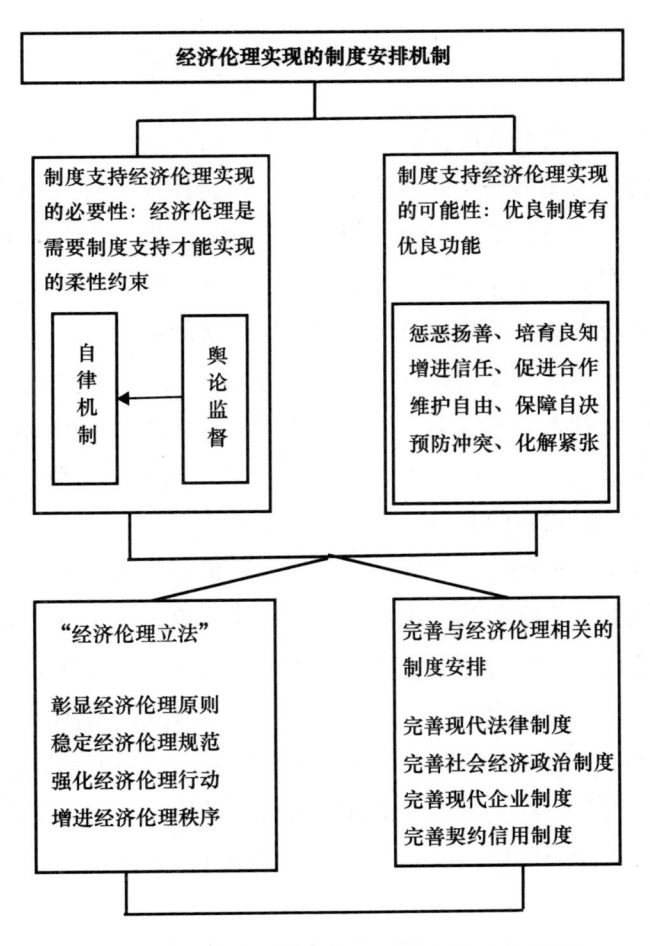

```
                    ┌──────────────────────────────┐
                    │   经济伦理实现的制度安排机制   │
                    └──────────────────────────────┘
                         │                    │
        ┌────────────────┴──┐          ┌──────┴──────────────┐
        │ 制度支持经济伦理实现 │          │ 制度支持经济伦理实现 │
        │ 的必要性：经济伦理是 │          │ 的可能性：优良制度有 │
        │ 需要制度支持才能实现 │          │ 优良功能             │
        │ 的柔性约束           │          │                     │
        │  ┌───┐   ┌────┐     │          │ 惩恶扬善、培育良知   │
        │  │自律│◄──│舆论│     │          │ 增进信任、促进合作   │
        │  │机制│   │监督│     │          │ 维护自由、保障自决   │
        │  └───┘   └────┘     │          │ 预防冲突、化解紧张   │
        └─────────────────────┘          └─────────────────────┘
                         │                    │
        ┌────────────────┴──┐          ┌──────┴──────────────┐
        │ "经济伦理立法"       │          │ 完善与经济伦理相关的 │
        │                     │          │ 制度安排             │
        │ 彰显经济伦理原则     │          │ 完善现代法律制度     │
        │ 稳定经济伦理规范     │          │ 完善社会经济政治制度 │
        │ 强化经济伦理行动     │          │ 完善现代企业制度     │
        │ 增进经济伦理秩序     │          │ 完善契约信用制度     │
        └─────────────────────┘          └─────────────────────┘
```

图 10-1 经济伦理实现的制度安排机制结构图

第十一章　经济伦理实现的市场交换机制

市场交换是人类所特有的、历史悠久的一种经济活动，在市场经济条件下，它又构成市场经济的核心环节。以交换视角看市场经济，市场经济就是一种交换经济，经济主体（或市场主体、交换主体）比如企业的生产只有通过交换才能实现其价值，从这一意义上说，交换决定着市场主体的经济效益，从而也决定着市场经济的成败。但是，从历史唯物主义角度来看，市场交换本质上又并不是一种简单的物与物的转移，它实质上反映着人与人之间、经济主体与经济主体之间的以经济关系为基础的社会关系。从表象上看，市场交换是市场主体之间的物品互换，但实质上是它们之间的利益交换、权利让渡。因此，市场交换包含着深刻的伦理内涵，对经济社会生活具有重要的伦理价值，它自身也具有特殊的道德规则。不仅如此，正因为市场交换的伦理规定性，承载着道德规则，因此市场主体与市场主体之间发生市场交换关系的同时实质上又是在践行、落实经济伦理。在这一意义上，市场交换又本质上体现为当今我国社会主义市场经济条件下市场主体践履、实现经济伦理的重要机制或途径。当然，如果从经济伦理实现机制的性质角度来看，市场交换机制是经济方面的机制，而且是经济方面的首要机制。

一　市场交换的内涵

交换可能是人类历史上内涵最丰富的概念之一，古今中外思想家们力图揭示出它的含义和本质,并从不同学科立场出发,用不同的方法论给出了各自不同的解释,但只有马克思主义才科学地揭示了它的含义和本质。马克思认为,市场交换不仅是一种物质运动形式,更是一种人与人之间的社会经济关系。其实质是所有权的有偿让渡,是一定所有制基础上不同商品所有者之间的一种契约形式的法权关系。在《资本论》中,他说:"这种具有契约形式的(不管这种契约是不是用法律固定下来的)法的关系,是一种反映着经济关系的意志关系。这种法的关系或意志关系的内容是由这种经济关系本身决定的。"① 但是,市场交换是在社会环境中产生的,因而不可能脱离社会而单独存在。正如卡尔·波兰尼(Karl Polanyi)所揭示的,当今市场交换与市场经济体系一样,都是嵌入于社会之中的。因此,任何市场交换方式既是经济的,同时也是社会的;交换有经济性质的市场交换,也有社会性质的社会交换。由此看来,我们就可以对交换包括市场交换做以下理解。

第一,交换有广狭之分。狭义的交换是"市场交换",即"人们互相交换自己的活动和劳动产品的过程,是社会再生产过程的一个要素"②;广义的交换则是"社会交换",即一种"人的个体活动加入和转化为社会活动总体的基本形式,同时也是社会活动总体的各个要素在不同个体或集团中分配的基本形式"③。它以变革世界及改善生存环境为目的,除了人们之间的生产关系,还包括政治、文化、宗教等多种交换形式及活动。即是说,社会交换概念实质上就是历史唯物主义的交往概念,其外延大于市场交换概念。两者是包含与被包含的关系,而非并列关系。社会交换指的是人类社会的一种沟通工具、沟通手段、沟通媒介,是推动社会发展的动力的重要组成部分,既包括物质上的交换,也包括精神上的交换;市场交换是现代市场经济社会最基本的经济活动,是人们之间沟通的一种特殊形式或手段,物质或货币交换是其最重要或

---

① 《马克思恩格斯文集》(第5卷),人民出版社2009年版,第103页。
② 张卓元主编:《政治经济学大辞典》,经济科学出版社1998年版,第18页。
③ 刘刚:《论社会交往在社会系统中的地位和作用》,《哲学研究》1991年第11期。

最主要的交换形式，因此它是社会交换的一个组成部分和最重要的表现形式之一。

第二，与社会交换相较，市场交换有以下明显特征：一是其内容为商品、劳务及其他生产要素，除此之外的交换，例如政治交换、文化交流、宗教交流等多种交换形式不属于市场交换范畴；二是它普遍受到各种形式的契约的严格规范，成文或不成文的、正式的合同或随意的口头商定、甚至民间惯例等各种形式的契约，构成其基本导向或指南，但社会交换因为并无类似的严格规定而显得相对随意，交换双方的行为不受明确的权责或义务条款限制；三是它讲究公平交易、等价交换，卖方的付出必须获得相应的、比例基本相当的金钱或物的回报，社会交换中的主动给予方虽然一般都期望得到回报，但受者的回馈是随意的，并无绝对的义务给予相等价值的回报。

第三，任何形式的交换包括市场的和社会的，作为一种基本的社会组织形式，都是某种价值或意义的相互转让，其产生的动机是行为主体满足自身利益和需求的欲望，直接目的是获取所需的价值和利益（物质上的和精神上的）。

第四，相对于社会交换，市场交换的确立须依赖以下三个条件：一是市场主体比如企业的独立性，这样市场主体才能根据自身需求做出是否交换，以及怎样交换的思考与决定，保证交换行为出自主体的自愿；二是市场主体地位的平等性，只有在此前提下，才能保证市场主体不会因地位差异而做出明显于己不利的选择，从而保证交换正确反应交换物的价值，形成对价格的正确反映和对交换行为的正确引导；三是市场主体的行为自由，如此才能确保社会资源和财富能够在市场各主体、各部门间顺畅流转，从而保证资源得到合理的使用和配置。社会交换对这些条件则没有特别明确的要求。

二 市场交换的伦理价值

市场交换在经济及社会生活中具有极其重大的意义，它推动经济发展，促进劳动分工和资源的合理配置，保证经济领域的自我调节及良好市场秩序的实现，是维系社会秩序的基本纽带及推动社会进步的伟大动力。从伦理学上看，市场交换是个人的全面而自由发展的前提，能促进社会道德进步，提升个人幸福感，推动自由、平等的实现。因而，它具有深刻的伦理价值。

第一，市场交换是人区别于动物的基本表达，是人的本质力量的体现。市场交换是为人类所共有、特有的区别于动物的基本特征之一，亚当·斯密说："互通有无，物物交换，互相交易……这种倾向，为人类所共有，亦为人类所特有，在其他各种动物中是找不到的。"其他动物"似乎都不知道这种或其他任何一种协约"，"我们从未见过甲乙两犬公平审慎地交换骨头。也从未见过一种动物，以姿势或自然呼声，向其他动物示意说：这为我有，那为你有，我愿意以此易彼"①。市场交换将人们的不同才能结合起来，使人们做到相互利用，这正是人区别于动物的优越性所在。

马克思认为，市场交换是人的本质力量的外化。他说："人的本质不是单个人所固有的抽象物，在其现实性上，它是一切社会关系的总和。"② 也就是说，现实的社会关系决定了人的本质，人与动物的根本差别在于，他总是处于一定的社会关系中。分工和交换是人所特有的活动，同样也是处于一定社会关系中的。因而，"……分工和交换是人的活动和本质力量——作为类的活动和本质力量——的明显外化的表现"③。市场交换首先意味着人们选择了一种社会化的生存方式，选择在积极的社会合作和社会交往中发展自己的能力；在交换过程中，关于交换什么、如何交换、为什么而交换，均将个人的自我意志与愿望灌注其中，交换过程与内容的差异，既体现出人作为不同个体之间的差别，也体现了人作为一个类的能动性与积极性。正是通过市场交换，人才成

---

① ［英］亚当·斯密：《国民财富的性质和原因的研究》（上），郭大力、王亚南译，商务印书馆1972年版，第13页。
② 《马克思恩格斯文集》（第1卷），人民出版社2009年版，第505页。
③ 同上书，第241页。

为一个不同于动物的类，表现出自己的类本质。"社会是依靠交换来维系的，依靠交换而存在和发展。否定和限制交换就是遏制人的本质力量，就是扼杀人类自己。从这个意义上说，交换是人类最根本的道德行为。以任何方式否定、限制或扭曲交换是不道德的。"①

第二，市场交换能带动经济发展，并为个人的自由与全面发展提供充足的时间保证和丰厚的物质基础。社会发展到一定阶段，个人的自由、平等，往往以自由时间的占有程度为标志。真正的自由，是享用自由时间的自由；真正的平等，是享用自由时间的平等。马克思认为，个人的自由与全面发展，有一个非常重要的前提，即个人自由时间的延长。"社会发展、社会享用和社会活动的全面性，都取决于时间的节省。一切节约归根到底都归结为时间的节约。"②"节约劳动时间等于增加自由时间，即增加使个人得到充分发展的时间。"③ 而自由时间如何获得？马克思指出，生产力发展是人们获得自由时间的前提。只有劳动生产率提高，物质生产高度发展，人们才有机会获得更多的自由时间，去发展自己的能力。

而市场交换一方面能够促进分工的发展，使人们只需要消耗很少的时间，便能完成以前需要更多的人花多得多的时间才可以完成的工作，大大节约生产的时间成本；另一方面，合理的市场交换能够使价格更客观、更准确地反应商品的价值及资源的稀缺状况，从而给人们的生产和投资以更科学的指引，使社会资源得到更合理更充分的使用，资源利用率及生产效率大幅提高，社会必要劳动时间缩短，人们的自由时间得以延长。因此，市场交换由于其对经济增长的巨大推动力，可以使社会成员享受越来越多的自由时间，从而有足够的精力发展自己。

马克思认为，只有在物质生产领域这一必然王国的基础上，自由王国才能建立和繁荣起来。个人发展问题的一个关键因素就在于"我们的

---

① 王晓升：《从经济伦理的观点看公平交换》，《人文杂志》2001年第2期。
② 《马克思恩格斯文集》（第8卷），人民出版社2009年版，第67页。
③ 同上书，第203页。

生活条件是否容许全面的活动因而使我们一切天赋得到充分的发挥"①。市场交换是一个经济利益的实现过程,正是在市场交换中,社会资源得以配置并得到广泛利用,社会物质生产得以丰富和发展。市场交换能帮助减少资源的不合理和低效率使用,使社会资源的配置最优化,运用效益最大化,从而推动社会经济迅速发展。因此,市场交换能为个人的自由与全面发展提供丰厚的物质条件。

正是在这个意义上,斯密高度评价市场交换对社会繁荣昌盛所起的伟大作用。他认为,由于"把资本用来支持产业的人,既以牟取利润为唯一目的,他自然总会努力使他用其资本所支持的产业的生产物能具有最大价值,换言之,能交换最大数量的货币或其他货物"②,因此,如果一个国家能在市场交换的基础上,建立一套允许自由交换和自由竞争的比较完备的司法和行政制度,那么市场这只"看不见的手"会引导社会资源实现优化配置,推动社会经济发展并实现繁荣昌盛。但这一繁荣昌盛必须以交换伦理为前提,否则,个人就会把他所能节约的货币都藏蓄起来,把所藏蓄的货币都隐匿起来,因为他不相信政府的公正,而且害怕自己的资产被掠夺③。而"任何国家,如果没有具备正规的司法行政制度,以致人民关于自己的财产所有权,不能感到安全,以致人民对于人们遵守契约的信任心,没有法律予以支持,以致人民设想政府未必经常地行使其权力,强制一切有支付能力者偿还债务,那么,那里的商业制造业,很少能够长久发达",简言之,如果人们对政府的公正没有信心,那么这个国家的经济就很少能够长久发展,这个国家也就很少能够繁荣昌盛④。

在以商品交换为主要内容的市场交换过程中,交换双方不仅作为物的代表,而且作为有独立意志的市场主体相互对待。在交换中,市场主

---

① 《马克思恩格斯全集》(第 3 卷),人民出版社 1960 年版,第 286 页。
② [英]亚当·斯密:《国民财富的性质和原因的研究》(下),郭大力、王亚南译,商务印书馆 1974 年版,第 27 页。
③ 同上书,第 474 页。
④ 同上书,第 473 页。

体的独立意志得到充分的尊重和体现，他们按照自己的偏好和意愿选择自己在分工中所扮演的角色，按自己的意愿进行生产，并将自己的个人意志灌注于劳动产品当中，还按个人意愿进行购买，以获得帮助自己发展独特才能的资源。由于市场交换促进了资源的自由流通，因而这些需求也更容易得到满足，从而为主体个性的自由发展提供良好的物质条件。

第三，市场交换能塑造与匡扶良好的社会道德，并帮助主体提高德性与修养。个人的自由与全面发展还要求人的道德发展的良好与和谐。能力的全面发展如果不以良好的道德素养为前提，不仅不会推动社会的成熟与进步，反而会加速社会的腐朽和退步。市场交换是目前市场经济条件下最普遍最重要的行为，能使人们养成遵守契约、诚实守信等良好的道德习惯，并且能使之成为一种常态，在潜移默化中生成、塑造人们的道德情感。

人是社会的动物，其本质是一切社会关系的总和。人类生产的发展离不开社会交往与社会合作，只有在普遍的交往中协同劳动并相互交换其劳动产品，社会生产才能发展和继续。而人们在长期的生产实践中，不断磨合，反复探求最合理的交往方式和合作方式，并在生产力发展到一定阶段，稳定、和谐的合作关系对于生产发展的意义越来越重大的时候，便将一些交往规则和合作律令以法律和政策的形式确立和固定下来，从而形成制度。因此，马克思、恩格斯说："……制度只不过是个人之间迄今所存在的交往的产物。"[①] 而制度一旦生成，便作为一种上层建筑和社会存在，开始对人们的思想意识形成强大的影响和制约作用。制度产生于一定的社会价值情景中，并反映和体现一定的社会价值形态。市场交换制度将伦理理念体现于每一个交换规则中，使交换主体的每一个交换行为都必须依照这种伦理理念进行，使遵守契约、诚实守信等转化为主体的实际行动，并在各主体无数次的实践中不自觉地转化为自己的自觉思想，内化为主体的现实品质和道德素养。因此，市场交

---

① 《马克思恩格斯全集》（第3卷），人民出版社1960年版，第79页。

换制度对主体德性与修养的形成具有强大影响力。

市场交换也会充分调动各主体的利他情怀,从而使主体修养得到升华。斯密很早就对利己与利他的关系有极为深邃的思考。他认为,利他是利己得以实现的桥梁和纽带。作为商品交换的出发点,利己必须在形式上体现为利他。因为市场经济条件下的商品交换有着自由和平等的形式规定性,市场交换更是要求自由和平等这一规定在事实上确立和实现。这样,交换双方作为各自权利的所有者,可以完全按照自己的意愿和发展需求进行交换,任何人不得强迫,更不得霸凌。在此条件下,如果交换主体不充分考虑对方的需求,就无法提供让对方满意的商品,更无法实现交换,利己自然也无法实现。只有充分考虑对方的需求,并相应提供足够良好的产品和服务,市场交换才能顺利进行,利己才能顺利实现。利他展现得越充分,利己便能越好地实现。两者只有充分融合,互利互惠的交换关系才能建立,市场经济也才能良好运转。经济实践证明,将客户的利益和需求放在第一位的市场主体包括企业和个人,往往更易获得超常发展和超额利润。当利他精神成为人们社会交往的常态,利他便会成为人们行为的"应当"和习惯,从而升华为一种良好的社会风气和人们的"道德应当",实现人们道德修养的飞跃和社会文明的进步。

第四,市场交换能提升人的幸福感,能帮助主体健全其人格。随着社会的进步,幸福感越来越成为人们追求的普遍目标。市场交换能通过主体需求的满足,从而提升主体幸福感;市场交换能增加物品的效用,进而增加交换主体的满足感。德国经济学家戈森(Hermann Heinrich Gossen)曾考察市场交换在人类经济和社会生活中的意义,他发现,由于人们对生活享受的追求,在大多数情况下,虽然物品本身在交换过程中并没有发生任何变化,但简单的交换便使其价值极大增加、提高。原因在于通过市场交换,人们的生活享受得到明显提高。另外,由于分工的存在,人们不得不通过市场交换来获得自己所需的资源。市场交换由于建立在对个人意愿充分尊重的基础上,因此,人们总能通过交换获得自己想要的稀缺资源,这个需求的满足本身便能带来很大的幸福感。

市场交换还能促进主体人格的健全与发展。交换既是人保持生命延续的活动方式，又是人之所以为人的重要实践活动。首先，在以商品交换为主要形式的交换活动中，人类得以发展自由、平等、契约、利他、责任等丰富的情感与观念，从而促进主体性的生成。在商品交换过程中，交换双方代表的不仅是他们所持有的物，更是有意志、有尊严、有人格的独立个体。市场交换所要求的形式平等，确立了交换主体法权地位的平等，也培养了交换主体的平等意识；市场交换要求的形式自由，也赋予交换主体独立的人格尊严及充分的意志自由；非利他而不可以实现利己的交换现实，能潜移默化地影响及塑造主体高尚的利他情怀；出于利己而扩大交换规模的努力，有助于塑造主体的竞争与创新意识；等等。其次，市场交换能为主体人格的健全与发展提供丰富的可能性。交换使交换主体能够通过交换满足自己的各种需求，因而不必发展全部的能力，而可以专注于自己的分工及专长，更加能动地创造自己的个性需求并葆有自己的丰富个性。自由而全面的市场交换还能增加交换主体的发展潜能。汤普逊（William Thompson）说："财富品的一切自愿交换，意味着交换双方均认为换入的物品优于换出的物品，因而增加幸福，也就增加了生产财富的动机。"[①] 市场交换帮助主体实现平等、自由等重要的价值目标，更是对主体人格健全与发展的卓越贡献。

第五，市场交换是自由、平等的基础。黑格尔（Georg Wilhelm Friedrich Hegel）认为，人与人格是相互联系但又相互区别的。人与人格并不完全等同。其中，人是主体，作为主体，其本质在于主体具有自我意识能力，能够由自由意志支配。自我意识或自由意志能力决定人成为主体。而人格则与人的自由意志相伴而生。高兆明教授在区别黑格尔意义上的人与人格时说："人格……是人的自由意志的伴生物。"[②] 因此，人格实际上是人的自由与平等的外在表征。那么交换与人的自由、

---

① [英]威廉·汤普逊：《最能促进人类幸福财富分配原理的研究》，何慕李译，商务印书馆 1986 年版，第 58 页。
② 高兆明：《黑格尔〈法哲学原理〉导读》，商务印书馆 2010 年版，第 91 页。

平等是什么关系呢？马克思说：交换是平等和自由的生产的、现实的基础①。他还认为，哪怕是在资本主义市场经济条件下，商品交换亦内在地包含了自由与平等形式上的规定性，只有在尊重交换主体的自由意愿和平等地位的前提下，市场交换才能正常进行，在实践交换自由和平等的情境中，尊重个人的自由、平等更是人们行为的应然。

而"人格权是人的抽象自由权利……由于其抽象、一般，不仅具有普遍性，而且在其具体现实性上就具有无限丰富多样性特殊内容。任何对于人的自由权利的伤害，都属于对人格权的伤害。正是在这个意义上，自由权利只有抽象、普遍的，才是真实的"②。"人格权……是无差别的普遍性……人格权的必然性在于每一个人（everyone），而不是某一些人。尊重他人成为人，就是尊重自己成为人"③。市场经济使自由、平等得以在最普遍的交换行为中得到最广泛的实现，因而使自由权利获得了其抽象性和普遍性，从而具备了真实性。

当然，市场交换也存在许多负面影响。马克思指出，市场交换导致分工过度细化，这造成主体技能的局限性发展，从而影响主体整体能力水平的提高与发挥，造成人类历史在很长时间内都将出现难以克服的"异化"现象。市场交换的进一步发展，也使得其本质目的被遮蔽，演变成为社会活动的主角和生产的直接目的，社会生产偏离其应有轨道。从"工具"转而变为"目的"的市场交换，诱发了利己、逐利需求的全面膨胀和爆发，利己主义全面盛行，成为一种不当的显性存在。利他情怀在这种冲动的压制下日益萎缩，从而带来社会道德水平退步的危险。

三 市场交换的道德规则

作为一种经济活动，市场交换是以利益为纽带和根本动因的，只有

---

① 《马克思恩格斯全集》（第30卷），人民出版社1995年版，第199页。
② 高兆明：《黑格尔〈法哲学原理〉导读》，商务印书馆2010年版，第93页。
③ 同上书，第94页。

交换双方的利益都得到实现，交换才可能发生和继续。而要使交换双方都获得利益，就必须在一定的制度框架和道德规则的保障下才有实现的可能。也就是说，法律和道德是市场交换的前提，是交换后果双赢且具有延续性和可持续性的条件。如果没有良好的法律和道德基础，市场交换就不能有序进行，市场经济也不能健康运行和发展。因此，如同任何经济活动都有相应的道德规则一样，作为经济运行的一个重要环节的市场交换同样如此。适用于市场交换的道德规则即为交换道德，其内容主要有交换正当、交换自由、交换平等和后果无害等规则，而这每一个规则又各有其内在规定性。有必要指出的是，交换道德只是适用于市场交换的道德，对经济环节的其他部分并不完全适用，同时交换道德是经济伦理的重要组成部分，市场主体通过市场交换机制践履交换道德就是交换道德的实现，而交换道德的实现对经济伦理的实现具有极为重要的促进作用。

第一，市场交换正当，这一规则又包括以下要求。其一，内容正当即市场交换的双方均只能交换各自具有正当所有权的东西。在正常市场经济秩序下，任何市场主体都没有权利拿自己无交换权利的东西进行交换，否则必然造成对其他主体财物的侵占，并因此会破坏经济活动的正常进行。例如抛售赃物便是如此。同时，即使是有交换权利的东西，其交换如果不为法律和道德所认可，也不具备交换的正当性。有很多事物存在这样的特点，即你拥有对它的占有权利，但不能拿它进行交换。黑格尔说，人至少有两样东西不能转让，一是人格，一是精神，即做人的原则。"我的整个人格，我的普遍的意志自由、伦理和宗教"是"不可转让的"①。因为它们是我之为我的内在规定性，没有它们，我便失去了做人的资格或依据而只是一个自然性的存在，而不是一个具有人格的真正的人。另外，我们还不能转让人的全部时间与能力，否则就等于转让了包括我人格在内的所有东西，那样我将一无所有。

---

① ［德］黑格尔：《法哲学原理》，范扬、张企泰译，商务印书馆1961年版，第73页。

其二，交换主体正当。市场交换双方首先必须是有自主行为能力的自然人，具备从事交换的辨别能力、实践能力，其次还必须对交换的内容具有相应的绝对所有权或处置权。否则，交换依然不具备正当性。婴儿、植物人、瘫痪病人、精神病患者、弱智等，毫无疑问由于并不具备辨别能力和行动能力，不是正当的交换主体。小偷、盗贼对他们的赃物、有自主行为能力的自然人对不属于他们的东西，都不具有交换和处置的权利，也不是正当的市场交换主体。

其三，交换形式和程序正当。即使是正当的市场交换主体，对他们拥有权利的正当交换内容，在交换过程中还必须满足程序或形式上的正当。如果形式和程序不合理，该交换仍然不能说是正当的。比如武力或权力胁迫下的交易、违背交易流程的暗箱操作，等等。

第二，市场交换自由。法国经济思想家弗雷德里克·巴斯夏（Frédéric Bastiat），作为经济自由主义的拥护者，极力主张市场交换自由，并作了强有力的辩护。他认为市场交换应当是"我所感兴趣的应由我自己来选择，不要别人违背我的意志替我做出选择，仅此而已。如果有人在与我的买卖中企图将他的意志加于我，那我可在与他的交易中依法炮制。如何确保事情更好地运转呢？显然，竞争即是自由，破坏了行动的自由，也就破坏了选择、判断、比较的可能性和能力；也就扼杀了智慧、思想和人"[①]。市场交换自由对效率和资源配置的强大作用力和影响力，决定了市场交换自由是交换伦理原则之一。出于对利益追逐的本性，市场主体在交换中必然会充分权衡收支与利益得失，并努力实现自身利益，这会诱使交换主体在生产过程中努力提高生产效率，以确保自己取得竞争和交换优势。而且只有自由的市场交换，才能使商品的供求信息、资源的稀缺程度等极其重要的市场信息，通过众多交换主体真实意愿表达所形成的价格体系得到正确反应，从而引导资源的最优化配置，提高资源使用效率。无理干涉必然造成交换主体意愿的不充分表

---

① ［法］弗雷德里克·巴斯夏：《和谐经济论》，许明龙等译，中国社会科学出版社1995年版，第287—288页。

达,其直接后果是市场信息不能正确反应商品和资源供给的实际状况,导致资源不能合理配置,经济规律不能正常发挥作用,经济活动健康性、可持续性受到影响。我国目前在加快完善社会主义市场经济体制过程中有一个不能不引起人们高度重视的问题,就是对市场交换重干涉、轻指导,有些地方的政府部门习惯于指手划脚,直接干预,政策变化幅度大、稳定性不够,致使交换主体缺乏足够的自主性和自由,这严重制约了市场经济的健康发展。

第三,市场交换平等。马克思认为,市场交换双方地位平等是商品经济发展的基本规定。交换双方作为各自权利的拥有者,处于同一的规定性中,拥有平等的人格和地位,其对权利处置的意愿受到平等的尊重和保护。市场交换过程不会因为主体种族、国别、职业、职位、经济实力等的差异而存在任何不公正的偏向。只有市场主体地位平等,交换伦理从而经济伦理和正义才可能真正实现。此处"平等"包括以下三点:

其一,市场交换主体社会地位平等。市场交换主体只有在享有平等的社会地位时,才有独立、自由地支配自己所有物的可能性。在资本主义商品经济条件下,商品交换发展成为最重要、最普遍的经济行为。人们之间的交换关系也相应成为占统治地位的经济关系。而不同的商品为什么能够按照一定的比例或数量进行交换?马克思认为,这是因为不同的商品有"一种等量的共同的东西",即价值,或"无差别的人类劳动"。虽然劳动有着不同的表现形式,但它们都属于人类劳动,都属于人的脑、手、肌肉、神经等的耗费,人类劳动因此具有了等质性和可比较性,使不同的商品可以进行等价交换。这样,在商品交换中,不管交换主体日常生活中有什么样的经济地位和社会地位,一旦作为交换者来考察,其差别便全部消失了,剩下的只是他们作为交换价值占有者的身份和因此而完全平等的关系和地位。"他们所交换的商品作为交换价值是等价物,或者至少当作等价物……"[1] 正是这种等价物证明了交换主

---

[1] 《马克思恩格斯全集》(第30卷),人民出版社1995年版,第195页。

体价值的平等和社会地位的平等,他们之间没有任何差异和相互之间的对立。"主体只有通过等价物才在交换中彼此作为价值相等的人,而且他们只是通过彼此借以为对方而存在的那种对象性的交换,才证明自己是价值相等的人。"① 交换价值的交换因而成为一切平等和自由得以生成的现实基础。

其二,市场交换机会公平。这是指市场中的每个交换主体如企业,不论其成立历史、自然禀赋、经济实力、社会关系、社会声望和地位,都有同等的机会参与各种类型的交换。它是衡量交换主体地位平等性的一个重要表征,也是交换主体平等地位实现的重要路径。机会公平虽然不一定必然带来公平的结果,但没有公平的机会,结果必然不公平。

世界银行《2006年世界发展报告》指出,公平的基本定义,是人人拥有公平的机会。机会公平,向来是衡量一个社会或一种市场是否公正的重要指标,也被认为是实现公正的可行方式。社会或市场有责任为交换主体提供公平的机会。这样才能保证一种市场主体,无论实力、所属行业、所属国度,只需要具备相应的能力、相同禀赋和经营宗旨,就有同样的机会去获得理想中的社会位置,拥有大致相同的发展前景。相对于交换,只有交换机会面前人人平等、所有市场主体平等,才能真正减少那些社会偶然因素对交换的影响,市场特权、各种差别待遇不受认可,交换主体才能做到对各个交换领域的平等参与,使资源不论其占有主体的自然特性,均可得到平等的配置与使用,提高资源利用效能,对于交换主体来说,也才能保证类似的交换获得同等次的利益,从而实现收益公平和等价交换,做到真正的经济地位平等,而这正是社会地位平等的重要基础。

其三,市场交换规则公正。这意味着交换规则面前人人平等、所有市场主体平等,没有特权,也没有区别待遇。在相同的交换条件下,所有交换主体接受同一规则的约束和指导,不会因自然禀赋、社会关系、

---

① 《马克思恩格斯全集》(第30卷),人民出版社1995年版,第196页。

经济实力等而产生例外。要做到这一点，一是交换规则内容本身必须合理和公正，不能违背法律和道德，并因符合社会成员的普遍利益而为社会成员所认同和接受。二是规则使用公开、透明和稳定，范围普遍。公开和透明，是为了接受广泛监督和保证使用程序公平公正；稳定，是为了使交换主体对交换的结果和未来发展有一个客观而精准的预期，从而准确调整自己的行为；普遍，是要求规则适用于所有被约束的对象，而不会因为那些偶然因素而产生差别待遇。三是制定规则的程序公开、透明，这样才能确保规则的内容客观、公平、合理，使规则制定过程不会受到特定利益群体的影响，规则不会迎合特定利益群体的偏好，从而避免不公平待遇。

第四，市场交换后果无害。这一原则包括以下要求：其一，交换后果不得有害于交换主体利益。交换主体参与任何形式的交换，其最终目的都是为了自己的利益。哪怕是明显利他的交换，仍然出于主体对自身物质或精神利益满足的短期或长期考虑。利益是交换发生的现实基础。如果不能实现互利，主体就会失去交换的热情和信心，交换便不能产生，更不能延续，建立在交换基础上的资源流动、配置也不能成立。因此，交换的第一要义便是不得有害于主体利益，否则市场经济活动便不能正常进行，社会生产力会失去发展的动力，经济发展会遭受严重影响。

其二，交换后果不得有害于第三方。这一点是诸多思想家一再强调的基本原则。诺奇克认为，财产的所有权必须受到较弱的洛克条款的限制，即私有财产不得"使他不再能够自由使用（若无占有）他以前能够使用的东西"的方式使他人的处境变坏，即不得对第三方的利益造成不利影响①。他在论证交换正义问题时进一步强调了交换主体对第三方的义务，他认为，如果满足持有正义的条件，那么第三方仍然拥有其合法拥有的持有；第三方可以基于分配正义的理由向交换的参

---

① ［美］罗伯特·诺奇克：《无政府、国家和乌托邦》，姚大志译，中国社会科学出版社 2008 年版，第 211 页。

与者提出要求①。这一问题与权利和义务的相互联系有很大关系。一个人在享受获得利益的好处时，也必须承担对于他人的义务，两者是相辅相成、不可分离的。否则，当每个人都精于算计，将自己的利益建立在损害他人的基础上时，社会交往的根基就会遭到严重破坏，道德就会陷入沦丧的境地，社会也会因为猜忌以及频繁的互相伤害而陷入混乱与无休止的纷争。一旦社会稳定遭到破坏，权利得不到保障，交换本身也会演变成没有任何意义的行为。

其三，交换后果不得造成对社会的不利影响。不遵守不伤害第三方之原则的直接后果，必然是造成对社会的不利影响。交换行为如果不能遵守对第三者、对社会的基本义务，那么社会随时会陷入一盘散沙和分崩离析的危险。不过这里仍需要将对"第三方"的无伤害原则，和对"社会"的无伤害原则加以区分。对"第三方"的无伤害原则更大意义上是针对局部的个体或群体、企业提出的，要求主体在进行交换时，不得对身边的个人或小范围的群体、企业造成不利影响，违背这一原则的结果一般是小范围的，只有当违背这一原则成为社会普遍现象时，才会形成对社会发展的重大干扰；对"社会"的无伤害原则，更强调交换双方在进行交换时，应牢记并遵守对社会、对公众的义务，并时刻预防可能产生的不利后果。比如大规模的股权交易必须防止垄断的产生、大量的木材销售也必须防止过度砍伐林地而造成对生态的破坏等。每个人，每个经济主体，作为社会的一员，都应主动承担维护社会利益的基本责任，并切实履行相应义务，只有社会发展，个人或经济主体发展才有更坚实、更广阔的平台；每个人，每个经济主体，作为社会组织的基本成员和社会活动的参与者，都必须遵守不得有害于社会的基本义务，这是人作为人、经济主体作为经济主体的最基本的道义选择。

---

① ［美］罗伯特·诺奇克：《无政府、国家和乌托邦》，姚大志译，中国社会科学出版社2008年版，第193页。

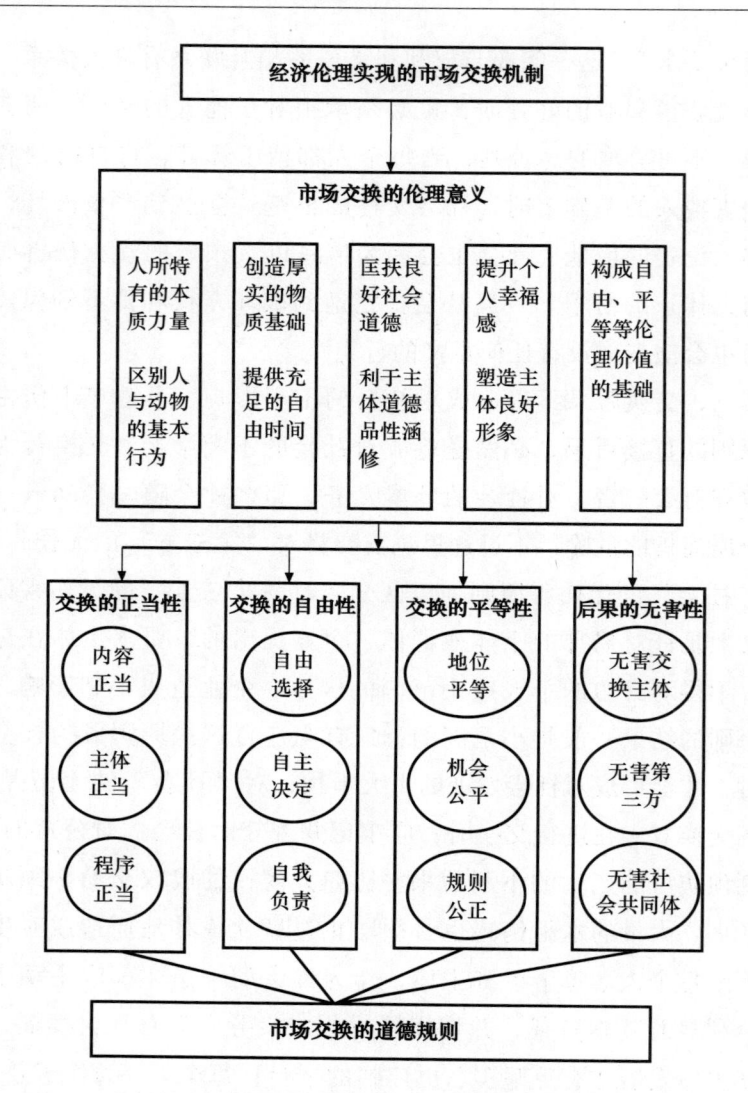

```
                  ┌─────────────────────────────┐
                  │  经济伦理实现的市场交换机制  │
                  └──────────────┬──────────────┘
                                 ▼
    ┌────────────────────────────────────────────────────────────┐
    │                  市场交换的伦理意义                        │
    │  ┌──────┐ ┌──────┐ ┌──────┐ ┌──────┐ ┌──────────┐          │
    │  │人所特│ │创造厚│ │匡扶良│ │提升个│ │构成自由、│          │
    │  │有的本│ │实的物│ │好社会│ │人幸福│ │平等等伦理│          │
    │  │质力量│ │质基础│ │道德  │ │感    │ │价值的基础│          │
    │  │      │ │      │ │      │ │      │ │          │          │
    │  │区别人│ │提供充│ │利于主│ │塑造主│ │          │          │
    │  │与动物│ │足的自│ │体道德│ │体良好│ │          │          │
    │  │的基本│ │由时间│ │品性涵│ │形象  │ │          │          │
    │  │行为  │ │      │ │修    │ │      │ │          │          │
    │  └──────┘ └──────┘ └──────┘ └──────┘ └──────────┘          │
    └────────────────────────────────────────────────────────────┘
```

交换的正当性	交换的自由性	交换的平等性	后果的无害性
内容正当	自由选择	地位平等	无害交换主体
主体正当	自主决定	机会公平	无害第三方
程序正当	自我负责	规则公正	无害社会共同体

```
                  ┌─────────────────────────────┐
                  │      市场交换的道德规则     │
                  └─────────────────────────────┘
```

图 11-1　经济伦理实现的市场交换机制结构图

第十二章　经济伦理实现的资本节制机制

当代中国经济伦理实现机制的建构，是在加快完善社会主义市场经济体制这一宏大背景下进行的，不仅经济主体自身要真正落实经济伦理，社会也需要大力发展经济伦理、加强社会道德建设，为经济主体落实经济伦理创造社会条件，这样，在这一过程中就有一个不可回避的问题，即市场经济最基本的前提——资本对经济主体经济伦理实现机制的建构、对社会经济伦理建设到底起何作用。我认为，资本具有不容忽视的伦理效应，这种伦理效应包括积极的和消极的两个方面。本章试图以马克思在《资本论》中对资本进行历史唯物主义的伦理肯定和辩证唯物主义的道德批判为文献基础，结合他的其他著述，在澄清学界"资本非道德性神话"和"资本纯粹是恶"两种认识误区的基础上，分析资本与道德的联结，仔细考察资本的伦理正负效应，并试图提出资本伦理效应的扬正抑负之对策与措施。这种对策和措施也是构建我国广大经济主体经济伦理实现机制的极为重要的一环。

一　资本是非道德的吗？

中国学界许多学者从经济哲学、经济伦理学角度对资本进行过多方面的给人们以深刻启示的探讨，其中有一种观点认为，资本属非道德——不能对其进行道德评价——的领域。这种观点因为把资本和道德划分为两个不搭界的领域，因而资本对道德建设没有任何作用。我认为这种观点是有问题的。如果资本是非道德的，那就是说只要是在市场经济领域，资本导致的所有后果都是合理的，对它也是无法进行伦理规约的，只能任其肆虐，然而事实上人们已对资本的肆虐行为批评有加。

资本并不是非道德的。德·乔治曾对流行于美国商界的认为企业主要是利润有关、伦理和企业完全是说不到一起的两回事这种"企业非道德性神话"进行过严厉批评，他认为企业和道德在许多方面息息相关，丑闻的曝光和随之而来的公众反应、环保主义者和消费者权益保护运动、新闻媒体对企业在道德中角色的关注以及有关伦理行为和伦理计划的公司守则大量出现等清楚地表明这种神话的破灭①。我们知道，市场经济中，企业是最重要的市场主体。资本是市场经济的真正前提，同样也是企业的真正前提。如果说资本非道德，那也就是说企业非道德。可是企业非道德并不成立。因此，资本非道德也不成立。那么资本与伦理到底如何联结呢？

"资本"一词出现的准确年代已难以考证，大致说来，它出现于17世纪30年代。随着经济的发展，资本不断进化，到今天，它出现了各种表现形态或类别。一是实物资本，主要包括商品资本、产业资本、金融资本等。因为商品、资产或社会生产资源、资金或货币等直接就是实物，所以许多文献在解释资本时，都把它当作一种实物。如《牛津英语词典》说："用于再生产的财富积累。"《现代汉语词典》解释为"用来生产或经营以求牟利的生产资料和货币"和"比喻牟取利益的凭借"，像政治资本；政治经济学解释为"能够增殖的价值，即经济活动中表现为生产要素或经营投入的价值，并可以产品形态和货币形态存在"②。二是人力资本。这主要是经济学家西奥多·W. 舒尔茨（Theodore W. Schultz）和加里·贝克尔（Garys Becker）于20世纪60年代把"人力"引入经济学分析而提出的一个新的资本概念，其意是指受过教育和

---

① ［美］理查德·T. 德·乔治：《经济伦理学》，李布译，北京大学出版社2002年版，第9—11页。

② 张卓元主编：《政治经济学大辞典》，经济科学出版社1998年版，第80页。

培训的劳动者所具有的知识、才干、技能、资历等被投入生产经营之中，能决定实物资本的利用率，获得价值增殖和收益，因而人力也是资本。人力资本概念确证了资本的人学维度。三是社会资本。20世纪80年代初，一些社会学家、哲学家、文化学者，如科尔曼、普特南、布迪厄等，出于人际关系、社会结构、文化传统也对经济活动产生影响的原因，提出了对应于实物资本、人力资本的又一个新的资本概念，即社会资本。社会资本的内涵极为丰富，社会的历史传统、行为规范、价值观念、理想信念、伦理道德、行为范式、制度结构、文化模式、政策选择等都可以影响经济活动，发挥作为资本的提高效率、实现增值的功能和作用。社会资本概念极大地彰显了资本的伦理维度。还有一些学者提出了文化资本概念，我国学者王小锡教授还提出了道德资本概念，我认为它们其实都可以被纳入到社会资本概念之中。

不管资本概念如何演化，人类思想史上真正全方面地研究了资本并揭示了其本质的，首推马克思及其《资本论》。他认为，资本是能够带来剩余价值的价值。市场经济下的资本首先是一种商品，但其并不是一个自然物品，而是一种社会关系——物质的社会关系。"资本不是一种物，而是一种以物为中介的人和人之间的社会关系。"[①] 根据马克思的这一论断，我们完全可以推知，与资本这种物质的社会关系相适应的必定会有一种精神的社会关系，而这种精神的社会关系中就必定包含着伦理关系。马克思曾经精辟地揭示过市场经济的伦理特征，即"自由、平等、所有权和边沁"。既然这是市场经济的"普遍伦理"，显然也是资本的"普遍伦理"。因此，资本作为一种特定社会关系的载体，必然具有相应的伦理属性，与伦理相联结。那么，资本的伦理属性是什么？

唐凯麟教授曾经深入地分析过商品生产的伦理属性，这可以为我们分析资本的伦理属性提供深刻启迪。他认为，与自然经济条件下的产品生产不同，商品生产是为了交换而进行的产品生产，即是"一种为满足他人或社会需要（通过市场交换）而进行的生产"，这种"特定的规定

[①] 《马克思恩格斯文集》（第5卷），人民出版社2009年版，第877页。

性决定了它首先是一种为他性生产、服务性生产"；但是这种为他性、服务性生产的目的又是为了商品生产者自身的需要和目的，即商品的交换价值和商品生产者的利润，因此，"商品生产同时又是一种为己性的生产、谋利性的生产"。这样，商品生产同时具有为他性和为己性、服务性和谋利性的二重属性。伦理学将这种二重属性判定为"伦理二重性"①。

那么，如何理解伦理属性？"伦理"范畴可拆分为"伦"和"理"两个范畴，"伦"本指人与人之间的辈份或上下、先后、大小、老少等秩序，引申为人与人的关系；"理"是指调节"伦"的道理、规则、标准等。因此，伦理本质上就是一种人与人的关系，伦理与伦理关系是同义语。但是，由于人本质上是社会关系的总和，因而伦理关系又是社会关系。

作为社会关系的伦理关系既是客观的，也是主观的。客观的伦理关系是"现实的社会结构中的关系"，具有实体性，这样看来，伦理关系就是全部生活，即"现实的家庭、社会和国家等复杂的组织系统，体现为超出个人主观意见和偏好的规章制度与礼俗伦常，表现为维系和治理社会秩序和个人行为的现实力量"②；主观的伦理关系是人们通过理性和思维从现实的社会结构关系中抽象出来的，是思想观念关系，具有主观性。但是，客观的或主观的伦理关系只是思维中的区分，现实中它们是统一的，"是由客观关系和主体意识统一形成的关系"③，都是适应于调整人们的利益关系之需要而产生的。恩格斯说："人们自觉地或不自觉地，归根到底总是从他们阶级地位所依据的实际关系中——从他们进行生产和交换的经济关系中，获得自己的伦理观念。"④ 其中"生产和交换的经济关系"就是经济领域中客观的伦理关系，"伦理观念"就是

---

① 唐凯麟：《伦理大思路——当代中国道德和伦理学发展的理论审视》，湖南人民出版社2000年版，第51页。
② 宋希仁：《论伦理秩序》，《伦理学研究》2007年第5期。
③ 宋希仁：《马克思恩格斯道德哲学研究》，中国社会科学出版社2012年版，第248页。
④ 《马克思恩格斯文集》（第9卷），人民出版社2009年版，第99页。

调整这种经济关系的主观伦理关系。而"每一既定社会的经济关系首先表现为利益"①。因此，所谓伦理，从本质上看就是调节人与人、人与社会的利益关系的意识、规范和活动。这种利益关系由道德来协调，由法律来控制。凡是存在利益关系需要处理和调整的时候和地方，就会有道德和法律的存在，也就会有相应的伦理属性。因此，所谓伦理属性，就是指需要由道德和法律调整利益关系的属性。

资本同样也是市场经济条件下必不可少的商品，如果说市场经济下商品生产都具有伦理二重性，那么资本也同样具有"为他性和为己性、服务性和谋利性"相统一的"伦理二重性"。如果说伦理关系是实体性关系，家庭、社会、国家、规章制度等是伦理实体，那么资本也是伦理实体。因为它同样是一种社会关系，同样需要道德和法律来调整利益关系。这种利益关系也就是资本的为他与为己、服务与谋利之间的关系。资本的为他性、服务性就是资本有利于他人、有利于社会，或者说对他人和社会具有道德上的好和正向价值的属性；资本的为己性、谋利性就是资本有害于他人、有害于社会，或者说对他人和社会具有道德上的坏和负向价值的属性。通过内在地集为他性和为己性、服务性和谋利性于一身，资本与伦理有机地联系起来。

二 资本的伦理正效应

学界还有一种观点认为，资本属道德领域，但它本性上就是不道德的，是一种纯粹的恶。这种观点因为把资本本性界定为恶，因而资本对道德建设只有负效应。我认为，这种观点也是有问题的。如果资本本性上就是恶，那就是说它是要被抑制住的、被抛弃的，但为何人们仍然要充分利用它以发展市场经济呢？前文已述，资本具有为他性、服务性的属性，这一属性实质上是资本的伦理正效应。思想史上许多思想家都肯定资本的伦理正效应，特别是马克思用"资本的文明化"或"资本的

---

① 《马克思恩格斯文集》（第3卷），人民出版社2009年版，第320页。

文明面"这一范畴来标识这种伦理正效应。"在资本的简单概念中必然自在地包含着资本的文明化趋势……"① 那么，资本到底有哪些文明面？"资本的文明面……是，它……有利于生产力的发展，有利于社会关系的发展，有利于更高级的新形态的各种要素的创造。"② 从这里，我们可以清楚地看出，马克思向我们宣示了资本的三个方面的伦理正效应。

（一）发展生产力，造就富裕社会，为道德建设提供物质基础

"资本一出现，就标志着社会生产过程的一个新时代。"③ 资本的目的是为了榨取工人的剩余价值，因而它必然要极大地提高和发展生产力。"资本……为了增加相对剩余时间，必然把生产力提高到极限"④。资本主义制度下资本榨取剩余价值的方法主要有两种：一是通过绝对延长工作日、提高工人劳动强度的方法来榨取绝对剩余价值；二是通过采用新技术、提高劳动生产率以缩短必要劳动时间而延长剩余劳动时间来榨取相对剩余价值。前一种方法由于极其野蛮而遭到工人阶级的反抗，后一种方法由于赋予生产以科学的性质或者说使科学在工艺上得到应用而具有文明性，并极大推动生产力的发展。"整个生产过程不是从属于工人的直接技巧，而是表现为科学在工艺上的应用的时候……资本才获得了充分的发展……才造成了与自己相适应的生产方式。"⑤ 因此，通过提高生产力以榨取相对剩余价值是资本成熟的标志，也是其进步性。20世纪70年代以来，以电子、激光、航天和生物工程为代表的新科技革命使发达资本主义国家的生产过程自动化程度显著提高，虽然这没有改变剩余价值的源泉仍然是工人的剩余劳动，但也同时降低了工人劳动强度、改善了工作环境，相较于此前的剩余价值榨取方法，这显得人道化一些。

---

① 《马克思恩格斯文集》（第8卷），人民出版社2009年版，第95页。
② 《马克思恩格斯文集》（第7卷），人民出版社2009年版，第927—928页。
③ 《马克思恩格斯文集》（第5卷），人民出版社2009年版，第198页。
④ 《马克思恩格斯全集》（第30卷），人民出版社1995年版，第406页。
⑤ 《马克思恩格斯文集》（第8卷），人民出版社2009年版，第188页。

以榨取剩余价值为目的的资本一方面导致工人的贫困、没有尊严；但另一方面又的确使资本主义国家经济繁荣，社会富裕。因此，资本确实具有造就富裕社会的伦理正效应。亚当·斯密认为，分工和市场交换是国家财富积累的源泉，而分工和市场交换的可能性则是由资本提供的。企业家利用积累的财富创办专业化的企业，企业生产的产品被他们拿去交换需要的其他物品。资本积累越多，专业化分工越有可能，生产力也就越有可能提高，社会富裕程度也就越高。考克斯圆桌组织全球执行官斯蒂芬·杨（Stephen Young）认为，资本不仅可以提供自由、萌生民主、抑制了封建势力等，而且可以通过如下办法让贫困走开：通过社会向个人尤其是贫困人士提供他们可以获得复合利率的金融机构、为那些在人生起跑线上并不具备物质优势的人配备提高小额信贷和生产力的机制、将教育资本置于贫困人士可以触及的范围之内等①。秘鲁经济学家德·索托（Hernando de Soto）也说："资本具有提高劳动生产力、为社会创造财富的力量，它是资本主义制度的生命线，是国家发展和进步的根基。"②

任何社会的道德建设包括经济伦理建设都必须在一定物质基础上进行，管子说："仓廪实而知礼节，衣食足则知荣辱。"（《管子·牧民》）人们不可能饿着肚皮来搞道德建设，物质匮乏的基础上不可能挺立起现代道德生活和道德文明的大厦。恩格斯在总结马克思的伟大贡献时说："马克思发现了人类历史的发展规律，即历来为繁芜丛杂的意识形态所掩盖着的一个简单事实：人们首先必须吃、喝、住、穿，然后才能从事政治、科学、艺术、宗教等等；所以，直接的物质的生活资料的生产，从而一个民族或一个时代的一定的经济发展阶段，便构成基础，人们的国家设施、法的观念、艺术以至宗教观念，就是从这个基础上发展起来

---

① ［美］斯蒂芬·杨：《道德资本主义：协调公益与私利》，余彬译，上海三联书店2010年版，第74—77页。
② ［秘鲁］赫尔南多·德·索托：《资本的秘密》，于海生译，华夏出版社2012年版，第5页。

的，因而，也必须由这个基础来解释，而不是像过去那样做得相反。"①随着资本的发展而带来的社会生产力的极大发展，必然积累更雄厚的社会财富，使人们的生活水平得到极大提高，这也就为社会道德建设和经济伦理的发展提供了更好的物质条件。虽然物质生活水平的提高与道德进步和更优经济伦理之间并非必然是正相关关系，但社会道德和经济伦理的整体进步决不可能脱离物质生活水平的发展。

（二）发展社会关系，为个人的全面发展提供可能

当资本推动生产发展起来后，流通和交换也就迅速发展起来。"资本的趋势是（1）不断扩大流通范围；（2）在一切地点把生产变成由资本推动的生产。"②之所以如此，是因为流通和交换环节不创造剩余价值，剩余价值是生产环节创造的。为了获得更多的剩余价值，资本必然要求资本家发展交通运输以缩短流通时间、加快交换，从而扩大生产。"资本按其本性来说，力求超越一切空间界限。因此，创造交换的物质条件——交通运输工具——对资本来说是极其必要的：用时间去消灭空间"③。而资本的扩大流通、超越空间界限的趋势也就自然地拓展了人们的社会交往，使社会关系得到发展。

为了"推广以资本为基础的生产或与资本相适应的生产方式"④，资本"具有创造越来越多的交换地点的补充趋势"⑤，它必须到处落户，到处开发，到处建立联系，把交换的范围扩展到整个地球，以创造世界市场。这一过程对人的社会关系有两方面的积极后果：一是从时间维度看，资本破坏并"克服流传下来的、在一定界限内闭关自守地满足于现有需要和重复旧生活方式的状况"⑥并使之不断革命化，即迫使不想灭

---

① 《马克思恩格斯文集》（第3卷），人民出版社2009年版，第601页。
② 《马克思恩格斯文集》（第8卷），人民出版社2009年版，第89页。
③ 《马克思恩格斯全集》（第30卷），人民出版社1995年版，第521页。
④ 《马克思恩格斯文集》（第8卷），人民出版社2009年版，第88页。
⑤ 同上。
⑥ 同上书，第91页。

亡的民族选择新的资产阶级的生产生活方式，从而使人类出现崭新的社会交往形式。二是从空间维度看，资本传播了文明，加强了人与人的世界性联系，从而使人类出现崭新的交往空间。"由于开拓了世界市场，使一切国家的生产和消费都成为世界性的了……过去那种地方的和民族的自给自足和闭关自守状态，被各民族的各方面的互相往来和各方面的互相依赖所代替了。"①

资本发展了社会关系，从而使个人的全面发展成为可能。个人要实现全面发展必须经过"人的依赖关系""以物的依赖性为基础的人的独立性"、自由个性三个阶段，正是第二阶段创造的"普遍的社会物质变换、全面的关系、多方面的需要以及全面的能力的体系"②为个人的全面发展提供了条件。个人的全面发展是指个人的能力、社会关系、自由个性等的全面发展，它同样也是伦理道德发展的定位和定向仪。同时，道德方面的发展也是个人全面发展的重要方面。因而，资本为个人的全面发展提供可能，也就为个人的道德发展提供了可能，它同样创造了个人的全面的道德关系、多方面的道德需要以及全面的道德能力的体系，使个人的道德全面发展成为一个可以期待的事情。

（三）创造高一级的道德形态并为其提供新的精神特质

资本创造出了新的社会形态。"只有资本才创造出资产阶级社会，并创造出社会成员对自然界和社会联系本身的普遍占有。"③ 资本主义社会相比于以前的只表现为人类的地方性发展和对自然的崇拜的社会，是人类社会形态的一次伟大更替，也是一个重大进步。从伦理学上来说，资本主义社会的出现也使人类道德出现新的形态。

按照马克思在《1857—1858年经济学手稿》中关于人的发展三阶段的论述，人类伦理道德也可相应地分为三种形态：一是建立在自给自

---

① 《马克思恩格斯文集》（第2卷），人民出版社2009年版，第35页。
② 《马克思恩格斯文集》（第8卷），人民出版社2009年版，第52页。
③ 同上书，第90页。

足的自然经济基础之上的依赖伦理或服从伦理,这种伦理是自然发生的,只是在狭小的范围内和孤立的地点上展开,以等级服从为特征;二是建立在市场经济基础之上的"以物的依赖性为基础的人的独立性"伦理,这种伦理是适应得到极大扩展的全面的交往关系的需要而发生的,是以商品、货币特别是资本等物的东西为纽带而建立起来的,以平等交换、公平竞争、遵守契约为特征;三是建立在超越市场经济而出现新经济形式基础之上的自由个性伦理,这种伦理是适应个人全面发展和他们共同的、社会的生产能力成为从属于他们的社会财富的需要而必然出现的,以全面发展、自由联合为特征。其中第二种伦理形态就是资本创造的,同时它也为更高一级的第三种伦理形态创造了条件,虽然它打破了依赖伦理的脉脉温情,造成了伦理关系的疏离与紧张,但正是由于资本的作用和"商业、奢侈、货币、交换价值的发展",使"家长制的,古代的(以及封建的)状态……没落下去,现代社会则随着这些东西同步发展起来"①;虽然依赖伦理表现出"原始的丰富性",但正是由于资本和"建立在交换价值基础上的生产"的作用,"……才在产生出个人同自己和同别人相异化的普遍性的同时,也产生出个人关系和个人能力的普遍性和全面性",使独立伦理发展起来。只有独立伦理发展起来,自由个性伦理才有可能。因为第二个阶段为第三个阶段创造条件。所以,"留恋那种原始的丰富,是可笑的,相信必须停留在那种完全的空虚化之中,也是可笑的"②。

事实上,资本主义社会及其独立伦理出现后,伦理的确也萌发了许多新的精神特质,而这些精神特质是依赖伦理中所没有的。英国著名实业人士哈里·宾厄姆(Harry Bingham)曾以赞赏的语气描述了这些精神特质,他认为通过资本,公司和资本家改变了你我的世界,资本富于创造力、不断推陈出新、活力十足、遵守道德、满怀激情,它从未消失,

---

① 《马克思恩格斯文集》(第8卷),人民出版社2009年版,第52页。
② 同上书,第56—57页。

也永远不会消失①。客观地看来，资本提供给独立伦理的新的精神特质主要有三点：

第一，竞争精神。资本具有鼓励竞争的趋势。为了获取剩余价值，资本与资本必然要展开竞争，而且鼓励竞争。"竞争一般说来是资本贯彻自己的生产方式的手段。"②"竞争不过是资本的内在本性，是作为许多资本彼此间的相互作用而表现出来并得到实现的资本的本质规定，不过是作为外在必然性表现出来的内在趋势。"③

第二，创新精神。为了在竞争中获胜，资本必然要利用先进的科学技术，所以资本又是创新的推动力量。马克思曾对资本的创新精神这样揭示：为了使自然界的一切领域都服从于生产，资本"就要探索整个自然界，以便发现物的新的有用属性；普遍地交换各种不同气候条件下的产品和各种不同国家的产品；采用新的方式（人工的）加工自然物，以便赋予它们以新的使用价值。要从一切方面去探索地球，以便发现新的有用物体和原有物体的新的使用属性，……因此，要把自然科学发展到它的顶点；同样要发现、创造和满足由社会本身产生的新的需要"④。

第三，职业精神。马克斯·韦伯认为，现代资本主义是在以新教伦理的天职观念和基督教禁欲主义为主要内容而形成的资本主义精神的推动下发展起来的。新教伦理和基督教禁欲主义认为，世俗中的人勤奋工作、诚实守信、积累财富是对上帝的遵从，是每个人的天职，否则，就要受到上帝的惩罚而不能进入天堂。这样，为了获得上帝赐予的幸福这种终极利益，"在现代经济制度下能挣钱，只要挣得合法，就是长于、精于某种天职的结果和表现"⑤。以合理合法的手段

---

① [英]哈里·宾厄姆：《资本主义万恶吗?》，王晓鹂译，中信出版社2012年版，第294页。
② 《马克思恩格斯全集》（第31卷），人民出版社1998年版，第128页。
③ 《马克思恩格斯文集》（第8卷），人民出版社2009年版，第95页。
④ 同上书，第89页。
⑤ [德]马克斯·韦伯：《新教伦理与资本主义精神》，于晓、陈维纲等译，生活·读书·新知三联书店1987年版，第38页。

挣钱、谋求最大化利益成了一种神圣的职业美德，成了资本家追求至善和人生终极目的的职业伦理精神。这些精神表现为资本家所追求的、具有实现可能性和合乎自己愿望的价值目标的伦理精神气质。这种伦理精神气质表现为两方面：一是资本家依赖资本的必然本性而对利润的追求精神；二是"为企业而企业"的主体精神——企业精神和企业家精神。马克斯·韦伯在分析清教徒从事谋利活动时，认为他们就是在听从上帝的"自我克制""忠于职守""为上帝勤劳致富""诚实守信"等教导，这种教导构成他们的一种精神气质，促使他们禁欲，不把积蓄挥霍掉，而是用于企业的发展，即"为企业而企业"的职业精神。

三　资本的伦理负效应

资本具有为己性、谋利性的属性，这一属性实质上是资本的伦理负效应。这种伦理负效应在马克思那里表现为他对资本的道德批判。"资本来到世间，从头到脚，每个毛孔都滴着血和肮脏的东西。"[①] 在马克思看来，以土地和生产资料的分散为前提的生产方式发展到一定的程度，就产生出消灭它自身的物质手段而必然要被消灭。"它的消灭，个人的分散的生产资料转化为社会的积聚的生产资料，从而多数人的小财产转化为少数人的大财产，广大人民群众被剥夺土地、生活资料、劳动工具，——人民群众遭受的这种可怕的残酷的剥夺，形成资本的前史。这种剥夺包含一系列的暴力方法……那些具有划时代意义的资本原始积累的方法"是通过"对直接生产者的剥夺，是用最残酷无情的野蛮手段，在最下流、最龌龊和最可恶的贪欲的驱使下完成的"[②]。由此看来，资本的伦理负效应主要有如下表现：

---

① 《马克思恩格斯文集》（第5卷），人民出版社2009年版，第871页。
② 同上书，第873页。

（一）腐蚀公共善

资本是市场经济最重要的前提。如果没有资本，就没有市场经济。从这一意义上看，市场经济就是资本经济，市场和市场价值观就是资本和资本价值观。然而，资本具有一种天然的扩张本性，这种本性会破坏社会公共善。迈克尔·桑德尔说："我们生活在一个几乎所有的东西都可以拿来买卖的时代……市场和市场价值观渐渐地以一种前所未有的方式主宰了我们的生活。但是……我们深陷此种境地，并不是我们审慎选择的结果，它几乎像是突然降临到我们身上似的。"[①] 当资本向人类非经济生活领域扩张时，会破坏公共善和社会公共生活，导致人类意义生活的丧失和价值世界的扭曲。如果社会公共生活中的一些物品如健康、教育、公共安全、国家安保、环境保护、艺术、公民义务、娱乐、生育及其他社会物品等被商品化，那么它们就会被腐蚀，意义被贬低。对价值不加道德判断而只是进行利润衡量是资本和市场逻辑的核心立场，"它逐渐抽空了公共话语的道德含义和公民力量，并且推动了技术官僚政治（亦即管控政治）的盛行，而这种政治正在戕害着当下的很多社会"[②]。

（二）加剧人的异化

资本能够增殖，但增殖是靠吸附活劳动实现的。马克思说："劳动是酵母，它被投入资本，使资本发酵。"[③]"资本只有一种生活本能，这就是增殖自身，创造剩余价值，用自己的不变部分即生产资料吮吸尽可能多的剩余劳动。资本是死劳动，它像吸血鬼一样，只有吮吸活劳动才有生命，吮吸的活劳动越多，它的生命就越旺盛。"[④] 但这种活劳动并

[①] [美]迈克尔·桑德尔：《金钱不能买什么·引言》，邓正来译，中信出版社2012年版，第XⅡ页。
[②] 同上书，第XⅢ页。
[③] 《马克思恩格斯全集》（第30卷），人民出版社1995年版，第256页。
[④] 《马克思恩格斯文集》（第5卷），人民出版社2009年版，第269页。

不是工人自由自觉的，而是雇佣关系下的唯一的谋生之途。形式上看，工人是自由的，但实质上"自由得一无所有；他们唯一的活路，或是出卖自己的劳动能力，或是行乞、流浪和抢劫"①。因而，这种劳动是异化劳动。在《1844年经济学哲学手稿》中，马克思分析了异化劳动的四种表现，并认为异化劳动是私有财产的直接原因，而在资本主义生产方式下，当私有财产"普遍地以资本的方式出现时，异化劳动的发展便获得了巨大的推动力"②。所以，"只有资本才是现代社会中普遍存在的异化劳动的真正的导演者"，它"试图突破一切可能的界限来加剧劳动的异化性质"③。马克思说："资本由于无限度地盲目追逐剩余劳动，像狼一般地贪求剩余劳动，不仅突破了工作日的道德极限，而且突破了工作日的纯粹身体的极限。"④ 资本加剧了劳动的异化，也就加剧了人的异化。在异化的人中，不仅工人异化了，人格化的资本即资本家也异化了。这些异化的人组成的资本主义社会整个就是一个异化的社会！

（三）破坏社会和谐

因为要增殖，所以资本有一种违法悖德的内在冲动。马克思引证托·约·邓宁（Denning）《工联和罢工》说："资本害怕没有利润或利润太少，就像自然界害怕真空一样。一旦有适当的利润，资本就胆大起来。如果有10%的利润，它就保证到处被使用；有20%的利润，它就活跃起来；有50%的利润，它就铤而走险；为了100%的利润，它就敢践踏一切人间法律；有300%的利润，它就敢犯任何罪行，甚至冒绞首的危险。如果动乱和纷争能带来利润，它就会鼓励动乱和纷争。"⑤ 资本的本质"就是自相排斥，也就是许多彼此完全漠不关心的资本"⑥，

---

① 《马克思恩格斯文集》（第8卷），人民出版社2009年版，第160页。
② 俞吾金：《实践与自由》，武汉大学出版社2010年版，第348页。
③ 同上书，第349页。
④ 《马克思恩格斯文集》（第5卷），人民出版社2009年版，第306页。
⑤ 同上书，第871页，注250。
⑥ 《马克思恩格斯全集》（第30卷），人民出版社1995年版，第404页。

它把人物化，把人的尊严变成了交换价值，破坏了一切封建的、宗法的和田园诗般的关系，使人和人之间除了赤裸裸的利害关系和冷酷无情的现金交易外再也没有任何别的联系，整个社会都淹没在利己主义打算的冰水之中。在资本的肆虐之下，这样的社会显然已无和谐可言，生活于这样的社会中的人也无幸福可言。

（四）造成自然的异化

资本的本性不仅加剧人的异化和人与人的社会关系的紧张与冲突，而且造成"自然的异化"[①]和人与自然的生态关系的紧张与对抗。马克思曾深入地揭示了资本对自然和生态环境的影响："如果说以资本为基础的生产，一方面创造出普遍的产业，即剩余劳动，创造价值的劳动，那么，另一方面也创造出一个普遍利用自然属性和人的属性的体系，创造出一个普遍有用性的体系，甚至科学也同一切物质的和精神的属性一样，表现为这个普遍有用性体系的体现者，而在这个社会生产和交换的范围之外，再也没有什么东西表现为自在的更高的东西，表现为自为的合理的东西……只有在资本主义制度下自然界才真正是人的对象，真正是有用物；它不再被认为是自为的力量；而对自然界的独立规律的理论认识本身不过表现为狡猾，其目的是使自然界（不管是作为消费品，还是作为生产资料）服从于人的需要。"[②]这就是说，资本在无止境追求剩余价值的本性驱使下，把自然从"自在的更高的东西""自为的力量"变成"真正是人的对象""真正是有用物"，变成"普遍有用性的体系"上的一环，而人们对"自然界的独立规律"的探索也不过是为了"服从于人的需要"，资本使自然沦为赚钱的工具。本来，自然应该是"自为的合理的东西"而具有超越性的，但资本使其一切领域都服从于生产，失去了这种超越性，从而异化了。自然的异化是由资本积累带来的，资本主义生产方式把它发展到极致，拼命

---

① 陈学明：《资本逻辑与生态危机》，《中国社会科学》2012年第11期。
② 《马克思恩格斯文集》（第8卷），人民出版社2009年版，第90页。

地盘剥自然，无止境地向自然索取，同时又肆意向自然排放废弃物，但自然是具有生态极限的，当这种索取超过自然的所有，就会导致资源枯竭；当这种排放超过自然的消化和承载能力，就会导致自然退化，从而使整个自然生态系统遭到破坏，出现环境危机。所以，资本无止境地追求剩余价值的本性具有造成自然的异化，破坏生态环境的伦理负效应。

  行文至此，我觉得有必要申明的是，如同作为一种经济形式的市场经济总是与一定社会生产方式和制度相结合一样，作为其前提的资本也是如此，因为它不过是发展市场经济的一种手段。上述资本的伦理负效应是它在资本主义市场经济下所造成的道德后果。那么，社会主义市场经济下的资本有没有伦理负效应呢？答案显然是肯定的，但是又不能简单地看待这种负效应。一方面，社会主义市场经济与资本主义市场经济有共性，即都是市场经济，都要依靠资本。既然要依靠资本，那么资本就脱离不了其本性，就一定会有伦理负效应。但另一方面，资本的伦理负效应能否发挥、发挥到何种程度又是受一定生产方式、社会经济和政治制度、意识形态条件决定的，因此在不同条件下其性质和程度都是有区别的。当具备一定社会条件时，其伦理负效应就会被激发；当缺乏一定社会条件时，其伦理负效应就能被遏制。资本主义市场经济和资本建立在资本主义生产资料私有制基础之上，以资本主义国家机器和政治制度为保障，有以个人主义为核心的资产阶级意识形态的辩护，这种条件决定了资本主义制度把少部分有产阶级的利益作为价值目标，把资本当作社会的最高力量和处理一切问题的终极原则，资本成为一种任何力量都无法限制的目的性价值，因此其伦理负效应被发挥到极致；社会主义市场经济和资本则建立在社会主义生产资料公有制占主体的经济基础之上，以社会主义国家机器和政治制度为保障，有以马克思主义为指导的、以人为本的科学发展观、社会主义核心价值观和习近平新时代中国特色社会主义思想这一中国特色社会主义意识形态的制约，这种条件决定了社会主义制度把社会和谐、共同富裕、人民福祉、民族振兴、国家富强作为价值目标，把满足占社会大多数的人民日益增长的美好生活需要、不断促进人的全面发展、全体人民共同富裕当作处理一切问题的根本原则，资本只是达成这一目标的、受人的全面发展范导的工具性价值，因此其伦理负效应即便不可能消除，但至少可以控制在最低程度，而不至于像资本主义社会那样任意泛滥。

四 扬正抑负之途

当今中国发展社会主义市场经济，同样必须依靠资本；在社会主义市场经济下进行道德建设包括企业道德建设，也不能忽视资本的伦理效应。但是，资本的伦理效应既有正效应，也有负效应；社会主义市场经济下的道德建设和经济主体经济伦理实现机制的建构应该激发正效应，抑制负效应。因此中国社会主义市场经济下的资本应该是有限制的资本。"现代工业的全部历史还表明，如果不对资本加以限制，它就会不顾一切和毫不留情地把整个工人阶级投入这种极端退化的境地。"① 有限制的资本就是伦理正效应得到发扬、伦理负效应得到抑制的资本。那么，如何对资本的伦理效应进行扬正抑负呢？

第一，坚持以人为本。增进财富是资本的唯一目标，而在实现这一目标的过程中，资本是以牺牲人为代价的。"资本主义生产比其他任何一种生产方式都更加浪费人和活劳动，它不仅浪费人的血和肉，而且浪费人的智慧和神经。"② 所以，资本可以增进财富、扩大社会交往，为人的全面发展创造条件，但不可能以人的生存和发展为目标。在利用资本发展社会主义市场经济、建立现代企业制度的过程中，我们必须正确处理资本与人的关系，摆正人和资本的位置；我们不能以资本为本，不能以物为本，而必须以人为本，即坚持资本为了人，而不是人为了资本。资本为了人，就是人驾驭资本，资本服务于人。只有这样处理资本

---

① 《马克思恩格斯文集》（第3卷），人民出版社2009年版，第70页。
② 《马克思恩格斯全集》（第32卷），人民出版社1998年版，第405页。

与人的关系，社会主义市场经济下社会和企业的道德建设、经济主体经济伦理的实现才有可能；如果资本凌驾于人之上，人拜倒于资本之下，那么人就会失去尊严，道德也会荡然无存。

第二，合理定位资本。人们的社会生活大致可以分为经济生活和非经济生活即政治生活、文化生活、社会公共生活、家庭生活等，合理定位资本就是要求我们必须把资本限定在经济领域，严防其向非经济生活渗透。也就是说，在经济领域，资本原则、利润原则、竞争原则等市场经济基本原则不能缺位，舍此则市场经济和企业不能发展；但在非经济生活领域则必须缺位，否则市场经济就不是社会主义性质的。如果非经济生活领域也通行这些原则，那么人们的整个社会生活包括道德生活就会经济化、资本化，一旦如此，政治腐败、价值迷失、公共善缺席、家庭解体等现象就会大量上演。只有合理定位资本，让资本在它应该发挥作用的地方生存和发展，其伦理负效应才能得到抑制，伦理正效应也能更好地凸显。

第三，明晰所有权。资本创造财富、造就富裕社会、推动企业等经济主体发展的伦理正效应的发挥依赖于人们对财产的所有权和经济主体对于自己的自主权。如果人们和经济主体对于资本带来的财富没有所有权，那么人们和经济主体就缺乏运用资本创造财富的积极性。索托认为，资本为什么只是导致了西方国家的繁荣，却没有为其他贫穷国家带来同样的财富呢？原因在于，贫穷国家没有关于资产的所有权文件表述，因而他们的资产只是一种僵化的资本。所以，所有权是资产转化为资本的动力机制，它具有确定资产的经济潜能、将分散的信息纳入一种制度、建立责任和信用体系、使资产具有可交换性、建立人际关系网络、保护交易等效应[①]。只有建立起完善的所有权表述体系，资产的潜能才能被激发，才能创造资本，而资本一旦被创造，富裕社会才能被造就。同时，历史唯物主义和产权伦理学表明，所有权也是道德产生的基

---

① ［秘鲁］赫尔南多·德·索托：《资本的秘密》，于海生译，华夏出版社2012年版，第37—49页。

础，它不仅有利于安定人们的生活心态、规范人们的行为选择，促进良好社会道德秩序的形成；而且因为确立了人们的财产权利而有利于挺立人格尊严和自由，也因为这种制度安排体现了社会正义而有利于优化社会道德风气、实现社会公平。所有权的这种伦理效应极有利于资本伦理正效应的发挥和伦理负效应的抑制。

第四，以制度约束资本，发展经济伦理和环境伦理。即便把资本严格限定在经济生活领域，经济生活领域也必须建立起健全的法律制度体系和经济伦理环境伦理价值规范体系，以便把资本关进制度和伦理价值的笼子里。以制度约束资本，它才不会在经济领域肆意横行；以经济伦理和环境伦理牵引资本，它也才不会到处攻城掠地，以至于破坏人与人的社会关系和人与自然的生态关系。亚当·斯密认为，经济人在一只"看不见的手"指导下，从自利的、谋求利益最大化的理性行为走向利他，增进社会公共利益。但是，这种行为必须建立在良好的法律制度和伦理道德规范的基础上。当代市场经济中，经济人就是资本家或企业家，而他们就是资本，同样受"看不见的手"的指导，因而要使资本的伦理效应得以扬正抑负，就必须夯实市场经济的法律制度和经济伦理环境伦理基础。

第五，提倡高尚道德。一个社会的伦理价值体系大致可以分为三个等级：一是守规伦理；二是互惠伦理；三是奉献伦理。守规伦理和互惠伦理都属较低层次的道德，奉献伦理则属高尚道德，因为它不求任何回报。资本的守规伦理就是资本运营必须符合普遍接受的法律制度和伦理原则，互惠伦理就是资本运营必须讲究互利互惠，经济伦理和环境伦理大致就在这两个层次上展开。但是，对于一个社会来说，仅仅发展经济伦理和环境伦理还是不够的，因为它们还不能让社会变得很美好。任何人都不愿意生活于一个不美好的社会。因此，社会还必须在这一基础上大力提倡奉献伦理，通过奉献伦理的引领和道德榜样的示范，带动资本伦理正效应的放大，以使其更好地服务于我国社会主义市场经济下广大经济主体的经营和发展及整个社会的进步和协调发展。

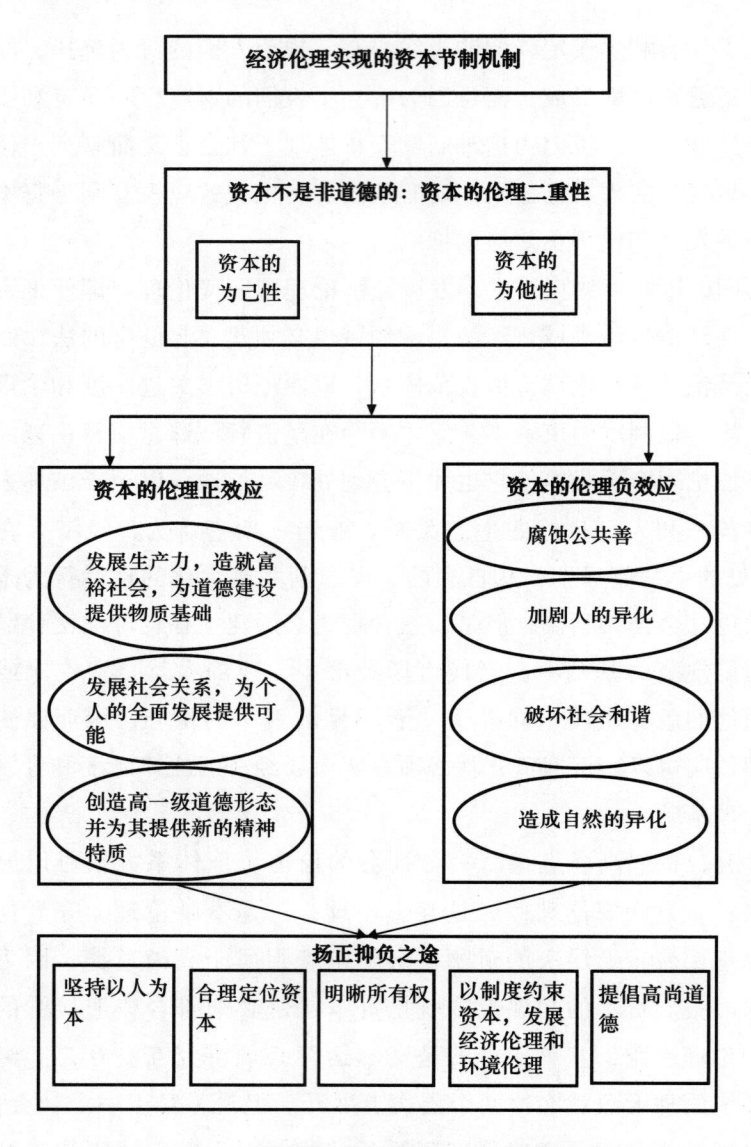

```
                    ┌─────────────────────────────┐
                    │   经济伦理实现的资本节制机制   │
                    └──────────────┬──────────────┘
                                   ↓
             ┌─────────────────────────────────────────┐
             │  资本不是非道德的：资本的伦理二重性       │
             │   ┌──────────┐         ┌──────────┐     │
             │   │ 资本的   │         │ 资本的   │     │
             │   │ 为己性   │         │ 为他性   │     │
             │   └──────────┘         └──────────┘     │
             └─────────────────────┬───────────────────┘
                                   ↓
      ┌──────────────────────┐         ┌──────────────────────┐
      │   资本的伦理正效应    │         │   资本的伦理负效应    │
      │                      │         │      ╭─────────╮     │
      │  ╭────────────╮      │         │     ( 腐蚀公共善 )    │
      │ ( 发展生产力，造就富  )│         │      ╰─────────╯     │
      │ ( 裕社会，为道德建设 )│         │      ╭─────────╮     │
      │ ( 提供物质基础       )│         │     ( 加剧人的异化 )  │
      │  ╰────────────╯      │         │      ╰─────────╯     │
      │  ╭────────────╮      │         │      ╭─────────╮     │
      │ ( 发展社会关系，为个 )│         │     ( 破坏社会和谐 )  │
      │ ( 人的全面发展提供可 )│         │      ╰─────────╯     │
      │ ( 能                )│         │      ╭─────────╮     │
      │  ╰────────────╯      │         │     ( 造成自然的异化 )│
      │  ╭────────────╮      │         │      ╰─────────╯     │
      │ ( 创造高一级道德形态 )│         │                      │
      │ ( 并为其提供新的精神 )│         │                      │
      │ ( 特质              )│         │                      │
      │  ╰────────────╯      │         │                      │
      └──────────┬───────────┘         └──────────┬───────────┘
                 └────────────────┬───────────────┘
                                  ↓
   ┌─────────────────────────────────────────────────────────────┐
   │                      扬正抑负之途                            │
   │ ┌──────┐ ┌────────┐ ┌────────┐ ┌──────────┐ ┌────────┐      │
   │ │坚持以人│ │合理定位│ │明晰所有│ │以制度约束│ │提倡高尚│      │
   │ │为本   │ │资本    │ │权      │ │资本，发展│ │道德    │      │
   │ │       │ │        │ │        │ │经济伦理和│ │        │      │
   │ │       │ │        │ │        │ │环境伦理  │ │        │      │
   │ └──────┘ └────────┘ └────────┘ └──────────┘ └────────┘      │
   └─────────────────────────────────────────────────────────────┘
```

图 12-1　经济伦理实现的资本节制机制结构图

第十三章 经济伦理实现的利益合作机制

美国著名行为分析及博弈论专家罗伯特·阿克塞尔罗德（Robert Axelrod）说："合作现象四处可见，它是文明的基础。"[①] 作为人类创造的一项巨大的、复杂的、综合性的文明成就，市场经济同样以合作为基础。市场经济是竞争经济，同时也是合作经济，竞争与合作构成市场经济整体的两个侧面。从伦理学上看，合作是人的德性和关怀、同情心等道德情操的体现，是一个道德范畴。因此，如果说合作是市场经济的伦理基础，那么利益合作就是当代市场经济的经济伦理基础。利益合作既是一种思想观念，也是一种行为活动。作为一种思想观念，利益合作构成中国社会主义市场经济的经济伦理价值前提；作为一种行为活动，利益合作又是我国广大经济主体实现经济伦理的机制或操作性平台。当前中国全面深化经济体制改革、完善和发展中国特色社会主义市场经济体制等，都离不开经济主体特别是广大企业之间的利益合作。因此，我们需要深入研究利益合作这种经济伦理实现机制，这对我国广大经济主体真正落实经济伦理、促进社会主义市场经济的良性运行意义重大。本章试图从经济伦理学角度探讨利益（主要是经济利益）合作的内涵、价值及社会主义市场经济条件下经济主体利益合作的促成方法。

[①] ［美］罗伯特·阿克塞尔罗德：《合作的进化》，吴坚忠译，上海人民出版社 2007 年版，第 3 页。

一　利益合作的学理内涵

合作是一个为许多学科所关注的问题，它不仅是思想史上的一个经典问题，也是当今学界仍然兴趣不减、孜孜以求的问题，当代新兴经济理论、博弈论、行为科学、人类学、伦理学和政治哲学等都对它做了富有启发的探讨。虽然各种理论在研究合作问题时具体切入点不一样，但一般说来，都是围绕"合作何以可能""合作如何进化"进行的。在提出本章关于利益合作的理解之前，我们有必要先扼要交待一下这些理论的合作观。

（一）当代学界关于合作的研究成就

1. 新经济理论的合作理论

当代新兴经济理论对合作的研究极有成效。亚当·斯密本来为西方经济学开启了两个传统：一是《国富论》宣称的出于经济人完全自私动机的市场竞争是创造奇迹和经济繁荣的关键因素，这一传统被大卫·李嘉图、费朗西斯·埃奇沃斯（Frances Edgeworth）、列昂·瓦尔拉斯（Léon Walras）及今天的新古典经济学继承和延续，直到现在仍然极为活跃、应者甚众；二是《道德情操论》揭示的出于人的同情和关心别人之利他动机的合作是社会和谐之所以可能的关键因素，这一传统也为休谟、托马斯·马尔萨斯（Thomas Robert Malthus）、涂尔干（Émile Durkheim）等所开创。然而，20世纪为市场经济体建言献策的经济学家和政策制定者逐渐遗忘了这一传统，而只留意于第一传统，"认为社会政策的目标是提高社会福利，手段则是给予物质刺激来诱使那些仅仅关注自身利益的行动者对公共产品做出贡献。这一模式没有给伦理学留出任何位置"[①]。为了准确探讨人的经济行为，恢复人的完整形象，西

[①] ［美］赫尔伯特·金蒂斯等主编：《道德情操与物质利益：经济生活中合作的基础》，李风华等译，中国人民大学出版社2015年版，第4页。

方自 20 世纪中期至 21 世纪初兴起了一系列迥异于新古典经济学的新经济理论，如实验经济学、行为经济学、演化经济学、计算经济学、神经经济学等，他们重拾斯密第二传统，一反"经济人"假设，提出 BPC 假设[①]、行为博弈假设、演化均衡假设三大理论假设，深入研究了经济生活中的合作、利他、互惠、团结、友善等行为，提出了许多新的结论。这些理论都把利他互惠、团结助人、诚信友善等理解为与合作具有相同内涵的范畴，并将其界定为"人类的亲社会行为与社会偏好"[②]。

赫尔伯特·金蒂斯（Herbert Gintis）等主编的《道德情操与物质利益：经济生活中合作的基础》是上述新经济理论研究合作的集大成。该书认为，市场中大量的人并不是出于理性自利而行动，而是出于强互惠动机或意愿而行动。根据动机是否涉己，该书把基于自利的合作、市场交换和礼尚往来指称为弱互惠，把非基于自利的合作指称为强互惠。"强互惠是一种与其他人合作的倾向，并且惩罚那些违反合作规范的人（如果必要的话，牺牲个人利益），但即使这样做，行动者也无法合理地预期在未来一个时期内是否能够补偿这些成本。"[③] 也就是说，强互惠的含义有两点：一是"某种与拥有类似意愿的人进行合作和分享的倾向（即便需要个人承担成本）"；二是"某种对破坏合作和其他社会规范的行动者实施惩罚的意愿（即便惩罚需要个人承担成本并且未来不太可能收回个人净收益）"[④]。

合作或互惠意愿是主体超越自利的社会偏好，它以经济主体的道德情操为基础，而不受主体的自私动机驱使。"个人似乎是通过积极地或消极地评价相关指涉对象的支付来表达他们的社会偏好的，从这个意

---

① 即"信念"（Beliefs）、"偏好"（Preferences）、"约束"（Constraints）的指代。这种假设认为，人的行为是在给定约束和信念的前提下，最大化自身偏好的过程（叶航、陈叶烽、贾拥民：《超越经济人：人类的亲社会行为与社会偏好》，高等教育出版社 2013 年版，第 3 页）。

② 叶航、陈叶烽、贾拥民：《超越经济人：人类的亲社会行为与社会偏好》，高等教育出版社 2013 年版，第 1—8 页。

③ [美] 赫尔伯特·金蒂斯等主编：《道德情操与物质利益：经济生活中合作的基础》，李风华等译，中国人民大学出版社 2015 年版，第 7—8 页。

④ 同上书，第 271 页。

上讲，社会偏好就是涉他偏好。"① 经济活动中既有主体受自身经济利益的驱动，也有大量主体受社会偏好的驱动。"如果一个人不仅关心分配给自己的经济资源，而且还关心分配给相关指涉对象的经济资源，那么这个人就表达了他的社会偏好"②。社会偏好有公正偏好、无条件的利他偏好、嫉妒偏好等许多种形式，强互惠是最重要的形式，只有它才是主体不考虑未来经济利益的偏好。因此，经常发生于经济生活中的强互惠或合作行为构成主体道德情操的核心价值。正是由于非常广泛而深入地探讨了经济合作，芝加哥大学法学院和政治学系教授凯斯·R. 桑斯坦（Cass R. Sunstein）教授如此评论："这本优秀的著作为合作的本质与效应提出了一组非凡的见解。它推翻了社会科学中广泛流行的人皆自私的观念；不仅如此，它还阐述了人类行为中合作的用处和限度。"

2. 博弈论的合作理论

这种合作理论以罗伯特·阿克塞尔罗德为代表，其《合作的进化》一书是博弈论及行为分析领域研究合作的经典。该书以"建立一个合作理论以帮助我们理解合作出现的必要条件"为目标，通过三届"重复囚徒困境博弈计算机竞赛"，发现在每轮竞赛中获胜的都是最简单的"一报还一报"或"针锋相对"策略。阿克塞尔罗德得出如下对于个人、组织、国家间合作产生和进化富有积极意义的结论：其一，"'一报还一报'和'一报还两报'都是'善良'的决策规则，它们决不会首先背叛"③。其二，"在条件具备时，没有友谊和预见，合作也可以产生"④。其三，"合作的基础不是真正的信任，而是关系的持续性。当条件具备了，对策者能通过对双方有利的可能性的试错学习、通过对其他成功者的模仿或通过选择成功的策略剔除不成功的策略的盲目过程来达

---

① ［美］赫尔伯特·金蒂斯等主编：《道德情操与物质利益：经济生活中合作的基础》，李风华等译，中国人民大学出版社 2015 年版，第 150 页。
② 同上书，第 151 页。
③ ［美］罗伯特·阿克塞尔罗德：《合作的进化》，吴坚忠译，上海人民出版社 2007 年版，第 42 页。
④ 同上书，第 47 页。

到相互的合作。从长远来说，双方建立稳定的合作模式的条件是否成熟比双方是否相互信任来得重要"①。这三点总结为一点，即"在适当的条件下，合作确实能够在没有集权的自私自利者的世界中产生"②。根据这些实验结论，阿克塞尔罗德对个人、组织和国家都给出了如何建立合作的建议。对于个人和组织，他建议"不要嫉妒""不要首先背叛""对合作与背叛都给予回报""不要耍小聪明"③；对于政府，他建议："政府不能只靠威胁来统治，而必须使大多数被统治者自愿服从"④。这一点特别值得深思！那么又如何促使合作得以进化呢？他建议"增大未来的影响""改变收益值""教育人们相互关心""教育人们要回报""改进辨别能力"⑤。

3. 伦理学及政治哲学的合作理论

社会契约论者的合作思想最有代表性。霍布斯曾提出建立"利维坦"即通过集权来促进人类合作；卢梭提出通过相互交往的自由人产生的"公意"的指导，签订"社会契约"、建立国家、设立政府即通过政府的治理来达致人类或社群合作；休谟则在《人性论》中表达了人类合作的三个"叠加的原因"，即"超越个人能力的（不可分割的）使命""基于专业化和交换之上的单位收益的提高""风险的控制"⑥，因而他提出通过限制自私动机并且激发、培养、鼓励公共精神动机来促进人类合作；罗尔斯提出"作为公平的正义"的《正义论》，其实也是探讨人类合作问题。罗尔斯认为，任何个人和团体都会在"无知之幕"后选择"作为公平的正义"原则，并按"最大最小值"规则选择制度安排，进行合作。他的两个正义原则实质上揭示了合作何以可能的答

---

① ［美］罗伯特·阿克塞尔罗德：《合作的进化》，吴坚忠译，上海人民出版社 2007 年版，第 126 页。
② 同上书，第 14 页。
③ 同上书，第 77 页。
④ 同上书，第 101 页。
⑤ 同上书，第 89—98 页。
⑥ ［德］乔治·恩德勒等主编：《经济伦理学大辞典》，李兆雄、陈泽环译，上海人民出版社 2001 年版，第 262 页。

案。其中第一个原则是阐述合作的政治条件，第二个原则中的第一方面即"公平的机会平等"原则和第二方面即"差别原则"都是阐述合作的经济底线，即收入和财富的分配"……必须合乎每个人的利益"①，特别是必须"有利于最不利者"②，如此人们才能合作。显然，根据这些原则，社会必须实行福利国家政策。因而，罗尔斯主张通过福利国家政策来促进人类合作。

社群主义也是合作理论中不可忽视的一脉。社群主义者虽然观点各异，但都强调：社会共同体优先于个人，自我总是"镶嵌于"一定社会共同体；国家是最重要的政治社群，应以美德教育公民并引导公民做出正确的价值选择，公民应关心国家事务并积极参与社会及政治生活；权利主要是一种法律权利、积极权利和集体权利等，这明显地是在探讨合作问题。特别是麦金太尔于1999年发表的《依赖性的理性动物：人类为什么需要德性》在本体论层面深入探讨人类的脆弱性和依赖性，认为人类生命的脆弱性和生存的依赖性使得人类只有在德性的状态下合作共处才能繁荣兴旺。其书虽然没有用到合作一词，但我们对他人的依靠是彼此的，因而也是互助的，互助就是相互合作。因而我们完全可以将该著看作是一部研究人类合作问题的精品力作。

中国传统文化，特别是儒家传统伦理文化一直以来就是以和谐为基本价值取向的文化，强调人与人、组织与组织、国家与国家的合作是其基本特征。张立文先生认为，和合是中华优秀传统文化的精髓，"中华民族自古以降，就崇尚正义与和合，对非正义的价值追求和道德行为深恶痛绝"③，在当今时代下，和合与正义一起构成当代社会冲突和危机的化解之道。陈来教授曾把中华传统价值观的基本理念或特征精辟地概括为"以人为本""以德为本""以民为本"和"以合为本"，认为

---

① ［美］约翰·罗尔斯：《正义论》，何怀宏等译，中国社会科学出版社1988年版，第61页。
② 同上书，第303页。
③ 张立文：《正义与和合：当代危机的化解之道》，《人民论坛·学术前沿》2015年第14期。

"以合为本""应该不仅仅是儒家,包括一些其他的思想系统,如道家也有这样的观点,所以可以说大部分中国人的古代思想,也是赞成这种观点的,叫做以合为本,合而不分"①。

(二) 利益合作的定义

作为人的行为,合作的内涵到底是什么呢?其英文表达是 Cooperation,直译即为"合作"。汉语中有很多语汇与"合作"具有相似、相近的含义,或者说这些语汇与合作相互注疏,比如互助互惠、和合、利他、团结协作、配合、守信、谦让、妥协、共生共存、同舟共济、众人拾柴火焰高等。《现代汉语词典》把合作解释为"互相配合做某事或共同完成某项任务",比如分工合作、技术合作。与合作关系最为密切的是和谐,但准确地说,合作更多地指向行为实践,而和谐则是一种精神理念;合作更多地指向活动过程,而和谐则是由合作带来的结果。我国经济学家韦森教授从一般意义上如此界定合作:"……合作,包括诸如劳动与社会分工、专业化,市场交易,合伙和共同经营企业,以及在经济组织、社会团体、政党、政治联盟和各种民间公益团体中人们的相互协作、交往和协调行动,等等。"② 其中包含经济合作、政治合作、社会合作等。张卓元先生主编的《政治经济学大辞典》中没有合作的概念,但有相同意义上的协作概念,协作是"部分劳动者或生产组织之间互相配合,有计划地进行协同劳动"③,它既可以表现在同一生产过程,也可以表现在不同但互相联系的生产过程。从类型上说,有简单协作和复杂协作两种形式。伦理学和政治哲学学者张康之教授、陈志尚教授的定义很值得重视。张康之说:"合作是人们为了行动而建立起来的密切

---

① 陈来:《中华文明的核心价值:国学流变与传统价值观》,生活·读书·新知三联书店2015年版,第209页。
② 韦森:《经济学与伦理学:市场经济的伦理维度与道德基础》,商务印书馆2015年版,第230页。
③ 张卓元主编:《政治经济学大辞典》,经济科学出版社1998年版,第303页。

联系以及相互协调的关系形态。"① 它有广义的和狭义的两种，广义的合作"具有三个层次或三种形式，即'互助''协作'和'合作'。互助是合作的低级形式，属于感性化的合作。协作的层次要高一些，是建立在工具理性的意义上的，具有形式化的特征，主要是以分工为前提的，其功能表现为行动者间的职能互补，而且，在宏观的社会层面上看的话，可以看到它服务于竞争的本性。……狭义的合作应当是基于实践理性的合作，它是在共同行动中扬弃了工具理性的一种行为模式"②。陈志尚主编的《人学原理》从历史唯物主义角度对合作所下的定义较为准确地提示了其本质："合作是人的特性，是人们交往的一种基本形式，是指个人与个人、群体与群体之间为达到某一共同目的，彼此以一定方式配合、协作的联合行动。"③

综上所述，笔者借鉴陈志尚主编《人学原理》关于合作的定义，从经济伦理学角度对经济领域的利益合作做如下界定：利益合作是经济主体比如企业的伦理特性，是经济活动中主体之间为达到某一共同目的而发生的相互配合、相互支持、相互协调的联合行动，是以主体的同情利他和利益为纽带而发生的一种社会经济交往关系，也是主体之间的一种经济伦理关系。

二 利益合作的伦理意蕴

利益合作是经济主体的行为或活动。经济主体一般包括个人和群体化的组织（企业、公司、集团、具有盈利性质的行业协会或团体等）两种类型。然而，正如社会是个人联合起来的产物一样，组织也是由联合起来的个人所构成的。因此，如果说合作是人的特性，那么利益合作也是企业等经济主体的特性。从伦理学上看，经济主体的这种特性就是

---

① 张康之：《合作的社会及其治理》，上海人民出版社2014年版，第93页。
② 同上书，第96—97页。
③ 陈志尚主编：《人学原理》，北京出版社2005年版，第238页。

伦理特性。根据历史唯物主义基本原理，相对于经济主体来说，利益合作具有实现利益需求、延续交往关系、彰显他者意识、展示道德情操等伦理意涵。

第一，利益合作实现经济主体的利益需求。麦金太尔说："我们人类在各种各样的苦难面前非常脆弱，大多数人都会受到严重疾病的折磨。而在对抗它们的过程中只有很少一部分取决于我们自己。在很多情况下，我们的生存，更不用说幸福，都要依靠他人，因为我们要面对身体上的疾病和伤害、营养不良、精神缺陷和困扰，还有人类之间的攻击与忽视。"① 生存、身体健康、生命安全、自由、精神愉悦、幸福等都是我们作为人的需要和目的，而当人进入市场经济活动成为经济主体时，人也会把这些需要和目的同时带入市场，希望通过市场来实现它们。所以，任何经济主体都有自己的需要和目的，即利益——物质利益和精神利益，此即主体的自我利益、个体利益，这是一个谁也无法否认的科学事实。但是，个体利益的满足必须借助于外界环境，包括自然环境和由人、组织、社会即其他主体所构成的人文环境，也就是麦金太尔所说的"依靠他人"中的"他人"（或"他组织""他主体"）。这种环境的存在和维系也是主体利益的组成部分，它表现为共同利益。主体的个体利益和主体间的共同利益都需要通过合作才能实现。一方面，个体利益的实现需要合作。市场上每一个主体都有自身的脆弱性、局限性，单靠自身力量是无法实现个体利益的。为了实现个体利益，每一个主体就必须与其他主体之间互相帮助、彼此合作。另一方面，共同利益的实现也需要合作。共同利益也是主体利益的重要构成，个体利益与共同利益相互对待、相互依赖、相辅相成，双方的实现有赖于对方的实现，因而共同利益即共同目标，是合作得以达成并得到维系的必要条件，没有它，合作就无从谈起。"合作的基本原则是理性地寻求整体利益的最大化"②。

---

① [美]阿拉斯戴尔·麦金太尔：《依赖性的理性动物：人类为什么需要德性》，刘玮译，译林出版社2013年版，第6页。
② 黄卫平、刘一姣：《竞合：经济全球化发展的一种新格局趋势》，《中国人民大学学报》2012年第2期。

第二，利益合作延续经济主体的交往关系。阿克塞尔罗德认为，真正的信任、友谊和预见并不是合作的必要条件，合作的建立和进化以双方稳定、持续的关系为基础。这个观点有两个含义：其一，利益合作的形成基于经济主体之间的社会经济交往关系和企业交往关系。经济交往关系是经济主体通过经济交往活动而结成的关系，经济交往活动是经济主体之间相互接触、相互竞争、相互合作、彼此交换或相互作用的活动；前者是对经济交往的静态描述，后者是对经济交往的动态刻画。经济交往有两种基本形式，即竞争和合作，它们都源于经济主体的利益需求。也就是说，主体在利益需要的驱动下，通过市场与其他主体发生经济交往，从而满足各自利益需要。但是，一方面，市场中的主体是各不相同的、彼此独立的，利益需要是有差异性的，因而相互之间会展开竞争；另一方面，主体又都同为平等的经济主体，利益需要又具有相似性、共通性，因而相互之间又会展开合作。所以，与竞争一样，合作也是经济交往的基本形式，而经济交往则构成竞争和合作的基本内容或实践基础。正是在这一意义上，利益合作实际上表现为主体之间的一种社会经济交往关系。其二，利益合作的进化延续和维系主体的经济交往关系。利益合作不仅有一个建立的问题，还有一个如何进化的问题。如果合作不能得到促进或繁荣，那么那种一次性的合作其实并不能充分显示合作行为本身的价值，也不能反映合作者参与合作的初衷。合作要得到进化就必须使主体都能做到眼前虑及长远，现在虑及未来，自身虑及他人，相互关心，相互回报，增强辨识能力，这样主体之间才能在一次次成功的合作之后又有进一步的稳定的合作，而稳定的合作就延续和维系着主体的经济交往关系。

第三，利益合作彰显经济主体的他者意识。作为一种经济交往关系，利益合作至少发生于两个经济主体之间，表现为两个主体之间互相为对方着想、互相利他的行为。互相利他的行为表现在精神层面就是主体的利他意识或"他者意识"。也就是说，合作要达成必须合作者都有一种他者或利他意识。"利他主义本身依赖于承认他人的实在性，依赖于把自己当作只是许多人当中的一个人的相应能力。"①他者意识是主体把自身和自身所属群体之外的其他主体也当作与自身和自身所属群体一样的主体予以承认、尊重、对待的意识,市场上主体与主体之间"互相承认对方是所有者,是把自己的意志渗透到商品中去的人……谁都不用暴力占有他人的财产。每个人都是自愿地转让财产"②。他者意识是合作得以可能的精神条件。如果市场上每个主体都没有相互承认的他者意识,而只有独白性认同的自我意识,那么合作是不可能的。当然,我们也不能因为强调他者意识就否认主体的自我意识,主体的自我意识和他者意识相互依存、相互印证。离开自我意识谈他者意识或离开他者意识谈自我意识都是不可想象的。因为这样既不能确立市场主体,也不能形成市场。

第四,利益合作展示经济主体的道德情操。利益合作的精神前提是主体的他者意识,而他者意识本质上就是道德意识,它与道德情感一起构成道德情操,道德情操又促成经济主体的合作行动。所以,从伦理学上说,利益合作根本上来自经济主体的道德情操。道德情操是道德情感和操守的结合,是构成道德品质或德性的重要因素,是主体所具有的一种高级的、稳定持久的、带有理性印痕的道德情感和品德。赫尔伯特·金蒂斯等实验经济学家认为,道德情操是经济生活中合作的基础,合作是人的本性和道德情操驱动下的行为。福山说:"人类本质上是社会性生物,其最根本的内驱力和本能会令他们塑造道德律令从而使他们以群体形式团结起来。并且,他们本质上也是理性的,其理性本质使得他们能自发地创造彼此合作的方式。"③"……人类本性上具有攻击性、热衷竞争、存在等级观念",但与此同时,人类也"天然爱好合作与和平、充满爱心……就进化论原则而言,这些判然二分的特性其实彼此间紧密

---

① [美]托马斯·内格尔:《利他主义的可能性》,应奇等译,上海译文出版社2015年版,第3页。
② 《马克思恩格斯全集》(第30卷),人民出版社1995年版,第198页。
③ [美]弗朗西斯·福山:《大断裂:人类本性与社会秩序的重建》,唐磊译,广西师范大学出版社2015年版,第10页。

相连"①。斯蒂芬·平克（Steven Pinker）认为，合作既来自人的内生力量即生来就有的某些动机，也来自于人造的外生力量即国家、商业、女性化过程、世界主义的力量、理性的滚梯②，他把促使合作形成的内生力量称为人性中的善良天使，包括移情、自制、道德感、理性四位。他说："人之初并非性本善，亦非性本恶，但是他们生来就具备某些动机，引导他们离弃暴力，趋向合作和利他。"③

三 利益合作对经济社会和企业等经济主体的价值

一个个体与另一个个体的相互联系和合作是个体合作，合作者向多方转变由多方同时进行的合作是全面合作。合作之所以必要就在于，合作能够产生"合作剩余"，即个体合作能够为个体带来益处，全面合作能够为组织、社会带来福祉。相对于技术合作、政治合作、文化合作、社会合作而言，经济领域的利益合作具有更为基础性的意义。它一旦形成并保持进化、繁荣，就可以对经济社会和企业等经济主体的发展产生重大价值。

第一，利益合作是市场经济发展的动力，是经济效率的源泉。利益合作是市场经济得以开展的与竞争并列的另一个重要动力。安德鲁·肖特在批判自由市场论证时说："自由市场论证假设，经济和社会主体是理性的……理性假设有两个组成部分——效益最大化和自利。前者是指社会和经济主体总是作出能为他们带来最大满足的决定。后者是指社会和经济主体在考虑一个社会状况（例如收入分配）的时候，只会关心

---

① ［美］弗朗西斯·福山：《大断裂：人类本性与社会秩序的重建》，唐磊译，广西师范大学出版社 2015 年版，第 176 页。

② 所谓理性的滚梯，在平克那里，意指在处理人类事务中具有越来越大作用的知识和理性。

③ ［美］斯蒂芬·平克：《人性中的善良天使：暴力为什么会减少》，安雯译，中信出版社 2015 年版，第 6 页。

自己得到多少财产，而不会理会这一状况对其他人的所得有何影响。"①这就是说，经济学家们只是片面地关注了自由市场经济发展的一个动力，即理性自利。然而，市场经济并不是以经济主体的自私动机为唯一动机的经济运行机制。亚当·斯密虽然肯定过人的自私的逐利动机，但他同时也肯定了人的利他动机，认为利他动机也是市场交换的动力。因此，市场经济实质上是内在地集利己与利他、竞争与合作于一身的人的活动。

与其他经济体制相比，市场经济是最有效率的。其效率优势既来自于正当竞争，也来自于合作互惠。经济效率一般有三种：生产效率、资源配置效率和 X 效率。生产效率是指经济主体投入与产出之比或生产要素使用是否合理而出现的效率，资源配置效率是指经济主体对资源的安排和配置是否得当而出现的效率。"X 效率是指由于投入产出比例与资源配置以外的原因而产生的效率或低效率。X 低效率就是一种尚未查明原因的效率损失，它与个人的努力程度不足有关，与人们之间的不协调有关，也与企业目标同职工目标不一致有关。"② 也就是说，X 效率与协调密切相关，是由企业等经济主体内部成员之间关系是否适应、协调，市场上主体与主体之间关系是否适应、协调所带来的。如果相互关系适应、协调则产生 X 效率，否则就产生 X 低效率。所以，"协调与适应……是产生效率的源泉"③。而协调与适应就是合作。"成功的合作就是通过协调、整合，使参与合作的各方都能充分发挥其能动作用，从而获得比合作前更多的利益。"④

第二，利益（经济）合作是社会合作的基础。一个社会的合作如果兴旺繁荣，表明这个社会具有很强的凝聚力、生命力，人们愿意生活于

---

① ［美］安德鲁·肖特：《自由市场经济学：一个批判性的考察》，叶柱政等译，中国人民大学出版社 2013 年版，第 2 页。
② 厉以宁：《超越市场与超越政府：论道德力量在经济中的作用》，经济科学出版社 2010 年版，第 21 页。
③ 同上书，第 47 页。
④ 陈志尚主编：《人学原理》，北京出版社 2005 年版，第 243 页。

其中，相互之间联系紧密而成为一个值得人们向往的共同体，因而合作是社会作为一个共同体而存在和发展的基本条件。斯密说："人类社会的所有成员，都处在一种需要互相帮助的状况之中，同时也面临相互之间的伤害。在出于热爱、感激、友谊和尊敬而相互提供了这种必要帮助的地方，社会兴旺发达并令人愉快。所有不同的社会成员通过爱和感情这种令人愉快的纽带联系在一起，好像被带到一个互相行善的公共中心。"① 按照领域来划分，合作可以分为不同的种类，它不仅包括经济领域的利益合作即经济合作，还包括政治领域的利益合作即政治合作、文化领域的利益合作即文化合作、技术合作、环境治理合作等，所有这些合作全部整合在一起就构成一个关于社会合作的系统。而在整个社会合作系统中，经济领域的利益合作即经济合作是基础。如果经济合作不能进化，社会合作也就不可能进化。虽然经济合作未必一定带来经济繁荣，但经济合作退化必然使竞争混乱，导致经济失序、发展不够，而这又使得整个社会合作失去物质前提。历史唯物主义认为，经济基础是全部社会结构系统的基本前提，因而经济合作也构成整个社会合作的基本前提。相比于过去，现代社会人们的经济生活要兴旺繁荣许多、生活水平也丰饶许多，但是人们相互之间的关系却反而变得冷漠、生活粘度或紧密度非但没有增强却反而疏离化、原子化，人们的社会交往非但没有扩展却反而变成相互防范甚至彼此封闭、画地为牢。这些都与经济合作没有得到合理形成和保持进化密切相关。因此，要建构整个社会合作、形成良序社会，首先就要形成经济合作。因为经济合作缺位必然造成竞争失序、经济关系失范，而这又必然造成社会冲突、人际关系紧张，导致整个社会合作无法形成，而如果一个社会没有合作，那么它必定缺乏凝聚力、协调精神、团结友爱精神，从而不能成为一个共同体，难以获得全面进步。

第三，利益合作强化并提升经济主体的道德素质。利益合作本来就建立在主体的科技水平、生产能力、合作精神、道德素质的基础

---

① ［英］亚当·斯密：《道德情操论》，蒋自强等译，商务印书馆 1997 年版，第 105 页。

上，如果主体没有一定的综合素养，合作不可能形成，更不可能保持和进化。但是，利益合作一旦形成并得以保持，那么它又能强化主体的道德素质和合作精神，并将它提升到一个新的高度。有合作精神的主体，一般都对利益合作于自身和其他主体的重要价值和意义有清晰的认知，因此他们大都具有开放意识，能够以开阔的视野和胸襟对新生市场、新兴技术、新产品和服务、新的贸易方式等持有敏锐嗅觉和接受能力，并积极参与其中；他们一般都具有良好的道德素养，能够相互为对方着想、相互信任，因为只有如此，他们才能相互接纳，并乐于相互合作。在第一次合作成功后，又会接着有下一次合作，随着合作的反复进行和次数的不断增加，成功的合作就会趋于稳定，主体的协调意识、责任感、亲和力等道德素质也会得到强化和提升。而主体道德素质的提升对主体节省资源、提高效率、塑造良好形象、拓展经济交往关系等意义重大！正是在这一意义上，人们认为，在当今市场经济社会，合作是经济主体特别是企业的一种能力，也是一种素质和涵养。

四 社会主义市场经济下经济主体之间的利益合作

中国社会主义市场经济条件下，经济主体是否需要合作？阿克塞尔罗德在其《合作的进化》中文版前言中说："随着中国从相对集权的经济与政治向市场经济与开放社会的转变，如何促进合作的问题就显得更为重要。中国要想充分发挥自己的潜能，合作是关键。"① 那么，我们到底应该采取何种具体行动，以便更有成效地推进社会主义市场经济下各经济主体尤其是企业之间的合作？

第一，培育社会网络，发展社群中介，为经济主体利益合作提供基

---

① ［美］罗伯特·阿克塞尔罗德：《合作的进化·中文版前言》，吴坚忠译，上海人民出版社2007年版。

础。实现主体的利益需求和延续主体的交往关系是合作的基本的道德功能，与此相应，经济主体大力培育社会网络，发展社群中介，就能为利益合作提供基础。社会网络和社群是指由那些具有共同利益、相似经验、共同目标和任务的人所组成的人际交往网络和中介组织。社会网络与社群的共同特点在于它们都建立在一定程度的信任和经常性的交流、交往、沟通的基础上；但是，它们也不是完全相同的：前者一般比较松散、不需要一定的规则标准、没有明确边界、更为开放，后者则相对集中、有共同行为及关于这种行为之意义的共识、成员与成员彼此了解。然而，它们都是经济主体生存和发展的社会资本，是人与人之间合作关系的基本体现。一个组织的社会资本是否丰厚，通过分析它的社会网络和社群发展状况就可以得到关键信息和答案；一个组织如果大力支持其社会网络和社群的发展，也就积聚了雄厚的社会资本，而这个组织也就具有强劲的团队精神、凝聚力和创造性。社会网络和社群对于合作的建立和进化具有至关重要的作用。"社会网络是合作的孵化器，特别是那种基于非外部奖励的自愿合作。"① 社会网络和社群能够为其成员提供规范、友情、归宿感、认同感和内心满足感，让成员觉得它是"冷漠世界中的一个天堂"②，因而为合作提供了基础。所以，经济主体应该向社会网络和社群投资。

　　当然，社会网络和社群也并不全然就是积极作用。"由对于社群的忠诚而形成的强大凝聚力在某些时候也会成为一个问题，如形成排他的小集团、不与外界来往的小社群、过分特立独行的风格；更极端一些，还可能引发腐败或具有破坏性。"③ 对此，经济主体应该采取适当措施把消极作用控制在最低程度。一方面，使社群目标与组织目标相协调，既不损害组织目标又不损害社群的独特性；另一方面，适当拓展社群边界，使其变得可渗透，即"使更多的人和信息可以从外界进

---

① ［美］唐·科恩、劳伦斯·普鲁萨克：《社会资本：造就优秀公司的重要元素》，孙健敏等译，商务印书馆2006年版，第89页。
② 同上书，第90页。
③ 同上书，第91页。

入到社群中"①。这样，主体才能使自己处于不断的发展中，而不至于变得僵化、保守。

第二，准确定位政府职能，加强制度安排，为经济主体利益合作提供保障。制度是促进并强化合作的重要机制。霍布斯、卢梭等人建议订立社会契约，成立政府，来促进人类合作；新制度经济学家们也认为，合作常常是有利的经济行动，但它往往需要借助以政府为后盾的制度才能得到强化，从而变得充分可靠②。事实上，政府本身就是一种制度安排，而政府形成后又会采取各种具体的制度安排，所有的制度安排都是为了促进合作、强化合作。制度是由人所制定的复杂的正式规则体系，其基本功能就在于增进秩序，促进合作，协调经济生活。"制度为一个共同体所共有，并总是依靠某种惩罚而得以贯彻……带有惩罚的规则创立起一定程度的秩序，将人类的行为导入可合理预期的轨道。如果各种相关的规则是彼此协调的，它们就会促进人与人之间的可靠合作，这样他们就能很好地利用劳动分工的优越性和人类的创造性。"③

社会主义市场经济条件下，各经济主体尤其是企业之间的利益合作也有待于政府作用的更好发挥，有待于政府角色的更好定位和责任的更好担当，有待于政府对市场的恰当监管，这一切都建立在适切的制度安排的基础上。我国经济社会发展中，近年来出现了大量的恶性竞争、不正当竞争、挖别人墙脚、盗窃商业机密、欺行霸市、强买强卖等悖逆合作原理的现象，这些都与必要的制度安排缺失、监管不到位、公平竞争的市场秩序没有形成有密切关系。所以，党的十八届三中全会决议指出：为了完成全面深化改革的任务，到二〇二〇年，要"形成系统完备、科学规范、运行有效的制度体系，使各方面制度更加成熟更加定型"。这说明，一方面，促进经济主体包括企业之间的利益合作需要政

---

① ［美］唐·科恩、劳伦斯·普鲁萨克：《社会资本：造就优秀公司的重要元素》，孙健敏等译，商务印书馆2006年版，第92页。
② ［德］柯武刚、史漫飞：《制度经济学——社会秩序与公共政策》，韩朝华译，商务印书馆2000年版，第135页。
③ 同上书，第32页。

府出场和制度约束；另一方面，促进和强化我国社会主义市场经济主体包括企业之间的利益合作的制度安排任务还非常艰巨。

第三，确立"用心"意识，以同情心和信任伦理引领经济主体利益合作。合作精神需要靠主体的伦理道德观念来引领，合作关系需要靠主体的伦理道德素质来凝聚。这种伦理道德观念用杰弗里·萨克斯（Jeffrey D. Sachs）的说法，即经济主体的"用心"意识。"'用心'……意味着对我们所在内外环境保持警觉及细致考虑的态度，同时抛弃贪婪及忧伤心理。"① 主体与主体之间的"用心"即"对他人的'用心'"。"用心"意识体现为主体的两种道德素质：一是主体都"以行动展示自己的同情心及合作的愿望"② 的素质；二是主体与主体在经济交往中相互信任的素质。同情和信任都是合作的道德基础。阿克塞尔罗德对人们建立合作关系的四个建议都是从道德方面提出的，对保持合作进化的五个建议中又有两个建议是从道德教育角度提出的。因此，从道德方面，以同情心和信任伦理引领利益合作应是必要举措。

我国社会主义市场经济下经济主体之间的利益合作同样需要同情心和信任伦理的引领。其一，我国经济社会发展中经济主体之间的恶性竞争的现象频频上演，有可能导致市场经济竞争有余、合作不足的"跛足"状态；其二，我国经济社会发展地区不均衡、不同步，中西部地区、少数民族地区还有大量贫困人口，如果对他们没有同情心，不给予帮助，那么社会主义的共同富裕目标就无法实现，社会主义制度的优越性无法体现；其三，我国经济社会安全网络仍面临一定程度的风险，民族矛盾依然艰巨，社会阶层分层、社会排斥日益凸显，人际关系越来越疏离化、原子化，"宅人"或普特南所说的"蜷缩的人"数量日益增加，相互之间的信任不断萎缩，甚至荡然无存，如果经济主体特别是企业不主动担当责任，采取措施重建信任，那么市场经济的发展就没有一

---

① ［美］杰弗里·萨克斯：《文明的代价：回归繁荣之路》，钟振明译，浙江大学出版社2014年版，第160页。

② 同上书，第161页。

个良好的环境和秩序,如此又会导致我国经济社会发展的宏伟目标即国家富强、民族振兴、人民幸福难以实现。

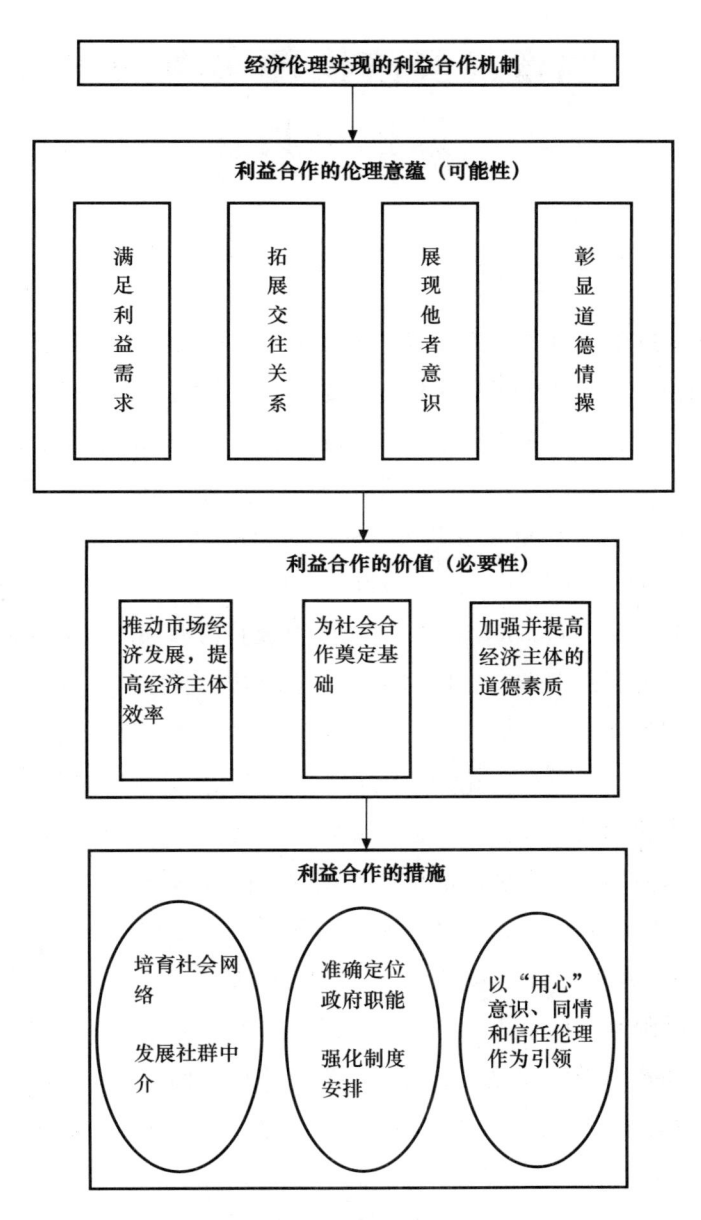

```
经济伦理实现的利益合作机制
          ↓
┌─────────────────────────────────────────┐
│      利益合作的伦理意蕴(可能性)           │
│  ┌──────┐ ┌──────┐ ┌──────┐ ┌──────┐    │
│  │满足利│ │拓展交│ │展现他│ │彰显道│    │
│  │益需求│ │往关系│ │者意识│ │德情操│    │
│  └──────┘ └──────┘ └──────┘ └──────┘    │
└─────────────────────────────────────────┘
          ↓
┌─────────────────────────────────────────┐
│        利益合作的价值(必要性)            │
│  ┌──────┐   ┌──────┐   ┌──────┐         │
│  │推动市│   │为社会│   │加强并│         │
│  │场经济│   │合作奠│   │提高经│         │
│  │发展,提│  │定基础│   │济主体│         │
│  │高经济│   │      │   │的道德│         │
│  │主体效│   │      │   │素质  │         │
│  │率    │   │      │   │      │         │
│  └──────┘   └──────┘   └──────┘         │
└─────────────────────────────────────────┘
          ↓
┌─────────────────────────────────────────┐
│           利益合作的措施                  │
│   ╱─────╲    ╱─────╲    ╱─────╲          │
│  │培育社 │  │准确定 │  │以"用心│         │
│  │会网络 │  │位政府 │  │"意识、│         │
│  │       │  │职能   │  │同情和 │         │
│  │发展社 │  │强化制 │  │信任伦 │         │
│  │群中介 │  │度安排 │  │理作为 │         │
│  │       │  │       │  │引领   │         │
│   ╲─────╱    ╲─────╱    ╲─────╱          │
└─────────────────────────────────────────┘
```

图 13 – 1　经济伦理实现的利益合作机制结构图

第十四章 经济伦理实现的主体调控机制

经济伦理如何真正得到实现，虽然离不开社会机制和经济机制的建构，但归根结底还在于经济主体特别是企业自身的内部调控，在于其主动、切实践履。乔治·恩德勒在其《面向行动的经济伦理学》中探讨过这一问题，并提出"经济伦理学的试金石是决策和行动的实践"[①]这一命题；爱德华·弗里曼（R. Edward Freedman）在《战略管理——利益相关者方法》、唐玛丽·德里斯科尔（Dawn-Marie Driscoll）和迈克·霍夫曼（Michael Hoffmann）在《价值观驱动管理》中深入地研究了经济伦理的中观层次即企业伦理的落实方法问题，但他们主要还是从管理学而不是从伦理学角度进行的。国内学界大多只是从理论角度论述经济学与伦理学的关系、经济伦理学的内容体系、经济伦理的原则和规范，可能是因为课题的交叉性、复杂性和强实践性特点，因而人们对于这些规范到底如何落实或者说经济伦理实现的具体机制语焉不详。罗能生教授曾于1998年出版《义利的均衡——现代经济伦理研究》，通过探讨"经济伦理的调控机制"来阐述经济伦理实现的机制问题，但因为该书篇幅和主题限制，同时也时隔已久，所以，虽然不能掠过但也尚待根据新的形势和要求予以深化；薛有志等曾于2011年出版《公司治理伦理研究》，较好地研究了企业伦理的践履机制问题，但其主要还是从管理

---

① ［德］乔治·恩德勒：《面向行动的经济伦理学》，高国希、吴新文等译，上海社会科学院出版社2002年版，第7页。

学而不是从伦理学角度进行的，也因局限于公司层面而忽略了大量的微观经济主体；张志丹教授于2013年出版《道德经营论》，意在探讨经济伦理实践问题，但其侧重点还是研究经济主体如何开展道德经营。因此，本章试图以市场上活动的最重要、最主要的经济主体——企业为对象，进一步专门论述这些主体机制。本章强调，人们在强烈呼求经济伦理现实化的过程中，当然要重视社会机制、制度安排机制、经济机制等外在机制，但也绝不能忽视经济主体自身的至关重要的作用，因为当代经济伦理要真正落到实处，终究还得依靠他们。只有他们自身的自觉自愿的努力、有真诚敬畏经济伦理的实际行动、切实构建经济伦理践行机制才是经济伦理实现的内因和动力。因此，本章的确切意图在于，主要从经济伦理学角度，也结合管理学、经济学相关成果，凸显经济伦理实现中"主体"的作用，深入解剖主体"机制"的构成环节，以便为企业等经济主体找到一条清晰可见又实效显著的经济伦理实现之路。本章认为，中国社会主义市场经济条件下企业等经济主体的经济伦理实现的主体机制主要包括价值牵引机制、宣传教育机制、良心自律机制、校正更新机制，而这些机制不仅具有相应的含义，也具有各自不同的环环相扣的构成环节。

一 关于主体调控机制的"主体"

在论述经济主体经济伦理实现的主体机制的类型之前，我们先有必要对这一概念做出交待和界定。所谓经济伦理实现的主体机制，是指企业等经济主体自身的内部调控机制，即主体内部各种影响因素之间相互联系、相互作用的关系及其调节形式。它是企业等经济主体为了实践经济伦理价值观而建构起来的伦理道德方面的机制，同经济伦理实现的社会机制、制度安排机制、经济机制等一起，构成经济伦理从理论走向现实的通道、从价值观到实际行动的中间环节，是把理论与实践沟通、衔接起来的桥梁或中介。那么，这种主体机制中的"主体"又是指什么呢？

经济伦理实现的主体机制中的主体就是指经济主体，但是，从事市场经济活动的主体并不是个人，而是企业、公司或其他以谋利为目的的组织。所以，经济主体就是指各种以经济组织这样一种群体化形式出现的利益主体，具体说来，是指企业、公司、集团、具有盈利性质的行业协会或团体等。所有这些，一般可以用"组织"称之。但是，一般说来，在哲学和伦理学意义上，只有人才是主体。然而组织并不是人，虽然它们是由人组成的，但是在形态上，它们毕竟表现为一种机构或建制，并不能与人直接等同。那么，组织能够成为主体吗？我们认为，答案是肯定的。

组织之所以能够成为主体，其原因在于，组织本身具有意识能力。众所周知，人之所以能成为主体，关键之处在于人有意识、有思维，能够在自由意志的支配下，做出自己的行为选择。组织也类似于此，也同样能够做出行为选择。经济学家 D. H. 罗伯逊（D. H. Robertson）曾生动形象地比喻："我们发现了'在这无意识合作的海洋中屹立的有意识力的岛屿，宛如牛奶中凝结的奶油'。"科斯则将这些"有意识力的岛屿"明确地指称为企业、公司等这样一些在市场上活动的组织[①]。事实上，任何组织一经成立并运转，的确就具有了与组成它的那些个体成员不同的需要、目标和意志，成为一个具有超个人的行为能力的系统，这种超个人的行为能力是不能还原为组织中的任何个体的。组织具有特定的需要、目标和意志，就相应地具有特定的行为选择能力；具有特定的行为选择能力，也就要承担相应的责任，而这也就使组织成为了类似于人的主体。那么组织的这种意识能力又从何而来？

任何组织都具有一定的目的，不管其目的是单一的还是多元的，它总是明显而确定的，这是组织的基本特征。为了实现这些目的，组织必定会采取意向性的行动，这种意向性行动往往通过其决策体现出

---

① ［美］罗纳德·H. 科斯：《企业的性质》，载［美］奥利弗·E. 威廉姆森、西德尼·G. 温特编《企业的性质——起源、演变和发展》，姚海鑫、邢源源译，商务印书馆 2007 年版，第 23 页。

来。从管理学上说，决策是一个包含计划、组织、协调、领导和控制等环节或职能的复杂过程，组织的决策一般是通过群体或集体做出的。罗宾斯在其畅销全球的名著《管理学》中说："组织中的许多决策，尤其是对组织的活动和人事有极大影响的重要决策，是由集体制定的，很少有哪个组织不采用委员会、工作队、审查组、研究小组或类似的组织作为制定决策的工具。"① 这就是说，组织的决策是群体决策而非个体的人的决策，而且这种群体决策形式能够提供更为完整的信息、产生更多更好的方案，能够提高决策的合法性，从而造成不同于个体决策的显著的优良后果。显然，这种群体决策非常明显地反映了组织的意识能力及其行为选择。这就说明，组织的意识能力来源于其确定的目的和宗旨，来源于目的驱使下的决策机制和行动能力，从而也就使组织成为主体。

二 价值牵引机制

价值牵引机制是企业经济伦理实现的主体机制中的第一个机制，其基本含义是指企业等经济主体以经济伦理价值观来指导自己的经济活动、驱动经济行为，以使自身经济行为合乎伦理价值的机制。具体说来，它有以下两层规定：

其一，价值牵引机制中的"价值"与经济伦理紧密相联。首先，价值牵引机制中的"价值"是指价值观。所谓价值观，是指人们关于什么是价值、怎样评判价值、如何创造价值等问题的根本观点。"当价值是以观念为载体表现出来的时候，就形成了所谓价值观或价值观念。价值观或价值观念体现着人们对……精神层面中什么东西是好的、有益的、值得追求的等的总看法。"② 价值观有内在性的或称目的性的价值

---

① ［美］斯蒂芬·P. 罗宾斯：《管理学》，黄卫伟等译，中国人民大学出版社1997年版，第134页。

② 甘绍平：《伦理学的当代建构》，中国发展出版社2015年版，第26页。

观和外在性的或称工具性的价值观两大类，它们都很重要！正如唐玛丽·德里斯科尔和迈克·霍夫曼所言："价值观是形成态度和促发行为的重要信念，价值观能在身边无人或无人知道怎么做时教你如何作为。"① 但是，两者的重要性程度并不等同，相比之下，目的性的价值观具有更强的重要性。因为外在性的价值观是工具性或手段性价值，它们具有暂时性、眼前性、局部性的特点，一般说来，它们只能短暂地、有限地推动或指导人和组织去行动和如何作为；而内在性的价值观是目的性价值，它们具有永恒性、长远性、整体性的特点，一般说来，它们可以永恒地、无限地推动或指导人和组织去行动和如何作为。其次，经济伦理表现为由价值观所引发的行为及其后果。价值观是一个道德中性术语，因为人们可以持不同的甚至相反的价值观。唐玛丽·德里斯科尔和迈克·霍夫曼曾经风趣地说："'价值观'一词就像'母性'，看起来慈祥而又积极。然而，一位吵吵嚷嚷、性格外向的意大利妈妈十分不同于一位戴着白手套、声音柔和、含蓄保守的新英格兰主教派母亲。'母性'就像变化莫测的万花筒那样，'价值观'一词亦复如此。"② 但是，价值观与伦理是携手并进、密切联系的。"伦理是我们在对与错之间做出选择"③，是人们在两种权利之间做出选择时所进行的思维过程的体现。如果打个比方的话，价值观就是一个包含丰富内容的框架或盒子，而伦理则是这个盒子里居核心地位并起引导作用的东西。但是，以价值牵引经济主体行动的目的是为了让他们的行为趋向于经济行为的"善""正当"，而不是"恶""不正当"。因此，我们假定给定的价值观是正面的，相应地把经济伦理也视为正向的。像"诚实经营""社会责任""公平交换""忠诚于公司"等就是这种正向价值观在正向经济伦理上的具体化。正是在由价值观引发的行为及其后果构成伦理这一意义上，我们把价值观的实质归结为伦理观。

---

① ［美］唐玛丽·德里斯科尔、迈克·霍夫曼：《价值观驱动管理》，徐大建、郝云、张辑译，上海人民出版社2005年版，第4—5页。
② 同上书，第17页。
③ 同上书，第5页。

其二，实施牵引的经济伦理价值观是经济主体即企业组织的价值观。企业等经济组织是一个整体，因此经济伦理价值观应该是整个企业组织的价值观，而不是企业组织中某个成员的个体价值观。虽然个体成员的个体价值观很重要，而且也可以转换为企业组织的价值观，但两者还是具有明显的区别的。企业组织的价值观应该适应于该企业组织的特点和经济结构，适应于环境的变化且能不断调整，并为该企业组织所有成员所知晓，为整个企业组织所真正信奉、切实践履。

企业等经济主体之所以要建构价值牵引机制，是因为主体践履经济伦理的行动与牵引机制之间具有密切的联系：价值牵引是实际行动的动力，缺乏实际行动，价值牵引会显得空洞而抽象；实际行动是价值牵引的证实，缺乏价值牵引，实际行动就茫然不知所措。价值牵引使主体明白实际行动的重要性；实际行动又有助于主体建构正确的价值牵引。具体说来，价值牵引机制的重要意义主要表现在如下方面：它影响企业组织行动者的思路和感觉，是行动者的行动指南；使企业组织成员对组织目标和行为产生认同感，有助于增强企业组织的稳定性；体现了企业组织成员对经济活动中的善恶、对错、好坏判断和选择所坚持的标准；规定了企业等经济主体的责任，有利于企业组织成员因践履这种责任伦理而获得很好的形象，从而增强其自豪感；人们可以把它当作一种规导机制，引导企业组织成员的道德意识和职业态度，规范他们的行为选择；它还通过为企业组织成员提供统一的言行举止之标准，而成为一种类似于粘合剂的力量，从而增强企业组织的凝聚力、向心力，提高士气，体现经营风范，推动企业组织发展。

价值牵引机制主要包括以下两个环节：

第一，价值群化环节。这是指企业等经济主体在组织内培育组织价值观的环节。所谓价值群化，本是一个管理学术语，其意是指某种价值观在群体中广泛传播，为群体成员所吸收、接受，并践履。企业等经济主体要获得发展，需要经济伦理价值观的牵引，而这种牵引力量又是需要主体自身精心呵护、培育的。主体在培育并实践经济伦理时，关键是培育企业组织成员群体的经济伦理价值观，这样一个培育过程，实际上是主体发现、挖掘那些有利于企业组织发展的经济伦理价值观并通过各种形式和方法使之被组织成员认同、接受和内化的过程。美国著名管理学家詹姆斯·C. 柯林斯（Jim C. Collins）和杰里·I. 波勒斯（Jerry I. Porras）在其影响甚广的名著《基业长青》中说："核心价值是组织长盛不衰的根本信条，不能为了财务利益或短期权益而自毁立场。"[①]而核心价值实质上就是企业组织选择并经过群化后的共同的价值观。经济伦理价值观一旦成为组织的群体价值观，就能够使组织成员的个人目标和企业组织目标结合起来，从而激发成员的内在积极性；能够形成一种文化氛围，对人产生内在的规范性约束；能够培养企业组织的向心力，增强成员的认同感。

第二，准则制定环节。这是指企业等经济主体以强化组织核心价值观为目的，为企业组织制订正式的、书面的，能从行为上给组织成员提供充分的指导的伦理准则、规章的环节。它既能够直接影响员工的伦理价值取向，也能够影响员工对伦理价值的理解，还能够影响组织文化建设和企业经济伦理的实现。托夫勒（B. L. Toffler）认为，伦理规范可以降低员工了解复杂的伦理道德难题的感觉，并找到最好的解决方式[②]。福林和吉利安（Flynn & Gillian）认为，伦理规范可以提高员工在是非、对错判断上的理解水平，深化对法律规定的认识，从而让员工在工作中更得心应手[③]。那么，一个企业组织的伦理准则和规章应该具备一些什么样的内容呢？因为企业组织类型及其提供的产品和服务内容不同，准则规章所要包含的内容也不尽相同。但一般说来，萨利·比布（Sally BiBn）所说的以下内容是必备的："简介——介绍章程规范及其对公司的意义。道德原则——道德原则定义，企业希望员工遵守的例如诚实、

---

① ［美］詹姆斯·C. 柯林斯、杰里·I. 波勒斯：《基业长青》，真如译，中信出版社2002年版，第94页。

② B. L. Toffler, *Managers Talk Ethics: Making Tough Choices in as Competitive Business World*, New York: Wiley, 1991.

③ Flynn & Gillian, "Make Employee Ethics Your Business", *Personnel Journal*, Volume 74, 1995, pp. 30 – 37.

公开和尽责等。章程规定适用人群——通常包括员工、供货商及合作伙伴。责任范围——介绍领导责任与一般员工责任。如何寻求帮助——介绍员工需要帮助时可咨询的对象，包括领导、人力资源及法律部门。有些企业还提供道德热线服务。决策'把关'——章程规范中最有价值的是实用化的决策列表。"①

三 宣传教育机制

价值牵引机制建构起来后，企业等经济主体就应该想办法让追随者和组成人员明白、知晓这种经济伦理价值观，这样就必须建构企业经济伦理实现的主体机制的第二个机制，即宣教机制。所谓宣教机制，是指企业等经济主体为把企业组织核心价值观传播给组织成员而构建的宣传、沟通、教育、培训机制。

宣教机制对于企业组织成员道德素质的培养和提高具有极为重要的作用，它有助于提高组织成员的道德认识，有助于陶冶他们的道德情感，有助于锻炼他们的道德意志，有助于确立和坚定他们的道德信念，有助于他们形成道德行为习惯，即道德教育本身所具有的培养人的"知、情、意、信、行"的功能，在宣教机制和宣教活动上都可以充分地体现，因而，它能够提高整个企业组织的经济伦理实践水平，推动组织不断向前发展。许多事实和经营案例也表明，企业组织只有通过建构这种宣教机制并开展宣教活动，才能使成员对实践经济伦理的行动产生基本的认同，也才能使企业组织具有较高的道德水准和良好的道德风气，从而更好地实现企业组织的经济目标和道德目标。

宣教机制主要包括以下三个环节：

第一，宣传沟通环节。这是指企业等经济主体把经济伦理价值观向

---

① [美]萨利·比布：《德以制胜——常用商业道德指南》，唐森译，商务印书馆2012年版，第92页。

组织成员宣示、传递的环节。唐玛丽·德里斯科尔和迈克·霍夫曼曾精辟地说："没有良好的、经常的、以各种形式进行的宣传沟通，世界上再好的方案也是没有多少价值的。"① 宣传沟通实际上就是企业组织的管理者通过讲故事、演讲、发布辅导资料、网页、海报、对话等方式，针对组织成员进行的持续不断地传播企业组织的经济伦理价值观的活动。当然，当管理者在传播企业的经济伦理时，也必须承认和尊重员工自身的个人伦理思想和价值观，不能以粗暴的方式强迫员工接受企业组织价值观，而应该在企业组织价值观与员工个人价值观上保持良好的平衡关系。

第二，教育培训环节。这是指企业等经济主体把经济伦理价值观灌输给组织成员，让他们学习并懂得它，并让他们讨论组织信奉的这种经济伦理价值观和他们在维护它时所发挥作用的过程和环节。萨利·比布说："为员工设立专门的课程有两个好处：让他们参与行为规范的设计以及让他们更深入了解道德理念。课程的形式还可以让规章制度得以贯彻，更容易被接受。"② 教育培训环节可以将企业组织的经济伦理价值观贯彻到成员的行为中去，是企业组织实践经济伦理的有效途径和桥梁，它可以增强成员的道德敏感性，提高人们做出良好经济决策的能力和水平。

第三，领导示范环节。这是指企业等经济主体中的领导在经济伦理方面向组织成员垂范、以身作则并极力支持和肯定的环节。这里又有两个方面：一方面，示范。美国企业和经济伦理专家、哈佛商学院教授林恩·夏普·佩因（Lynn Sharp Paine）说："由组织领导首先示范很可能是建立和维持组织信誉最重要的因素。"③ 萨利·比布则说得更为详细：

---

① ［美］唐玛丽·德里斯科尔、迈克·霍夫曼：《价值观驱动管理》，徐大建、郝云、张辑译，上海人民出版社2005年版，第103页。
② ［美］萨利·比布：《德以制胜——常用商业道德指南》，唐森译，商务印书馆2012年版，第82页。
③ ［美］林恩·夏普·佩因：《领导、伦理与组织信誉案例：战略的观点》，韩经纶、王永贵、杨永恒主译，东北财经大学出版社、McGraw-Hill出版公司1999年版，第107页。

"一个组织的最高领导人是整个组织的行为模范。人们关注的是他们做了什么,而非说了什么。如果领导拥有良好道德品质并且很好地表现出来,比如说不容忍错误,其他人就会明白自己的行为也必须达到这些标准。"[①] 一般说来,组织成员会首先观察那些传达企业组织实践经济伦理标准的上级或领导所做的示范。领导在企业组织中拥有大量的决策权力,企业组织实践经济伦理时,他们的态度如何,是一个关系重大的事,而他们的行为也能够传递出比写在企业组织声明中的信息要明确、清晰得多的内容。许多调查结果也表明,领导讲道德,其所领导的组织也才讲道德。领导是企业组织实践经济伦理的设计者、执行者,其本身的道德素质对实现经济伦理的整个过程的影响是关乎全局的。如果领导自身在道德上出问题,企业组织践履经济伦理就是一句空话。因此,企业组织实践经济伦理的活动的有效开展,与领导的率先垂范、遵法守德的行为密切相关。

另一方面,支持。领导的示范不仅表现在领导的率先垂范,还表现在领导对企业组织实践经济伦理这种行为的支持。因此,领导的支持在企业组织实践经济伦理过程中同样也是非常关键的。没有处于最高管理层的领导的支持,就不会有整个企业组织的经济伦理行动。之所以如此,是因为组织领导才对整个企业组织伦理道德事务拥有决策权。领导对企业组织实践经济伦理行动的支持主要体现在:

一是组织决策机构如企业的董事会及其成员要重视经济伦理,并要对经济伦理事务负责。如果企业决策机构及其成员本身不重视经济伦理,对组织成员的影响是非常大的,因为企业组织成员会效仿其行为;如果企业决策机构及其成员不对经济伦理事务负责,对高级管理人员致力于发展企业组织经济伦理的事务表现出冷漠或漫不经心的态度,那么,企业组织经济伦理的履行就是非常困难的事情。企业决策机构对经济伦理负责的表现是对企业组织的经济伦理行动方案给予特别关注,当

---

① [美] 萨利·比布:《德以制胜——常用商业道德指南》,唐森译,商务印书馆2012年版,第53页。

组织发生伦理道德管理方面的危机时，能迅速做出正确的决策，提出合理的应对措施。

二是设置伦理道德事务主管（或专门人员）来管理和监督企业组织实践经济伦理方案的实施。伦理道德事务主管是专门负责指导并行使伦理道德行为监察职能的企业管理人员，即伦理领导。对担任企业伦理主管的人员应该有严格的要求，这些要求非常广泛，既有伦理道德方面的要求，也有管理制度、技术、沟通能力、分析和处理问题的能力等方面的要求，还有与社会打交道的技巧。具体而言，其条件包括：拥有经验、公开、警觉、坦诚、承担责任等这些需要长期坚持的品性；在企业组织里拥有高级职位；与首席执行官、企业决策机构或决策机构所属的委员会就伦理道德事务的沟通渠道畅通；在高层管理人员中受到高度的信任和尊重；能够获得所需的资源来影响和调查伦理道德事务的实际状况；能够掌握必要的信息和支持机制来对伦理道德事务进行监督、评估、早期预警和侦察；能够提供必要的激励和奖励来有效地贯彻伦理道德事务方面的法纪；能够有效地利用媒介、公共论坛和法律等手段。

四　良心自律机制

所谓自律，本意是指遵法守纪、自我约束。汉语自律一词，最早见于《左传》，其云："呜呼哀哉！尼父，无自律。"（《左传·哀公十六年》）唐朝张九龄《贬韩朝宗洪州刺史制》有云："不能自律，何以正人？"英文为 Autonomy，源于古希腊文 autos（自己）和 nomos（规则、规矩、规律）。后来演变为一个与他律相对的理论伦理学术语，比如康德伦理学就是自律伦理学，其意是指主体自己订立的"律"即法则自己遵守，反映的是主体的自由自觉的本性。在马克思主义伦理学意义上，自律与他律相统一是道德的本质特征，道德的他律机制是社会舆论、风俗习惯，自律机制则是主体的内心信念，即责任观念或良心。因此，所谓自律机制是指企业等经济主体的道德自律机制，即企业等经济主体自觉地以责任观念或经济良心来约束自己的经济活动的机制，它是企业作为经济主体的主体性的集中体现，是经济伦理实现机制中的主体机制的极为重要的构成部分。

企业等经济主体的自律，主要依靠主体的责任意识或经济良心，所以又可称之为良心自律。良心自律又主要表现为主体的良心对于主体行为的要求。良心是主体实践经济伦理行为的核心和基本构成，主要表现为主体在履行经济伦理时，对组织成员、整个组织、社会的道德义务的一种深刻的责任感和自我评价能力，是主体意识中各种经济道德的心理因素的有机结合。也可以称为经济良心①。所谓责任感和自我评价能力，是指主体在经济活动中自觉地以应该履行的义务和责任来约束、评价自己的行为。在此，义务首先表现为一种使命和职责，是由于主体的需要及其与现存世界的联系而产生的，所以相对于主体来说，它还是外在的、客观的，还需要转化为主体内在的责任观念或意识。只有当主体把义务内化，然后自觉自愿地，而不是受外在力量的强迫并不以获得相应回报为前提而去主动担当，义务才真正现实化为责任。因此，责任或责任感是客观的义务与主观的职责、使命意识的统一。而这种责任感与主体自身的评价能力有机结合，并被主体自觉地运用于自己行为的规约、评价中，就构成了主体的良心自律。

企业等经济主体虽然首先是一种经济组织，但它同时也是一种由人组成的社会组织，因而它必定具有人格化的特征。这种人格化的特征使得经济伦理成为主体的必要构成。经济伦理是主体在其生产、经营和管理等活动中所应遵守的道德规范和行为准则的总和。作为一种伦理道德价值，它当然需要依靠社会舆论、社会风尚等道德他律机制发挥作用，但同时也需要依靠经济良心。即便是社会舆论、社会风尚等道德他律，

---

① 高立胜在2001年7月10日《光明日报》上发表"论企业的'良心'"一文，较早提出"企业良心"范畴，此处借鉴他的提法，提出"经济良心"范畴。但有区别的是，企业良心的主体是明确的，因此，是主体良心；经济良心的主体还包括微观经济个体和行业协会，因此，是行业良心。

要真正影响主体行为，也必须通过经济良心，因为社会经济生活中许多主体在舆论面前仍然会不顾颜面，我行我素。

　　社会主义市场经济条件下，经济伦理的形成有其内在根据，表现在：一是企业等经济组织具有人格化的特征；二是企业等经济组织构成人员因为长期相处和交往，所以他们具有共同的生产经营实践基础和一致的行为选择；三是企业等经济组织构成人员因为同属于某一个共同体，所以他们具有共同的经济利益和社会利益基础。而其外在根据，则在于企业等经济组织所处的政治、经济、文化、社会等环境的决定、制约和影响。经济良心作为经济伦理的内核部分，其形成除了受上述内、外部环境条件的制约外，还受到它与企业组织的道德价值观、道德准则和行为规范等交互作用的影响。因此，经济良心的层次与水平，实际上是一定的经济伦理的层次与水平的必然表现和反映。

　　作为一种行业良心，经济良心对企业等经济主体的社会生活的影响作用表现在诸多方面。在政治交往中，经济良心使主体坚守道德底线，即遵守我国宪法和其他相关法律规定，坚持社会主义制度。在道德交往中，经济良心使主体遵守社会主义道德规范，坚持集体主义原则、人道主义原则和社会公平正义原则。在提供产品和服务的过程中，经济良心使主体没有与社会制度规定相抵触的行为。在经济交往中，经济良心使主体遵守市场经济秩序，能够诚信经营、公平交易，不搞假冒伪劣、偷税漏税、逃废债务等。在社会文化交往中，经济良心使主体提供产品和服务时没有不利于社会秩序稳定和发展的行为。在生态环境交往中，经济良心使主体提供产品和服务时不破坏生态平衡。例如，依法低碳生产、节能减排，不污染环境，保护稀有动植物资源等。在上述主体社会交往中，经济良心的重要作用就在于，它能够以经济伦理的底线为基准，对主体生产经营行为进行基本的道德自我控制，即道德自律。如果主体守住了这一道德底线，那么人们就会评价它具有了起码的良心；否则，就会说它没有良心。因此，从根本上说，经济伦理的实现最终就是要落实到企业等经济主体的经济良心的培育上，一切经济伦理归根到底只有转化为经济主体的经济良心时，才能有效地对主体的经济行为和其他行为起到调节作用。

经济良心既可检查主体的行为动机，也可以监督主体选择行为，还可以评价、反省并提高主体行为的后果，是经济伦理的一种主体实现机制，对企业等经济主体的伦理行为选择起着巨大的作用。具体说来，良心自律机制主要有如下三个环节：

第一，选择命令环节。这是企业等经济主体发出经济行为之前的良心自律形式。良心自律机制是主体行为自我约束的决策中心，检测其动机和意向，对符合经济伦理要求的行为动机予以肯定，对不符合经济伦理要求的行为动机予以否定或制止，以此保证行为动机符合经济伦理。

第二，引导监控环节。这是企业等经济主体在经济行为过程之中的良心自律形式。在主体行为过程中，良心自律机制是经济伦理的向导，引导和监控主体行为的方向。它监控其行为过程的发展，对符合经济伦理要求的行为给予支持，对不符合经济伦理要求的行为则进行调整。特别是对错误的行为，它能够引导主体改变行为的方式与方向，纠正其所错之处，回到正确轨道，避免对他人、其他主体、社会和生态环境产生不良后果。这种引导与监控促使主体在经济活动方面树立良好形象，不断提升其经营水平。

第三，奖励惩罚环节。这是企业等经济主体的经济行为过程之后的良心自律形式。良心自律机制是经济伦理价值观中的"道德法庭"，主体在行为过后，对履行了经济伦理的良好后果和影响，会感到满足和高兴；对没有履行经济伦理的不良后果和影响，会感到后悔和愧疚。所以，良心自律机制是主体的"内向的愤怒"。做了对他人、其他主体、社会和环境不利的事，良心自律机制会责备、惩罚主体自身；做了对他人、其他主体、社会和环境有利的事，良心自律机制会赞赏、鼓励主体自身。

五　校正更新机制

　　所谓校正机制，是指企业等经济主体在践履经济伦理过程中对实施效果的检查、衡量，对实施错误的修正，对不适应实际的实施措施的更新等机制。因为经济伦理在价值牵引、宣教、自律并得到主体的实施之后，经济主体并不能保证践履活动如期按照计划和方案执行，而不出现偏差，也不能保证经济伦理目标一定能够顺利达到，这样，经济主体就得建构一个校正机制。因此，从本质上看，校正机制是一种为了达到经济伦理目标的机制，它实质上是企业等经济主体在经济伦理价值观的指导下，对经济伦理实践的目标、决策、践履方案实施的再认识过程，是经济主体运用一定的操作机制和操作手段，对经济伦理实施过程进行操纵和约束，使其不能任意活动或越出范围，而在预定轨道行进的过程。

　　校正机制主要包括以下两个环节：

　　第一，审查评估环节。企业等经济主体践履经济伦理时，因为信息条件、理性分析能力条件、预测能力条件等的限制，不可能一下子完全达到目的，对实施效果也不可能完全了解，这就需要经济主体建构一个审查评估环节，对经济伦理实施效果进行检查、评估、权衡，以了解经济伦理实施活动、道德教育与培训计划的落实等情况。审查评估的内容包括，详细调查违章行为，检查领导人是否以企业组织经济伦理价值观为基础进行决策，组织成员对企业组织价值观是否认同、对经济伦理建设措施是否满意，伦理组织机构运转是否正常，伦理规章是否已广为人知，并得到成员的切实遵循等。所以，审查评估环节实质上是指企业等经济主体通过对经济伦理实施过程的检查与评估，根据检查评估的反馈信息，与原订实践方案、标准和客观环境进行对比分析，以发现偏差的环节，是主体监视经济伦理践履活动的重要环节，它可以为修正更新环节提供条件。

　　第二，修正更新环节。企业等经济主体通过审查评估发现偏差后，为保证整个经济伦理践履活动按计划进行，就必须对各种偏差进行处理。这种处理包括两方面：一是努力排除各种干扰因素；二是纠正偏差，将经济伦理践履过程重新拉回预定轨道。同时，由于环境和形势是经常变化的，经济主体在践履经济伦理过程中经常会遇到一些意想不到的新情况、新问题，而践履方案又是预定的，可能会跟不上实践的发展步伐，此时，经济主体就要对践履方案进行更新。"修正与更新是由外部环境引发的反映行动。"① 它是建构经济伦理实现的主体机制中之校正机制的一个必要环节。

总而言之，经济伦理实现的主体机制包括价值牵引机制、宣教机制、自律机制和校正机制等部分组成，四大机制又由相应环节所构成。此处有必要指出的是，自律机制作为主体机制的构成部分是没有问题的，问题是价值牵引机制、宣教机制、校正机制也是主体机制的构成吗？本章认为，由于这几大机制并不是由社会提供的，而是由企业等经济主体自身出于经济伦理践履行动的必要而自己建构的，相对于主体来说，它们不是外在的，而是内在的。而且主体通过自身的价值牵引、宣传教育和合理校正，能够保证其始终正常行进在经济伦理践履之途，这恰恰体现了自己的主体性。在经济主体践履经济伦理的行动中，这四大机制各司其职。从功能上看，价值牵引机制是经济伦理实现的引导力量，没有它，主体的践履行动就是茫无头绪的，它就像一列火车的车头，带领着主体在经济伦理实践场域奔向道德的彼岸；宣教机制是经济伦理实现的传播载体，没有它，主体的践履行动就是没有依附力量的，它把类似于能源的经济伦理传播到主体全身各处；自律机制是经济伦理实现的内因和动力，没有它，主体的践履行动就没有自我约束力量，它作为一种内部调控力量调节着主体的经济伦理行动；校正机制是经济伦理实现的纠错机制，没有它，主体的践履行动就无法做出正确或错误的判断，它保证着主体的践履行动顺利达到经济伦理目标。经济伦理实现

---

① ［美］唐玛丽·德里斯科尔、迈克·霍夫曼：《价值观驱动管理》，徐大建、郝云、张辑译，上海人民出版社 2005 年版，第 255 页。

的各主体机制之间是相辅相成、相互配合、相互联动的关系,它们从整体上构成一个企业等经济主体实践经济伦理的行动系统。

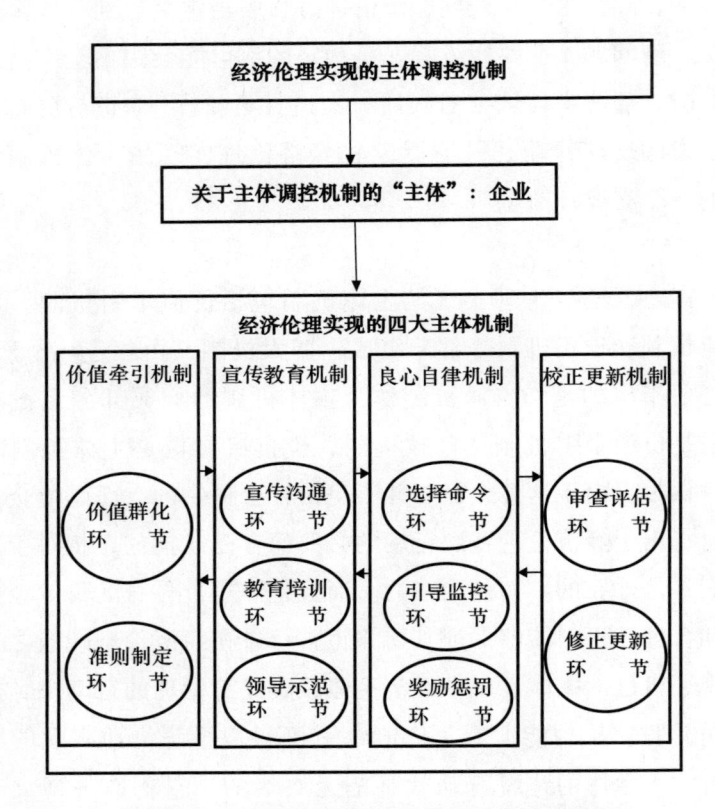

```
                    ┌─────────────────────────┐
                    │ 经济伦理实现的主体调控机制 │
                    └─────────────────────────┘
                                │
                                ▼
              ┌─────────────────────────────────────┐
              │ 关于主体调控机制的"主体":企业      │
              └─────────────────────────────────────┘
                                │
                                ▼
  ┌──────────────────────────────────────────────────────┐
  │           经济伦理实现的四大主体机制                  │
  ├────────────┬────────────┬────────────┬──────────────┤
  │ 价值牵引机制│ 宣传教育机制│ 良心自律机制│ 校正更新机制 │
  │            │            │            │              │
  │  价值群化   │  宣传沟通  │  选择命令  │   审查评估   │
  │   环节     │   环节    │   环节    │    环节     │
  │            │            │            │              │
  │            │  教育培训  │  引导监控  │   修正更新   │
  │            │   环节    │   环节    │    环节     │
  │  准则制定   │            │            │              │
  │   环节     │  领导示范  │  奖励惩罚  │              │
  │            │   环节    │   环节    │              │
  └────────────┴────────────┴────────────┴──────────────┘
```

图 14-1　经济伦理实现的主体调控机制结构图

第四篇

经济伦理实现机制的优良后果

社会主义市场经济条件下，我国广大经济主体比如企业通过经济伦理实现的社会方面的、经济方面的和自身内部的机制，在现实世界落实经济伦理后，一定会形成相应的结果，达成一定的目标。这些结果和目标，从应然性的角度来看，应该是优良的，同时也带有出乎现实又超越现实的理想性。本书提出的这种结果是形成一种合乎伦理的经济秩序，即伦理经济，并讨论了伦理经济的内涵和特点，认为它是经济主体对经济伦理的实践，从历史唯物主义角度论证了伦理经济成立的依据，也揭示了社会主义市场经济下伦理经济的发展途径；提出的目标是实现经济共享，讨论了作为经济主体经济伦理实现之道德使命的经济共享的内涵及其性质规定，挖掘了它的伦理价值意蕴，并提供了中国特色社会主义市场经济条件下实现经济共享的途径和方法。就这两者的关系来看，伦理经济是经济主体实现经济伦理后在经济方面形成的优良后果，它与社会学、人类学意义上的道德经济的内涵不同，后者是一种解释经济竞争模式的范式；经济共享是经济主体实现经济伦理后在社会方面形成的理想状态，它与当今学界和电子商务界正在热烈讨论的共享经济的内涵不同，后者是一种以计算机互联网技术为基础的刻画经济生产和发展的方式。伦理经济与经济共享不是截然相分的，而是相互成就、相互促进、互为表现的关系。

第十五章　伦理经济：经济伦理实现的优良目标

当代社会是建立在市场经济基础上的由经济、政治、社会、生态环境、文化等构成的巨型结构体系，在这一巨系统构成的总体背景下兴起的伦理经济正在获得其应有的繁荣和发展，而伦理经济的勃兴反过来又对市场经济的发展和整个社会结构体系的良性建构起到了积极的促动作用。当代社会的伦理经济以经济主体经济活动的效率、繁荣、正义、平等、责任、参与、公益和可持续性等价值的有机统一为根本特征，就其与经济伦理的关系来看，它实际上是经济主体实现经济伦理的机制或实践平台，是经济主体在现实世界落实经济伦理后所应达成的结果和优良目标。即是说，经济伦理的实现是要促进经济主体按照经济伦理规则行事，从而形成一种合乎伦理的经济秩序，即伦理经济。学界关于经济伦理的研究成果不在少数，但专门论述伦理经济的则不多。虽然经济伦理和伦理经济可以通过实践统一起来，但两者还是有区别的。本章试图首先阐明两者的联系与区别，然后论证当代伦理经济产生的历史原因，最后探讨社会主义市场经济下伦理经济的发展条件。

一　内涵与特征

（一）伦理经济的内涵

伦理经济或道德经济这一语汇由英国史学家 E. P. 汤普森（E. P. Thompson）于 1971 年发表在《过去与现在》杂志上的《18 世纪穷人

道德经济学》一文第一次系统全面地提出和阐述①，他在该文中以英国18世纪的粮食骚动为例，表达了他所理解的道德经济：骚乱中的人群并非是无序的、原子化的个体组成的，而是集体性地重演一种带着强烈的权利色彩和"公平价格"观念的抗议传统②。这一概念经汤普森提出后很快从英国传播到全世界，被其他学者当作一个"分析、解释其他地区、时段和领域的民众抗议"③或全球类似问题的重要范式，如美国著名学者詹姆斯·C.斯科特（James C. Scott）用它来分析东南亚农民在市场资本主义冲击下的反叛原因，他的"道德经济"意味着：在东南亚"特定社区内人们所共享的有关'公正、公平'的习惯、规范、风俗和文化符号，而这首先意味着保证生存的最基本物质条件，而不是财富数量的极大化"④。随着研究的深入，道德经济逐步从一种实存现象演变为一种理论现象，并被伦理经济概念代替。如德国学者彼得·科斯洛夫斯基（Peter Koslowski）从伦理学与经济学相结合的一般意义上提出了"伦理经济学"概念，从而也就当然地运用了"伦理经济"范畴，不过他并不是在汤普森和斯科特的意义上运用的，他认为伦理经济就是符合伦理的经济，与经济伦理的内涵相同⑤。

我国也有许多学者关注伦理经济或道德经济，但大都把伦理经济与经济伦理当成一个东西，如许崇正教授在其《人的发展经济学概论》中就作如是观⑥；章海山教授在《略论伦理经济》中试图对两者进行区分，然而在解释具体内涵时仍然把它们当成同一个东西⑦。也有学者不同意把它们理解成同一个东西。周荣华先生在《社会发展与道德经济

---

① 李培锋：《欧美穷人道德经济学研究评析》，《国外社会科学》2010年第1期。
② 童小溪：《当代社会的道德经济：非营利行为与非营利部门》，《中国图书评论》2013年第10期。
③ 李培锋：《欧美穷人道德经济学研究评析》，《国外社会科学》2010年第1期。
④ 童小溪：《当代社会的道德经济：非营利行为与非营利部门》，《中国图书评论》2013年第10期。
⑤ ［德］彼得·科斯洛夫斯基：《伦理经济学原理》，孙瑜译，中国社会科学出版社1997年版，第2页。
⑥ 许崇正：《人的发展经济学概论》，人民出版社2010年版，第601—602页。
⑦ 章海山：《略论伦理经济》，《伦理学研究》2006年第1期。

学》一文中有意识地申明两者不能混淆,他认为伦理经济即道德经济是"道德领域中的'经济'问题",主要"注重道德建设投入与产出的关系,追求道德建设自身的效益,以求得道德的快速、健康发展,使道德进步与经济社会全面发展相协调"①。这样看来,伦理经济无疑属于具有特定内涵的"经济学"的研究范畴。

我赞同周荣华的理解,伦理经济与经济伦理的确不能看成一个东西,即使把它们都看成是经济伦理学的研究对象,伦理经济也只是经济伦理的实践部分,同时它也构成经济伦理的理想或目标。韦伯在《新教伦理与资本主义精神》中认为,资本主义经济是由资本主义精神落实于现实世界而来,而资本主义精神则来源于新教经济伦理,即"依靠勤勉刻苦、自制禁欲,利用健全的簿记方法和精心计算,把资本投入生产和流通过程,从而合法地获取预期利润"这样一种伦理②,这种伦理的驱动,形成了理性的企业、理性的簿记、理性的技术、理性的法律等资本主义制度和资本主义经济世界。显然,在韦伯那里,资本主义精神和资本主义经济也并非同一个东西。我认为,我们应该把伦理经济当作一种经济体系来看待。经济体系的构建主要是为了生产、交换、分配和消费过程的运行。因此,所谓伦理经济,是经济主体运用经济伦理规则来引导、规范和塑造自身的经济行为,并监督、控制经济运行过程,以着眼于实现某些伦理性目的的经济活动。

(二) 伦理经济的特征

1. 伦理经济的伦理性

作为一种经济活动,伦理经济首先具有伦理性。伦理经济首先必须合乎伦理、体现伦理,经济主体必须将伦理与实际经济行为结合起来,以伦理引导、安排、制约经济行为。如果排除、悬置伦理,那么这种经

---

① 周荣华:《社会发展与道德经济学》,《江海学刊》1998 年第 4 期。
② [德] 马克斯·韦伯:《新教伦理与资本主义精神》,苏国勋等译,社会科学文献出版社 2010 年版,第 5 页。

济就不是伦理经济，而是别的经济。从这一意义上看，所谓伦理经济，是指经济主体按照经济伦理规则从事经济事务以实现伦理目标或道德理想的过程。所以，周荣华把它理解为一种道德建设，我认为是有道理的，这反映了伦理经济具有经济运行的伦理宰制性特点。

第一，伦理经济是充分发挥伦理调节、支配作用的经济。按照资源配置方式来看，市场经济的调节方式主要有基于政府或法律的调节、基于市场的调节和基于伦理的调节三种方式，前两种调节方式中，虽然伦理也分别通过政府或市场对经济活动起作用，比如任何政府在调节经济时都持有一定的伦理价值观，而市场也是持有一定伦理价值观的主体的活动场所，但伦理毕竟不是起主导作用的因子。而伦理经济中，伦理调节则居主导地位，约束经济活动。因此，厉以宁教授在解释伦理经济时，特别强调伦理道德对经济活动的支配性影响。他认为伦理经济主要依靠经济主体"按照自己的认同所形成的文化传统、道德信念、道德原则来影响社会经济生活，使资源使用效率发生变化，使资源配置格局发生变化"，是"人为的引导、调整或约束"，是经济主体自己自觉行动的结果[①]。当然，必须明确的是，在当代社会经济中，市场经济是伦理经济的背景和发展基础，伦理经济也不是政府或法律调节经济和市场调节经济的替代，而是它们的补充，是它们应该追求的境界。

第二，伦理经济介于有形与无形之间，弥补政府或法律调节经济和市场调节经济的不足。政府或法律调节经济依靠的是政府或法律调节，政府或法律调节是有形的；市场调节经济依靠的是市场调节，市场调节是无形的。伦理经济依靠的是伦理调节，伦理调节与市场调节和政府或法律调节既相似又不同：与市场调节相比，伦理调节也来自经济主体本身，对资源配置的影响也是自发的、渐进的，所以它是无形的；与政府或法律调节相较，伦理调节也依靠经济主体的自觉行动，对资源配置的影响也是人为的、以人的意志为转移的，所以它是有形的。厉以宁教授

---

① 厉以宁：《超越市场与超越政府——论道德力量在经济中的作用》，经济科学出版社2010年版，第16页。

说:"习惯与道德调节……始终位于市场调节('无形之手')与政府调节('有形之手')之间。"① 然而,当代市场经济中,政府或法律调节和市场调节都有消除不了的局限性,所以,经济活动中常常出现"市场失灵"和"政府失灵"的现象,而当这些失灵现象出现后,伦理就可以充当调节市场的角色。

第三,伦理经济是主体自主选择的经济,具有超越性。经济活动说到底是人的活动,是一种人文现象,是主体对经济价值和伦理价值的合理选择。作为一种经济活动,经济价值当然构成主体无法逃避的压力;然而作为人的活动,人的自由和解放、全面而自由的发展、自我实现等,是超越经济价值的价值,更是人的终极关怀,因而也是经济活动的应然追求。如果说伦理是主体自由意志的表现,那么伦理经济也是经济主体自由意志在经济领域的表现,因而是主体自觉行动、自主决策、自由选择的结果。一旦主体选择了伦理价值,那么它就具有了超越当下经济价值的眼光,也超越了当下的法律目标这一底线,而追求交融了经济价值和法律目标的更为卓越的价值,即效率、正义、自由、平等、公益和可持续性等。因此,伦理经济具有道德优越性,是经济活动的理想境界。正是在此意义上,厉以宁教授把伦理调节看作超越基础性调节的市场和高层次调节的政府的第三种调节经济的力量。

2. 伦理经济的经济性

伦理经济作为一种经济活动,经济性是其重要特征。这是它作为"经济"的基本属性,否则就不能算是经济。伦理经济不能脱离自然经济、商品经济和市场经济背景,但是它并不是一种与这些经济体制并列的经济体制,并不是以生产资料所有制、人们在生产过程中的相互关系、分配方式等要素表现出来的独立经济形式,而是关于经济形式的性质的道德哲学判断。它突出地表现在自然经济时期,商品经济和发展中

---

① 厉以宁:《超越市场与超越政府——论道德力量在经济中的作用》,经济科学出版社2010年版,第17—18页。

的市场经济背离了它，在当代发达的市场经济中它又以新的形式回归。从这一意义上看，所谓伦理经济，是指发达市场经济下经济主体按照伦理规则、道德理想对资源和经济事务进行安排的活动，是与市场相联系的非营利的经济成分或部门。

第一，经济是指一种以较少投入获得较大产出即涉及效率、成本—收益计算的做事方式，伦理经济也有效率，不过是与道德价值有机结合、相互制约、相互促动、动态平衡的效率。伦理经济的效率价值约束表明，经济之道德价值的实现也同样需要节约道德资源和其他成本，因为道德资源并不是无限的。周荣华认为，伦理经济必须讲究道德目标实现中的成本意识，这主要包括道德资源投入必须讲求产出、道德牺牲要讲求价值、违反道德必须付出代价等①。这一看法很好地揭示了伦理经济的"效率"特征。

第二，经济是指创造人们想要或需要的东西的活动即物质供应，包括生产、交换、分配、消费等运行环节，是与市场制度相联系的经济体，伦理经济也是发生在市场经济背景下的经济行为。市场是当代社会结构体系中的一个基本构成。市场"经济，不仅是单纯地由那些掌权者来管理我们在家庭中或国家里集体需要的财产，它现在也界定了一种我们相互联系的方法、一个共同存在的空间"②。它是当今社会结构体系里客观化的现实，是当代社会道德秩序赖以建立的基础。因而，发生于整个社会场域的伦理经济不能脱离市场，也同样需要市场，即要讲究道德市场意识，这主要包括提供既有利于社会发展，又适合人们需要的道德供给、引导并激活社会主义道德市场需求等③。同时，在当代市场中极为活跃的经济主体并非都以私利为唯一追求，而是积极投身于慈善和公益事业；政府也在保持公益性角色前提下，提供公共产品、从事有关国计民生的重特大经济事务；社会上也产生了难以

---

① 周荣华：《社会发展与道德经济学》，《江海学刊》1998 年第 4 期。
② ［加］查尔斯·泰勒：《现代社会想象》，林曼红译，译林出版社 2014 年版，第 67 页。
③ 周荣华：《社会发展与道德经济学》，《江海学刊》1998 年第 4 期。

小数计的非营利部门和组织。这些带有利益色彩的公共经济都是伦理经济发展的明显表征。

3. 伦理经济是对经济伦理的实践

经济伦理是关于经济活动的伦理意识、伦理原则的价值规范体系，表现为一种精神形态，是一般伦理在社会基本价值观一致的前提下向经济领域渗透而形成的一种特殊的伦理类型，它所关注的是经济伦理价值原则、规范、理想等经济伦理价值观，其侧重点在于"伦理"；伦理经济则是经济主体把经济伦理贯彻、落实于现实的经济生活或经济世界以形成的一种经济类型，即"合伦理的经济"，它所关注的是实际的经济行为，其侧重点在于经济伦理现实化后的"经济"。概括地说，经济伦理是主体的一种理念或精神，而伦理经济是经济伦理的实践平台，是主体在经济伦理指导下的践履经济伦理的实际行动，或者说，经济伦理落实到现实世界就成为伦理经济。经济活动中有着诸多道德冲突和伦理难题，如伦理与利润、经济发展与环境保护、公平与效率等，要寻求这些难题的解决方案，经济主体必须结合多种伦理理论类型并切身投入到实际的市场经济活动中去。当主体通过伦理委员会这一应用伦理通行的实践平台，就所有的利益相关者和社会成员的利益诉求和价值主张进行充分讨论、交流、对话、理性协商，达成共识，形成经济伦理规则，并运用这些经济伦理规则解决了相应的道德难题时，主体就是在市场经济活动中践履经济伦理，而主体践履经济伦理后所形成的经济就是伦理经济。从这一意义上看，伦理经济实际上是经济伦理的落实，是经济伦理的现实化。

二 伦理与经济的关系发展的必然结果

伦理经济并非凭空产生的，而是伦理与经济的关系发展的必然产物。根据历史唯物主义基本原理，蕴含于人类历史发展长河的伦理与经济的关系处于一个复杂的演变与发展过程，它始终受着一定社会历史条件，即生产力与生产关系、经济基础与上层建筑的矛盾运动的制约和影响，随着生产力的发展、生产关系和经济基础的变化、上层建筑的变革而变化和发展。从总体上看，伦理与经济的关系的历史运行轨迹呈现为伦理与经济的自发混同——伦理与经济的外在分离——伦理与经济的有机统一这样一个统——分——统的历史发展过程，这实际上就是人类经济发展从伦理经济到非伦理经济到新伦理经济即肯定——否定——否定之否定的历史辩证运动。

（一）伦理与经济自发混同时期的伦理经济

从经济形态上看，18世纪中叶以前，人类社会处于生产力发展水平低、科技水平不高、社会分工不发达的自然经济状态。此时没有独立的经济行为，人类所有活动都表现为未分化的、自发的、混同的状态，因而伦理与经济的关系也就表现为两者的自发同一、相互交错。但是，在这种相互交错的关系中，伦理是核心，它包蕴经济并把经济伦理化。因此，自然经济又可称为伦理经济。

伦理调节在自然经济中占据主导地位，这主要表现在：一是经济实体同时也是伦理实体，而且伦理实体构成经济实体的基础。自然经济中的经济实体是以血缘和亲情而不是以经济利益为纽带建立起来的家庭，而家庭显然首先是一个伦理实体，其作为经济实体不过是其作为伦理实体的一种衍生功能。二是伦理法则制约、决定经济运行。自给自足的自然经济的经济主体主要是处理人与自然的关系，其运行机制受自然法则而不是社会性经济法则制约，经济活动主要依从于伦理法则，如经济行为的动力主要来自于家庭存续的伦理要求和主体勤奋节俭的伦理精神，而不是个人利益最大化欲求；经济关系也主要是依靠维系家庭的伦理准则、维系人际关系的人情法则、维系社会秩序的习惯等而不是利益杠杆来调节。三是伦理目的规制经济活动。自然经济下的经济活动并不是一项独立的社会活动，而是整个社会宗法伦理活动的一部分或一个方面：微观上它是作为伦理实体的家庭活动的一部分，服从于家庭的伦理目的；宏观上它是维护宗法伦理体制的一种手段，服从于社会宗法的伦理目的①。厉以宁教授曾引用约翰·希克斯（John R. Hicks）《经济史理论》关于"习俗经济"的材料，并把"习俗经济"指认为完全依靠习惯和道德力量调节的经济②。而习俗经济、自然经济不过是不同说法，它们实质上都主要依靠伦理调节，因而也可以说是伦理经济。

当然，把自然经济判定为伦理经济，只是一种总体的说法，它只是表明社会还没有出现领域分离，人的活动还处于"原始的丰富"状态，人与自然、人与人的关系还处于"人的依赖性"之中，经济活动还没有完全独立出来。但是，这也并不排除自然经济状态下也出现了突破宗法伦理关系的商品经济现象，商品经济当然是按照自己独立的运行法则即利益法则运行的，然而它仍然是局部的、处于自然经济的总体背景下的，其存在和发展并没有取得普遍化的形态。

（二）伦理与经济外在分离时期的非伦理经济

18世纪中叶至20世纪七八十年代，随着社会生产力的发展、科技水平的提高、社会分工的扩大，自然经济逐步退出历史舞台，人类经济的社会形态进入到一个全新的历史时期——商品和市场经济时期。此时社会发生领域分离，经济行为从人类其他行为中取得独立形态并获得普遍化，因而伦理与经济的关系也相应地表现为两者的外在分离、相互对立。但是，在这种相互对立的关系中，经济是核心，它箝制伦理并把伦理经济化。因此这种经济又可称为非伦理经济。

伦理与经济分离使伦理调节在经济活动中沦陷、丧失，这主要表现在：一是经济关系与宗法伦理关系决裂，经济行为成为独立于伦理之外的理性行为。马克斯·韦伯把商品和市场经济主体行为称为理性经济行为，认为它是从家庭分离出来的、与合乎理性的簿记方式密切相关的、

---

① 罗能生：《义利的均衡——现代经济伦理研究》，中南工业大学出版社1998年版，第45—46页。
② 厉以宁：《超越市场与超越政府——论道德力量在经济中的作用》，经济科学出版社2010年版，第4—5页。

绝对地支配着现代经济生活的事务。马克思说,商品经济和市场经济是"以物的依赖性为基础的人的独立性"的经济,是随着以"人的依赖性"为主的经济,即由自然经济的没落而发展起来的①。即是说经济活动从整体的社会活动中独立出来成为一个专门的领域。既然是独立的专门领域,那么它必然有其独立的内在运行规律和法则,这便是理性法则、利润法则、竞争法则和资本逻辑,而不是过去那种人情法则和伦理法则。那么,是什么原因导致伦理与经济分离呢?从历史上看,是由于资本主义生产关系取代了封建宗法生产关系而在社会关系中占居主导;从学理上看,是由于亚当·斯密创立了经济学,把经济学从道德哲学中独立出来。事实上,斯密先创作《道德情操论》,后创作《国富论》,这一先一后的顺序恰好是经济脱胎于伦理这一历史事实的反映;这一为伦理学著作一为经济学著作的建树恰好是伦理与经济对立这一现实状况的理论反映。二是独立后的经济行为排斥任何伦理价值取向的规导而受制于利润逻辑。在利润逻辑支配下,利己成为经济主体本性的唯一方面,其一切行为都服从于利润最大化的目的,理性计算、成本——收益分析成为其经济活动的根本方法,伦理价值目标、道德情感等销声匿迹。这种对伦理价值取向的拒斥,使经济行为出现极为严重的后果。由于它以利润最大化为唯一取向,所以达成这一目的的手段也不道德化,如历史上的贩卖黑奴、原始资本积累、圈地运动等就是明证;利润最大化作为唯一目的,也使经济行为后果非人性化,马克思在《1844年经济学哲学手稿》中深刻论证的"劳动异化"就是其典型表现,经济行为本来是人的行为,其结果应该是为了人、服务于人,可是它却由出于人而反过来成为宰制人、支配人、与人对峙的东西。总之,伦理与经济的关系在此阶段相互对立、彼此紧张,因此是非伦理经济。

非伦理经济虽然是没有良心的、令人不愉快的,但它是伦理与经济的关系发展的必然产物,具有历史合理性。首先,非伦理经济标志经济脱离伦理而走向独立,这恰好是社会生产力发展的必然要求。自然经济

---

① 《马克思恩格斯文集》(第8卷),人民出版社2009年版,第52页。

第十五章 伦理经济：经济伦理实现的优良目标

虽然是伦理经济，但它是受伦理目的和法则制约的，不能按照经济本身的内在规律运行，不能发挥经济本身的应有功能，因而它的发展极其缓慢，严重束缚了社会生产力的发展。因此，要解放和发展生产力，就必须突破旧的生产关系及建立于其上的旧的宗法伦理关系，使经济摆脱宗法伦理关系的束缚，破茧而出，按其自身内在法则运行，从而为生产力的发展创造条件。因此，非伦理经济是伦理与经济的关系发展的一个必要环节。其次，非伦理经济标志伦理与经济关系的发展正处于一个特殊的历史时期。非伦理经济出现于资本主义生产关系正极力冲破封建主义生产关系的束缚以成为占统治地位的生产关系的时期，在这种生产关系的替代、革命中，适应旧的生产关系的宗法伦理道德被商品和市场经济所抛弃，正逐步退出历史舞台，日渐式微，然而新的与商品和市场经济相适应的伦理道德又没有确立起来，导致"资本主义商品经济和市场经济发展过程中出现了一个道德约束的真空期"[①]。同时，由于商品和市场经济是利益、资本驱动型经济，它以肯定、激发经济主体的利润最大化追求为前提，再加上商品和市场经济体制本身不健全，因而必然导致经济发展中出现不讲道德、拒斥伦理的局面。还有一点不可忽视的是，资本主义生产资料私有制造成了生产资料与劳动者的分离、资本家个别利益与社会整体利益的对立，这也是导致经济活动沦陷人性、排斥良心、丧失诚信而走向非伦理经济的重要社会原因。

但是，非伦理经济虽然有促进生产力发展、促进经济独立化、为高一级的蕴含新的精神特质的道德形态的产生创造条件的历史合理性，然而它也造成了严重的消极的社会后果，使经济不道德化，经济不道德化的长期积累必然使其不能良性发展。因而，伦理与经济的"这种分离只是在一定历史条件下的一种外在分离"[②]，商品和市场经济的健康发展必然扬弃这种分离，内在地要求新的与市场经济完善化相适应的伦理道

[①] 罗能生：《义利的均衡——现代经济伦理研究》，中南工业大学出版社1998年版，第50页。

[②] 同上。

德顺势生成。这表明，伦理与经济必然在新的社会历史条件下通过调适而走向有机统一。

（三）伦理与经济辩证统一时期的新伦理经济

20世纪七八十年代以来，社会生产力获得迅猛发展，科技革命浪潮席卷全球，生产社会化程度越发提高，人类经济形态也随之进入到发达的市场经济时期。此时社会领域分离与领域合一同步发生，经济行为又开始呼唤伦理，伦理也日益融入经济，因而伦理与经济的关系也相应地表现为两者之间张力适度、各显个性，但又相互交融、互为需要、互取优长。两者的关系既不是商品和市场经济时期那种对立、紧张的关系，也不是自然经济时期那种自发混同、彼此同化的关系，而是两者有机统一、辩证互动，即经济伦理化同时又伦理经济化。在这种辩证统一中，经济回归其基础地位和应有角色，伦理内生于经济，是经济发展的必然要求，并构成经济的精神之维；但是，内生于经济的伦理并不是亦步亦趋于经济，而是既适应于经济运行的内在规律，又因吸纳了新的精神特质、变换为新的面貌而保持其对经济的超越性，引领、范导、升华经济行为。因此这种经济又可称为新伦理经济。

发达的市场经济之所以是新伦理经济，是因为它正日益演变为人文经济，而人文经济的实质是伦理经济。因为人文经济就是充分发挥以新的面貌出现的伦理调节的重要作用的经济，它以伦理经济为核心，通过伦理经济得以具体化。这主要表现在：一是经济理论研究日益从单纯的数理科学化、模型化研究转向科学化与人文化、伦理化研究紧密结合的综合化研究。自边际革命后，经济学大量运用数理工具而日益演变为类似于自然科学的、与价值无涉的实证性科学，这使经济学贫困化，引起许多经济学家和社会人士的严重不满。因此许多经济学家开始反思人文伦理精神与经济发展的关系，重拾经济学研究的伦理传统，从而出现伦理经济学这一庞大的经济学家族，比如提出伦理观念是经济发展的内生变量的新制度经济学；确证经济主体并不是只知理性计算、纯粹利己的经济人，而是有着丰富情感、利他行为的社会人和道德人的行为经济学；还有阿马蒂亚·森"以自由看待发展"的经济伦理学、阿莱霍·何塞·G.西松的道德资本理论、布坎南的公共选择经济学、托马斯·赛德拉切克（Thomas Sedrachek）的善恶经济学，以及以提高生活质量为旨归的幸福经济学；等等。这使得经济学内部的发展出现了科学与人文的双重变奏。同时，经济学以外的人文科学也孜孜探求经济发展的人文动因，从而出现经济人类学这一学科体系，比如提出宗教伦理是资本主义发展的人文动因的韦伯宗教社会学；提出需要层次论的马斯洛人本心理学；提出人际关系、社会结构、文化传统也对经济活动产生影响的社会资本理论；等等。这使得经济学听到了来自外部的声音，获得了走出贫困化的援助和信心。二是经济活动本身日益与人文、伦理一体化，即文化（人文、伦理）的经济化和经济的文化（人文、伦理）化的"双向流转态势"。"'文化的经济化'是指以民族文化为载体的道德、艺术等精神资源以及个体身心为依托的潜能、创意等人文要素具有经济力，文化进入市场，直接成为产业；'经济的文化化'是指道德、审美等人文、心理要素参与、融入经济活动之中，影响经济发展的过程和结果。"① 经济与人文、伦理一体化是当代发达的市场经济发展的方向，表明当代经济正在从"以人和文化为中心""以人文竞争力为核心竞争力""以提高主体的人文内涵为中心工作"的人文经济走向"以伦理为中心""以道德竞争力为核心竞争力""以提高主体的道德内涵为中心工作"的新伦理经济。

三 伦理经济在社会主义市场经济下的发展

当代发达的市场经济正在走向新伦理经济，当代整个社会结构体系也正在从"市场—政府"的二维结构演变为"市场—政府—社会"的三维结构。社会主义市场经济是当代社会市场经济体制之一种，以其为基础、竖立于其上的中国社会结构体系也正在转向三维结构，因此它也

---

① 邹智贤：《人文经济学何以可能?》，《哲学研究》2013年第8期。

必须以伦理经济为应然走向,并在三维社会结构体系的总体背景下进行伦理经济的实际操作。但是,与资本主义市场经济下的伦理经济不同,社会主义市场经济下的伦理经济是以公有制为主体、多种所有制经济共同发展的基本经济制度为基础,以社会主义民主政治和法律制度为保障,以促进社会公平正义、增进人民福祉、助推国家富强民族振兴、推进个人的全面而自由的发展为出发点和落脚点的。因此,社会主义市场经济下伦理经济的发展既要从市场、政府和社会三个层面同时进行,又要受这些基础、保障、出发点和落脚点的制约、规范。

(一)市场层面:在社会主义基本经济制度基础上充分利用市场主体的自愿自发激励机制

与其他经济体制相比,市场的最大优势在于它以市场主体的自由自主为前提,因而更有效率。在"市场—政府"的二维社会结构体系中,市场主体,一般说来,就是广大的企业,都是追逐私利、创造财富、寻求效率的自主决策、自负其责、自我发展的独立化的主体,他们从不主动实施利他性的公益行动,虽然其追逐私利的行动带来了有利于社会和他人的效果,但这一效果并不是他们行为动机的构成要素。然而,经济主体并非生活于真空之中,而是处于政府的调控中,与社会、人群和其他组织紧密联系在一起,同处于一个宏大的社会联合体。"经济活动是同一个更宽阔的背景条件密切联系的,这个背景条件包括了政治、社会心理和自然环境等多种要素……来自文化、国内政治、地缘政治、公众舆论、环境和自然资源等方面的限制条件都会在经济生活中扮演重要的角色。"[①] 因而市场的自愿、自发的激励机制必须与政府、社会相协调。所以,自20世纪七八十年代以来,在大量的引起了公众反响、企业反思和学界反应的经济丑闻的直接推动下,许多企业、公司和实业人士都被迫或主动发展伦理经济,如发布有利于社会和消费者的经济伦理信

---

① [美]杰弗里·萨克斯:《文明的代价——回归繁荣之路》,钟振明译,浙江大学出版社2014年版,第5页。

条、开展将盈利能力与环保及社会公正结合起来的社会责任投资、致力于积累道德资本、在企业内部创建伦理管理体系等，虽然这些行为是他们的一种经营策略或是达成最终利益的一种权宜之计，但因为他们的确是在践履经济伦理，因而也属伦理经济；而那些主动慈善、投身于公益事业和非营利领域，为实现社会公平正义做贡献的行为，就更属伦理经济。这表明，市场主体并非只知谋利的纯粹的经济人，而是还具有利他本性的社会人，是集利己与利他于一身的行为主体。

社会主义市场经济下伦理经济的发展同样是以效率和财富为目标，为此就必须使市场在资源配置中起决定性作用，充分利用市场的自愿自发的激励机制，让市场主体自主经营、公平竞争，使对市场主体经营有决定性影响的消费者能够自由选择、自主消费，这样才能充分调动广大经济主体发展经济的积极性。同时，这种经济必须具有伦理性，这就必须充分发挥社会主义制度的优越性，调动那些占主体地位的公有制经济的"公有"潜能，发动他们投身于惠及社会民众的公益事业。当他们实施如此行为后，对非公有制经济也会产生示范效应，而作为社会主义市场经济之重要组成部分的非公有制经济，为了激发自身经济活力和创造力以便与公有制经济平等竞争，就会在关注自身利益的同时，仿照公有制经济涉足以担负社会责任、推动社会公平正义为职志的伦理经济。

（二）政府层面：在社会主义民主政治制度保障下切实维护政府的公益性目标

任何经济体系都应当实现三个基本价值：效率、正义和可持续性，其中效率价值经由市场实现，而正义和可持续性价值则经由政府实现。因此政府的存在是正当的、合法的，其正当性、合法性就来自于它对正义、可持续性等公共善的追求和承诺。自由至上主义经济学家们认为，市场不仅能够创造效率，也能够带来正义和可持续性，因此他们主张"最弱意义的政府"。事实上，市场并不能满足社会对公共产品、环境保护、科学研究和尖端技术研发、透明信息等的需求，这些决定正义和可持续性价值的公益价值只能由政府出面干预市场才可能实现，而像那些利润丰厚但获取周期长且个别企业和公司无力承担的、具有公益性的商业事务，甚至需要政府的直接参与、组织。因此，政府"在一个市场体系中应当承担重要角色"，是"确保市场机制下实现效率和公平的关键角色"①。同时，政府的运作方式与市场的运作方式也不同，市场的运作方式是自愿和非强迫的，政府的运作方式是强制性的法律和经济杠杆如征税，但其目的是为了实现公共善。只有当市场与政府相互辅助、各负其责时，经济体系才能既有效率，又能"提供类似基础设施、科学研究和市场监管那样的公共产品；保证收入分配方面的基本公平以及对穷人长期提供摆脱贫困方面的帮助；促进地球上脆弱资源的可持续利用，以便造福我们的子孙后代"②，即实现效率、正义和可持续性价值。因此，公益性的政府是保证市场经济的伦理性的必要条件。

社会主义市场经济下伦理经济的发展同样离不开公益性的政府，但这种政府并不是计划经济下的父道主义式的政府，也不是对市场进行过多干预而对该监管却不到位的政府，而是在社会主义民主政治和法律制度约束下依法行政，能够对资源配置进行恰当调节、更好发挥作用的政府，是以保持宏观经济稳定、提供优质公共服务、保障公平竞争、恰当监管市场、维护市场秩序、推动可持续发展、促进共同富裕、弥补市场失灵为职责和使命的政府。这种政府能够保证市场经济的效率优势、又合乎正义和可持续性价值，从而使社会主义市场经济下的经济主体成为发展伦理经济的主导力量。

（三）社会层面：结合市场的自愿机制和政府的公益目标发展社会经济

与市场和政府的运作方式不同的是，在当代"市场—政府—社会"的三维结构中，社会是社会结构体系的第三维，公益性、团结、参与等

---

① ［美］杰弗里·萨克斯：《文明的代价——回归繁荣之路》，钟振明译，浙江大学出版社2014年版，第45页。

② 同上书，第33页。

是其目的，自愿自主和非强制性是其实现这些目的的手段，它既克服了政府运作方式上的各种缺陷而吸取了政府的公益性，也克服了市场经济主体唯利是瞻的本性而接纳了市场的自愿自发的激励机制，因此它既具有政府的公益性也具有市场的自愿自主性；社会以公益性团体、非政府组织等为代表，因而具有感召公众、说服人心的道德力量，获得了超越市场和政府的道德优越性，即"非功利性、非营利性、反个人原子化并重新强调社区的重要性"。因批判和扬弃了简单的市场经济，所以它是"'社会'对'市场'的反动，是一种正在实践当中的道德经济"①。因此，在社会层面大力促进非营利性经济、社区、社群、公共组织的成长、繁荣，也是社会主义市场经济下伦理经济发展的必要之途。

---

① 童小溪：《当代社会的道德经济：非营利行为与非营利部门》，《中国图书评论》2013年第10期。

第十六章　经济共享：经济伦理实现的道德使命

经济伦理实现机制就是要求经济主体通过社会方面的共识引领和制度安排，经济方面的市场交换、资本节制和利益合作，通过其作为主体的内部施控和自我调节，去积极践履、落实经济伦理，而当广大经济主体真正落实经济伦理后，所形成的结果必定是经济的伦理化，即伦理经济的形成，而伦理经济造成的后果则又是整个社会的经济和财富共享，这种共享实际上是社会主义市场经济发展的优良秩序的形成，也是包括所有践履经济伦理的经济主体和全体社会成员的共享。这样看来，经济共享是经济主体经济伦理实现的道德使命，是指导经济主体实现、落实经济伦理的伦理价值理想。但是，这种经济共享又并不是自然而然地形成的，而必须通过人为的努力，从经济、政治、文化、制度等各方面创造条件，将其机制化，才能得到实现。从这一意义上看，经济共享就不仅仅是原则或理念，而是需要政府、社会、作为经济主体的企业等将其机制化的实际行动。本章试图从经济伦理学角度把经济共享当作我国社会主义市场经济下经济主体经济伦理实现的道德理想和使命，探讨其内涵、伦理意义及社会主义市场经济条件下促成经济共享的基本方式。

一　经济共享的学理内涵

共享是中国古代经济伦理思想中的一个基本价值观念。儒家非常推崇共享，孔子的忠道即"己欲立而立人，己欲达而达人"和"博施于民而能济众"(《论语·雍也》)实际上就是提倡共享,他还说:"盖均无贫,和无寡,安无倾。"(《论语·季氏》)按朱熹注解,"均"系"各得其分"之意,这显然包含共享之意;孟子问齐王:"独乐乐,与人乐乐,孰乐?""与少乐乐,与众乐乐,孰乐?"(《孟子·梁惠王下》)齐王以"不若与人""不若与众"作答,这也是共享的意思;荀子说:"贵贱有等,长幼有序,贫富轻重皆有称者也。"(《荀子·富国》)其"有称"意即指孔子的"各得其分",也包含贫者富者共享财富之意;儒家经典《礼运》倡言"大同":"天下为公,选贤与能,讲信修睦。"按照郑玄注解,"公"指"共","故人不独亲其亲,不独子其子,使老有所终,壮有所用,幼有所养,鳏、寡、孤、独废疾者皆有所养"。即是说,在"大同"之世,人人劳动,共享财富。《礼运》所言说的这种为儒学所仅见的"大同"共享思想在中国思想史上产生了深远的影响。墨家也对共享情有独钟,墨子提倡"交相利"(《墨子·兼爱中》)和"有力者疾以助人,有财者勉以分人,有道者劝以教人"(《墨子·尚贤下》)就包含共享的伦理意蕴。道教经典《太平经》主张财产公有:"财物乃天地中和所有,以共养人也。此家但遇得其聚处,比若仓中之鼠,常独足食,此大仓之粟,本非独鼠有也。少内之钱财,本非独以给一人也。其不足者,悉当从其取也。"[1] 意即指社会财富如"大仓之粟",不能为一只老鼠即一个人所独食、独占;即便"少内之钱财"即皇帝的收入,也不应为皇帝一人所独享;社会上的不足者即其所得不足以维持其生活之所必需者,都有权从其他人那里得到补偿[2]。应该说,《太平经》关于财产公有的主张是空想性质的,但其包含的财富共享的思想则是不言而喻的。

西方经济伦理思想史上也有许多思想家主张财富共享。柏拉图(Plato)在《理想国》中提出一切财产归集体和城邦所共有,人们同吃同住,共同拥有所有物品,国家才能统一、和谐;中世纪基督教的"宗

---

[1] 王明:《太平经合校》,中华书局1960年版,第247页。
[2] 唐凯麟、陈科华:《中国古代经济伦理思想史》,人民出版社2004年版,第288页。

教爱心共产主义"主张实行社会财富共有以便实现经济正义；16、17世纪，空想社会主义者托马斯·莫尔（St. Thomas More）主张完全废除私有制度以实现财富的正义分配，康帕内拉（Tommas Campanella）提出"共同享有"私人财产与艺术、荣誉、欢乐等，19世纪初，空想社会主义者圣西门（Comte de Saint-Simon）、傅立叶（Charles Fourier）、欧文（Owen）使消灭私有制的观点广为人知，并详细制定了财产共有共享的小公社制社会，特别是欧文还组织一群人迁往美国进行实践，在印第安纳建立了一个叫做"新和谐"的共享型公社①；18世纪法国哲学家卢梭也提出过共享的价值和观念，他在《论人类不平等的起源和基础》中激烈地抨击了不平等的财产占有，认为其败坏了人类爱好和平、合作的天性，使人类变得自私、具有攻击性，因此社会应该重建，他在《社会契约论》中设想了社会重建的过程，并提出，为易于实行参与民主制，"在小共同体中，可以通过公民们面对面的对话协调私人利益与共同利益。通过讨论和争辩，可以创造出共享的价值和团结观念"②。

当代著名政治哲学家罗尔斯"作为公平的正义"之正义论也蕴含共享价值。他提出了两个正义原则："（1）每一个人对于一种平等的基本自由之完全适当体制都拥有相同的不可剥夺的权利，而这种体制与适于所有人的同样自由体制是相容的；以及（2）社会和经济的不平等应该满足两个条件：第一，它们所从属的公职和职位应该在公平的机会平等条件下对所有人开放；第二，它们应该有利于社会之最不利成员的最大利益（差别原则）。"③ 其中第一个原则人们一般称为"平等的基本自由"原则，其中的"都拥有相同的""适用于所有人的同样自由体制"等表述与共享的意思是一致的，也就是说，在这种自由体制下生活的每一个人都平等共享这种体制赋予的基本自由或"不可剥夺的权利"；第

---

① ［美］巴里·克拉克：《政治经济学——比较的视点》，王询译，经济科学出版社2001年版，第32页。
② 同上书，第70页。
③ ［美］约翰·罗尔斯：《作为公平的正义——正义新论》，姚大志译，中国社会科学出版社2011年版，第56页。

二个原则可分为"公平的机会平等"原则和"差别原则",其中前一个原则阐述的是所有人平等共享谋求公职和职位的机会,后一个原则阐述的是每个人特别是社会之最不利成员都尽量平等共享收入、财富、机会等,以便都能获益。为了达成共享目的,罗尔斯还提出福利国家政策作为保障。

上述思想家们所言说的共享理想,对于我们进一步思考共享极具启发意义。根据历史唯物主义基本原理,共享是一个与生产密切相联的分配意义上的范畴,按照恩格斯在《共产主义原理》中的阐述,共享是指"由社会全体成员组成的共同联合体来共同地和有计划地利用生产力;把生产发展到能够满足所有人的需要的规模;结束牺牲一些人的利益来满足另一些人的需要的状况……所有人共同享受大家创造出来的福利……使社会全体成员的才能得到全面发展"[1]。在《共产党宣言》中,马克思、恩格斯又进一步把共享凝练地表述为"每个人的自由发展是一切人的自由发展的条件"[2] 这样一个基本命题。即是说,共享是指社会的每一个成员都成为社会共同体的主人,不受其他任何人的奴役,每一个成员都能够分享、利用社会财富,全面地、自由地发展和表现自己的本质力量。根据这一思想,我们可以对经济共享作如下定义:所谓经济共享,作为经济伦理的一种理念,是指社会共同体的每一个成员在经济领域按照一定规则公平地共同享有道德和法律认可的财富、权利、机会等,是社会共同体成员之间建立在利益基础上的一种社会经济交往关系,是成员之间的一种经济伦理关系。

(一) 经济共享首先是指财富共享

无论是中西经济伦理思想,还是马克思主义伦理学,虽然价值目标各不相同,但在共享这一价值理念上,都主张财富共享是经济共享的基本要义。所谓财富,"首先是与人们的物质生活直接相关的'物质生活

---

[1] 《马克思恩格斯文集》(第1卷),人民出版社2009年版,第689页。
[2] 《马克思恩格斯文集》(第2卷),人民出版社2009年版,第53页。

条件'"即"表现为以自然富源或劳动产品的形式出现的、具有某种'使用价值'的'财物'"①。也就是说，财富首先是以物的形式体现出来的。从纯粹物的形式维度来说，财富体现为由生产力的高度发展所带来的物质资料和社会财富。财富当然并不仅仅体现为物，它还以主体的形式体现出来，表现为创造财富的人的活动及其能力，包括人类天性，即人的来自于自然界和社会历史进程中的各种天赋、潜能、素质，丰富的、多样化的个性，需要和享受的本性及创造满足需要的新方式的能力；另外，财富还以精神的形式体现出来，表现为文化、价值观、伦理道德观念等精神产品。但是，实物毕竟是财富的基础性的、重要的载体，主体的天赋、潜能、素质、个性、能力等必须物化，即烙印在主体活动的最终结果即产品上，而文化、价值观、伦理观念等也不过是物化财富的精神化表现。因此，所谓财富共享就是社会每一个成员都能共同分享生产力发展所带来的社会物质财富、主体创造出来的福利及精神财富等。

（二）经济共享包括经济权利共享

共享具有分配意义，是人们共同享有道德和法律认可的权利。因此，经济共享还包括经济权利共享。社会生活中每个人都有平等的权利。《世界人权宣言》第一条就说："人人生而自由，在尊严和权利上一律平等。"阿马蒂亚·森在《贫困与饥荒——论权利与剥夺》中认为，如果人们不能用生产、贸易、运动等不同的方式将工作能力、土地、资金、耐用品和金融资产等秉赋转换成功能，即不能成功交换权利或者说权利失败，那么这即是权利被剥夺，一部分人的权利被剥夺的社会，显然不是一个权利分配公正平等的社会，也不是一个权利共享的社会。但是，权利共享也不是抽象的、空洞的东西。因为权利不是抽象的，而是具体的、历史的，是一定社会历史条件下的个人所拥有的为当

---

① 刘荣军：《财富、人与历史——马克思财富理论的哲学意蕴与现实意义》，人民出版社2009年版，第184页。

时社会道德和法律认可的资格、自由和利益。马克思说:"权利决不能超出社会的经济结构以及由经济结构制约的社会的文化发展。"① 权利总是表现为一定社会历史条件下的经济、政治、文化、教育、生态环境等权利,当权利共享延伸于经济领域时就是经济权利共享。当然,根据社会公平正义原则的要求,道德和法律在认可经济权利共享的同时,也会要求经济义务共享或共担。经济权利共享,是指人们共同拥有投身于经济交往活动、谋求财富业绩的权利,或者说社会成员都共同享有寻求自己珍视的幸福生活所需要的物质财富条件的权利,这包括维持自己生存和生命健康之物质生活资料、接受知识和技术教育、充裕的娱乐、学习、文化艺术创造时间即自由时间等②。

(三) 经济共享也包括经济机会共享

所谓经济机会共享,就是指人们在经济活动中共同拥有一致而非同一或同等而非同质的机会和条件。它主要体现在两方面:一是经济参与机会共享。即经济机会要向所有人开放,或者说,要让所有人共同拥有谋取收入和财富、获得经济活动成果的机会。任何把"那些拥有同等天资和能力并具有使用这些天赋的同样意愿的人们"拒斥在外,不让他们拥有"相同的成功前景"③,通过展示天资、能力和意愿以获取收入和财富的机会,都不能称作机会共享。参与机会共享又包括参与经济机会的起点共享和过程共享,这具体体现为就业机会共享,市场准入和竞争机会共享。二是经济发展机会共享,即所有人都共同拥有发展机会,而不受其他任何因素影响而被差异化对待,比如共享接受教育和技能培训的机会、医疗卫生健康及保健设施的机会、信息的机会等。

---

① 《马克思恩格斯文集》(第3卷),人民出版社2009年版,第435页。
② 龚天平:《论经济平等》,《中南大学学报》(社会科学版) 2014年第6期。
③ [美] 约翰·罗尔斯:《作为公平的正义——正义新论》,姚大志译,中国社会科学出版社2011年版,第57页。

二 经济共享的伦理价值意蕴

作为经济伦理的一种理念，如同其他伦理理念一样，经济共享同样是我国当下社会经济状况的产物。恩格斯提出人们"归根到底总是从他们阶级地位所依据的实际关系中——从他们进行生产和交换的经济关系中，获得自己的伦理观念"[①]。这种经济伦理理念一旦确立且广泛传播开来，"一经掌握群众，也会变成物质力量"[②]，对经济社会和人的发展产生巨大影响。由此看来，作为经济伦理观念的共享是经济社会和人的发展的一种预制性的伦理价值前提。

第一，经济共享促进经济繁荣，为增进社会道德水平创造条件。一般说来，人们都希望自己生活于其中的社会繁荣昌盛、兴旺发达，但人们衡量这个社会繁荣兴旺的标准则多种多样，其中最为基本的标准就是经济繁荣。对于社会来说，经济繁荣的伦理意义就在于："繁荣不仅确保着纯物质性满足，而且也确保着文化和精神充实、保健、养老和其他保证舒适生活的事物。作为一种最贴近的指标，繁荣的实现是由人均实际收入和财富来衡量的。"[③] 经济繁荣也意味着"常常形成更多的机会、对多样性的容忍、社会流动性、坚持公平以及对民主的尊崇"[④]，即是说，经济繁荣可以增进社会的道德水平、敦风美俗，而一个社会道德水平的提升主要表现为一个社会的开放度的扩大，其宽容性、民主性、公平性品质及文明程度的提高。但是，经济繁荣并不会凭空呈现。促进经济繁荣的途径很多，比如鼓励自由竞争、扩大市场合作、推动技术创新、加快制度变迁等，除此以外，促进经济共享也是一个重要举措。从

---

① 《马克思恩格斯文集》（第9卷），人民出版社2009年版，第99页。
② 《马克思恩格斯文集》（第1卷），人民出版社2009年版，第11页。
③ ［德］柯武刚、史漫飞：《制度经济学——社会秩序与公共政策》，韩朝华译，商务印书馆2000年版，第101页。
④ ［美］本杰明·M.弗里德曼：《经济增长的道德意义》，李天有译，中国人民大学出版社2013年版，第4页。

经济运行环节来看，经济共享显然属于经济分配领域，但经济分配对经济的生产、交换环节都是有重要影响的。恩德勒认为分配是"经济活动中与生产和交换具有同等价值的基础性维度，它与其他两个维度具有相互作用关系。分配维度贯穿于整个经济活动之中，不仅是它的结果，而且也是它的起始条件和过程"①。生产决定分配，分配反过来又影响生产。经济分配如果做到公平共享，那么它就能刺激生产，促进经济繁荣；否则，它就会使生产停滞或倒退，经济系统瘫痪。因此，一个社会或经济体要想实现经济繁荣，就必须采取措施实现各阶层和社会成员收入均衡化，惠顾最不利者最大利益，谋求公平的分配结果，促进经济共享，而经济共享又能创造经济繁荣，增进社会整体福利，从而使其道德水平的提升即文化繁荣、道德昌明、公序良俗之形成变成可能。

第二，经济共享增进人民团结，把社会凝聚为一个紧密的道德共同体。斯密深谙经济共享对于社会的重要意义，他说："下层阶级生活状况的改善，是对社会有利呢，或是对社会不利呢？一看就知道，这问题的答案极为明显。各种佣人、劳动者和职工，在任何大政治社会中，都占最大部分。社会最大部分成员境遇的改善，决不能视为对社会全体不利。有大部分成员陷于贫困悲惨状态的社会，决不能说是繁荣幸福的社会。而且，供给社会全体以衣食住的人，在自身劳动生产物中，分享一部分，使自己得到过得去的衣食住条件，才算是公正。"② 同样是英国经济学家的马歇尔在批评当时英国社会经济体制时说，财富分配不均"是我们经济体制中的一个严重缺陷。在不伤害人们自由创造精神与原动力，从而不会大大妨碍国民收入增长的前提下，对这种不均的任何减少，显然是对社会有利的"③。经济共享不仅深刻地影响经济活动本身，

---

① ［德］乔治·恩德勒等主编：《经济伦理学大辞典》，王淼洋、李兆雄、陈泽环译，上海人民出版社2001年版，第560页。
② ［英］亚当·斯密：《国民财富的性质和原因的研究》（上卷），郭大力、王亚南译，商务印书馆1972年版，第72页。
③ ［英］马歇尔：《经济学原理》（下卷），朱志泰等译，商务印书馆1981年版，第364页。

也深刻地影响社会成员的心理、情感及其相互之间的关系，进而影响整个社会系统；它能增进人民团结，把社会凝聚为一个紧密的道德共同体。所谓人民团结，是指社会共同体成员之间情感深厚紧密、互相顾及、有机联结、凝聚力强；所谓道德共同体，是指共同体成员共享一组相似的道德价值系统而组成的共同体。但这种团结和共同体的形成需要相应的基本条件，包括精神条件即共享的价值和情感条件即共通的情感①。而这些条件一般又都建立在经济条件的基础上。所以，经济共享是稳定社会成员心理、增强社会成员情感联系、维系社会成员团结的基本纽带。如果人们在经济上不能实现共享，那么共享的道德价值和共通的道德情感就不可能形成；相反，如果人们经济上实现了共享，那么共享的道德价值和共通的道德情感就具有了可能性空间。当一个社会实现了经济共享、道德价值共享、道德情感共通，那么它就是一个凝聚力强、关系紧密、团结度高、公平正义的道德共同体。

第三，经济共享调动社会成员参与社会交往的积极性、主动性，拓展人们的道德交往。所谓道德交往，是指社会共同体成员在一定道德情感激发和支配下，依照一定道德原则和规范而发生的社会交往关系。交往是人的本性。任何社会成员都需要参与社会交往，包括经济交往，展示自己作为人的本质力量。一个社会的成员之间交往越发达越频繁，那么这个社会就越有活力；否则就是一潭死水。交往包括竞争和合作两个维度，其中适度的竞争使社会活力四射，良性的合作使社会稳定有序；正当的、理性的竞争是道德交往，团结互助、合作协调也是道德交往。但是，社会成员交往包括道德交往的积极性、主动性建立在成员之间能否经济共享的基础上。只有当社会成员能够共享并且能够自己支配交往成果特别是经济成果时，他们才会有兴趣交往，乐意交往，也才会有激情和道德情感去开展道德交往，从而丰富和拓展道德交往空间；否则，人们就会丧失交往兴趣和激情，丧失道德情感，相互怨恨、仇视、伤害，从而道德交往受到局限。斯密说："社会不可能存在于那些老是相

---

① 曹刚：《团结与友善》，《伦理学研究》2015年第1期。

互损伤和伤害的人中间。每当那种伤害开始的时候,每当相互之间产生愤恨和敌意的时候,一切社会纽带就被扯断,它所维系的不同成员似乎由于他们之间的感情极不合谐甚至对立而变得疏远。"① 资本主义制度下的劳动异化就证明了这一点。异化劳动导致人人不愿意劳动,失去劳动和交往热情,人与人的社会关系失去道德温度,变得冷淡隔膜,相互算计,道德交往片面化、狭窄化。其根本原因就在于社会制度让人们无法共享经济成果。因此,一个社会要想成为风尚优良、公正和谐的社会,就只有消除产生异化劳动的社会条件,变革制度,保证人们首先能够实现经济共享,如此人们才能够把劳动和交往变成发挥自己激情、发展自己兴趣和情操的基本方式,积极、主动地参与社会交往,从而拓展道德交往关系。

第四,经济共享保有人的获得感,彰显人的尊严。从个人的全面发展的角度来看,人与人之间之所以要经济共享,是因为每个人都具有作为种或类属的同一性。同一性就是人人都具有的共同性。任何事物如果没有同一性,就没有质的相对稳定性,也就不可能被人们所认识,人的意识也就失去了客观源泉和基础。"同一性决定着事物的聚合性,同一性越多,聚合性越强,同一性越少,聚合性则越弱。"② 人的同一性来源于人的两种属性:一是自然属性,即人的生命所表现的自然特性,如在肢体形式、肉体结构、饮食资料等方面是统一的,这是人的自然同一性;二是社会属性,即人的活动所表现的社会特性,如只要是人,那么都会需要劳动、需要社会交往,在这方面是统一的,这是人的社会同一性。人的社会同一性主要表现为"自由自觉的活动"和"社会关系的总和"。人的自然同一性是"人类认同的自然基础,没有这种自然基础,人类认同就成了空中楼阁";社会同一性则是"人类认同的根本原因,同时也是人类认同的过程和途径"③。而人类认同,实质上就是人

---

① [英]亚当·斯密:《道德情操论》,蒋自强等译,商务印书馆1997年版,第106页。
② 易小明:《社会差异研究》,湖南人民出版社1999年版,第29页。
③ 同上书,第29—30页。

类平等共享财富的另外一种表达。正因为在一般本性上人人同一,所以要人人认同;而人人认同,所以要人人共享。

经济上人人享有就能使人具有获得感,彰显尊严。所谓获得感,是指人们获取某种利益后所产生的满足感,这种利益包括可以衡量的物质利益如住房、收入、优质教育和医疗、养老保障等;还包括精神利益如梦想和追求、同等权利和机会等,它使人活得有尊严、显体面。其中物质利益是获得感的基础,精神利益是获得感的体现。就获得感与尊严的关系来看,实实在在的获得感是尊严的前提,尊严是获得感的表征。所谓尊严是"指个人或集体对自身的社会价值和道德价值的自我意识,是在社会生活中个人或集体庄重而威严、独立而不可侵犯的地位和形象"①。在社会生活中,每个人都有平等的尊严,但尊严必需通过获得才能确立起来。虽然获得不一定代表一个人有尊严,但无获得一定会导致他无尊严。人的尊严一定建立在获得特别是物质利益获得的基础之上,现任考克斯圆桌组织全球执行官斯蒂芬·杨说:"没有金钱,没有财产,人们会因此而备感艰辛……无论在哪里,贫困人士都需要更多的财产来恢复自信,他们对寻找虚无缥缈的乌托邦没有兴趣。"②而实实在在的获得感则来自于人人是否实实在在地共享财富、权利和机会。因此,经济共享是获得感和尊严的伦理约束条件。一个社会如果能够让人们都有机会实实在在地享用财富、行使权利,而不是利益被剥削、权利被剥夺,那么这个社会就是财富、权利和机会分配平等的社会,是人们获得感强、活得有尊严的公平正义的社会,是促进个人的全面发展的社会,也是遵循经济共享伦理的社会。

三 社会主义市场经济条件下经济共享的实现方式

当下我国正在建设中国特色社会主义,通过发展社会主义市场经济

---

① 唐凯麟:《尊严:以人为本的新诠释》,《光明日报》2011年1月31日第11版。
② [美]斯蒂芬·杨:《道德资本主义:协调私利与公益》,余彬译,上海三联书店2010年版,第73页。

实现经济共享。社会主义市场经济体制虽然不同于资本主义市场经济，但毕竟是市场经济的一种形式，因而必定带有市场经济的一般特性。市场经济是促进生产力快速发展、劳动生产率迅猛提高，从而能够为经济共享提供"可享之物"的经济发展方式，但它具有两极分化、排斥共享的天然机制，比如，长期以来人们一般把市场经济理解成"那里就是一个丛林""商场如战场""竞争铁律""巨大的资本主义机器""商业游戏"等就是明证。那么，社会主义市场经济条件下实现经济共享到底需要什么样的条件呢？

第一，发展生产力，为经济共享创造可共享的财富。前文已述，经济共享首先是指财富共享，而为了达成这一点，共享就首先必须建立在生产力高度发展的基础之上。只有生产力的高度发展，物质资料和社会财富的极大厚实，人们才具有可共享的东西。否则，谈论共享就是空洞的，没有意义。马克思说："生产力的这种发展（随着这种发展，人们的世界历史性的而不是地域性的存在同时已经是经验的存在了）之所以是绝对必需的实际前提，还因为如果没有这种发展，那就只会有贫穷、极端贫困的普遍化；而在极端贫困的情况下，必须重新开始争取必需品的斗争，全部陈腐污浊的东西又要死灰复燃。"①

生产力不仅仅体现为物，更重要的是还从主体维度体现为生产者的能力。而生产者的能力也是财富。马克思说："发展人类的生产力，也就是发展人类天性的财富这种目的本身。"② 因此，从主体维度来说，达成财富共享也必须大力发展生产力，从而提升人们的共享能力。高度发展的生产力本身即证明人们充分发挥了来自于自然界和社会历史进程中的各种天赋和潜能，验证人们能力不断增强和提高，确证人们个性的丰富和多样化。而人们的天赋、潜能、能力、个性无非是人们需要和享受之本性的体现。生产力的这种发展会不断地促使人们创造新的需要，产生新的需要，改变和提高满足需要的方式，从而提高自身素质，丰富

---

① 《马克思恩格斯文集》（第1卷），人民出版社2009年版，第538页。
② 《马克思恩格斯全集》（第34卷），人民出版社2008年版，第127页。

个性，发展共享能力。

　　生产力高度发展可以为人们创造更多自由时间，从而为人们财富共享提供可能。自由时间是指闲暇及从事较高级活动的时间，它能使个人得到充分发展。大力发展生产力即意味着极大提高劳动生产率，不断减少单个工作日中必要劳动时间的占比，增加整个社会及其每个成员能够自由支配的时间。个人也只有在自由时间中才能共享艺术、科学的发展成果，拓展社会交往，从而丰富社会关系和自由个性，提升共享能力。而在自由时间中获得充分发展的个人又会作为最大的生产力反作用于社会，为人们经济共享创造更广阔的余地①。基于此，马克思认为未来社会"社会生产力的发展将如此迅速，以致尽管生产将以所有的人富裕为目的，所有的人的可以自由支配的时间还是会增加。因为真正的财富就是所有个人的发达的生产力"②。

　　第二，坚持生产资料公有制主体地位。经济共享从本质上体现为人与人的社会关系，特别是经济关系，这是经济共享是否可能的前提性条件。经济关系不过是生产关系的同义语，它包括三个方面，即生产资料所有制形式、人们在生产中的地位和相互关系、生活资料的分配方式。经济共享就属生产关系的第三个方面意义上的范畴。由于生活资料的分配方式受制于生产资料所有制形式，因此经济共享也是由生产资料所有制形式决定的。即是说，生产资料所有制形式是经济共享可能与否的基础性前提：如果生产资料所有制是公有制，那么经济共享就是可能的；如果生产资料所有制是私有制，那么经济共享就是不可能的。正是基于此，马克思、恩格斯认为，消灭私有制，实现生产资料的社会占有，是经济共享的社会基础。

　　生产资料所有制形式是人类经济时代相区别的标志。马克思说："各种经济时代的区别，不在于生产什么，而在于怎样生产，用什么劳

---

　　① 龚天平：《论马克思人的全面发展的涵义及其实现之条件》，《华中理工大学学报》（社会科学版）1997 年第 1 期。

　　② 《马克思恩格斯文集》（第 8 卷），人民出版社 2009 年版，第 200 页。

动资料生产。劳动资料不仅是人类劳动力发展的测量器，而且是劳动借以进行的社会关系的指示器。"① 迄今为止，人类社会曾出现过两种生产资料所有制形式，即私有制和公有制。私有制实行于奴隶社会、封建社会，生产资料分别由奴隶主阶级和地主阶级占有，从而也占有生产活动成果和财富，而占社会大多数的奴隶阶级和农民阶级无任何生产资料，只有为奴隶主和地主劳动以便维持生存，但是奴隶主和地主根本不可能与他们共享生产活动成果和财富。资本主义社会也是生产资料私人占有制，即资本家所有制，资本家通过占有生产资料控制工人，榨取工人剩余价值，工人除了拥有自己的劳动力外一无所有，除了出卖劳动力外别无选择，出卖劳动力后的所得也只能维持自己和家庭的生存。马克思认为资本使工人"丧失一切财物和任何客观的物质存在形式而自由了，自由得一无所有；他们唯一的活路，或是出卖自己的劳动能力，或是行乞、流浪和抢劫"②。生产劳动的大量成果和财富为资本家占有，而资本家根本不可能与工人共享这些成果和财富。

经济共享只有在生产资料公有制下才是可能的。公有制曾经实行于原始社会，而原始社会成员也的确共享劳动成果和财富，但是这种共享是建立在生产力低水平发展基础上的，是一种"孤立的地点"和"狭窄的范围"内的平均主义的共享。社会主义社会实行生产资料公有制，这为经济共享提供了条件。马克思针对资本主义私有制下劳动异化、工人不能享有自己劳动成果从而片面畸形发展指出，要克服这种现象，必须消灭私有制，实行生产资料社会占有，建立社会"联合体"，以实现经济共享。在《德意志意识形态》中，马克思、恩格斯指出：资本主义下形成了全面的生产力和交往形式，但由于私有制的宰制，全面的生产力和交往形式非但没有实现共享，反而剧烈地扩张阶级对立，因而必须消灭生产资料的资本主义私有制，在全面的生产力和交往形式之基础

---

① 《马克思恩格斯文集》（第5卷），人民出版社2009年版，第210页。
② 《马克思恩格斯文集》（第8卷），人民出版社2009年版，第160页。

上实行个人的联合，即共享"个人的自由发展和运动的条件"①，如此才能实现全面发展。他们还指出，在私有制社会中，劳动者获得的劳动成果与人类财富的积累并非正相关关系。劳动者非但没有享有积累起来的财富，反而为它们所奴役、束缚。因此，如果以公有制代替私有制，把财富变为劳动者所享有，那么，"财富不就是在普遍交换中产生的个人的需要、才能、享用、生产力等等的普遍性吗？财富不就是人对自然力——既是通常所谓的'自然'力，又是人本身的自然力——的统治的充分发展吗？财富不就是人的创造天赋的绝对发挥吗？"②

因此，社会主义市场经济条件下，要达成经济共享就必须巩固和发展生产资料公有制，因为社会主义不能容忍剥削，剥削显然也不是共享，而剥削又是市场经济的常态，其根源就在于生产资料掌握在资本家手中。福托鲍洛斯（Takis Fot-opoulos）说："生产资料的私人所有制，不论其是否与市场体系相结合，都意味着控制为特殊利益群体服务，而不是服务于整体利益。"③ 当"把资本变为公共的、属于社会全体成员的财产"④ 即把资本和生产资料从私有变为公有时，剥削的土壤就被铲除，经济共享也就具有了可能性前提。所以，坚持生产资料公有制主体地位，是经济共享的必然要求。如果公有制不占主体，那么人人参与、人人尽力就是不可能的，从而人人享有也是不可能的。当然，由于目前我国仍然处于社会主义初级阶段，在这个阶段发展市场经济，仍然允许非公有制经济和剥削在一定范围和一定程度上存在，但这是为了发展生产力，调动人们建设中国特色社会主义的积极性，也是为了公有制经济更好地参与竞争，不至于市场经济被窒息。同时，只要公有制经济占主体地位，那么非公有制经济和剥削就能被节制而不具有普遍性。

第三，坚持按劳分配主体地位。社会主义市场经济下经济共享的对

---

① 《马克思恩格斯文集》（第1卷），人民出版社2009年版，第573页。
② 《马克思恩格斯文集》（第8卷），人民出版社2009年版，第137页。
③ [希] 塔基斯·福托鲍洛斯：《当代多重危机与包容性民主》，李宏译，山东大学出版社2012年版，第154页。
④ 《马克思恩格斯文集》（第2卷），人民出版社2009年版，第46页。

象显然是劳动者即与劳共享，与劳共享即按劳分配。所谓按劳分配，就是经济活动成果特别是个人消费品应该按照每个人的劳动数量和质量进行分配，多劳多得，少劳少得，不劳不得。这一分配原则虽然被空想社会主义者最先提出，但得到科学论述则是由马克思在《资本论》中进行的。他认为在实行生产资料公有制的"自由人联合体"里，"劳动时间又是计量生产者在共同劳动中个人所占份额的尺度，因而也是计量生产者在共同产品的个人可消费部分中所占份额的尺度"①。他后来又在《哥达纲领批判》中进一步做了专门阐述。意思很明显，按劳分配的前提是生产资料公有制下人们共同劳动即共产，而当分配劳动成果时就应该让这些人按其所投入的劳动时间共享，劳动时间决定每个人共享份额。因此，按劳分配制约经济共享，尤其是它具体地规定着可以共享的人。另一方面，经济共享又要求按劳分配。因为参与共享的人都是参与劳动、付出劳动的人，但每个人投入的劳动在数量和质量上是不同的，因此不能人人分享相同数量的劳动成果，否则就是平均主义。按劳分配恰恰是公平正义原则的体现。因此，经济共享与按劳分配相互一致、相互制约。

社会主义市场经济条件下，要达成经济共享就必须巩固和发展按劳分配的经济分配方式。社会主义不能容忍两极分化，两极分化显然也不是共享，而两极分化又是市场经济的天然机制，其根源就在于生活资料的分配方式被生产资料私有制所决定。正如福托鲍洛斯所言："当生产资料的私人所有制与资源的市场配置相结合时，则不可避免地导致不平等、政治与经济权力的集中、失业、不良发展或'不适当'的发展。"②当实行社会主义的生产资料公有制，把生活资料分配方式从按资分配或资本独占变为按劳分配时，两极分化就被遏制，经济共享就可能变为现实。所以，坚持按劳分配主体地位，也是经济共享的必然要求。如果按

---

① 《马克思恩格斯文集》（第5卷），人民出版社2009年版，第96页。
② ［希］塔基斯·福托鲍洛斯：《当代多重危机与包容性民主》，李宏译，山东大学出版社2012年版，第154页。

劳分配不占主体，那么就不可能发动人人参与、尽力，从而不可能人人享有。当然，目前我国仍然允许其他分配方式存在，那是因为每个人的劳动能力不同，家庭人口不同，导致其收入水平和实际生活水平也不同。同时，多种分配方式的存在也是为了调动其他力量参与社会主义市场经济建设的积极性，激发市场经济活力。只要按劳分配占主体地位，那么其他多种分配方式就不会占主导而只具有补充性意义。

第四，依规公平分享。共享包括共享的方式，即依据什么标准共享的问题。社会主义市场经济下的经济共享的标准显然即是经济活动中的各种规则即依规共享，也就是指市场经济活动中的所有人共同享有各种制度、规则，受规则约束，按规则行事，而不能游离于规则之外。这又要求规则公开，只有公开的规则人们才能清楚、明白，也才能共享；同时要求规则公正，只有公正的规则才是对所有人一视同仁的，而不是区别对待的，所有人都面对的规则也才称得上是共享的。在规则面前，只要有人例外就不是依规共享；但是，如果根据规则操作而出现了差异化的结果，但只要这种结果是来自于规则的，那么这仍然是依规共享的。因此，依规共享只是强调对作为前提的规则的共享，而对因于规则出现的结果没有预制作用。

社会主义市场经济下的经济共享是公平分享，而非平均享有。它与利益平均主义具有质的区别。平均主义是一种经济伦理思想，它主张社会财富在社会成员之间平均分配，提倡利益享有上一人一份、人人相同。历史上曾出现过原始社会平均主义，中国封建社会农民起义提出的"等贵贱""均贫富"的平均主义，法国卢梭提出的代表小资产阶级利益的平均主义，早期空想社会主义者提出的平均主义等。平均主义虽然具有共享的意味，但与公平正义相悖，这有三个方面的原因：一是真正意义上的经济共享必须建立在社会化大生产的基础上，而平均主义与社会化大生产的客观要求是相抵触的，是经济进步和劳动生产率提高的绊脚石；二是真正意义上的经济共享在私有制条件下是无法实现的，企图在私有制条件下实现经济共享是不切实际的空想；三是真正意义上的经济共享既考虑社会每个成员的付出，也考虑每个成员的获得，既考虑社会每个成员享有的权利，也考虑每个成员担负的义务，注重付出与获得对等，权利与义务相称，同时经济共享还充分关注和考量机会、规则、过程等复杂要素，而平均主义并没有考虑每个人的付出，也不考虑制度等复杂条件，从而显得不公平。因此，经济共享在性质上区别于平均主义，而与公平正义取得一致。"共享与公平正义互为依托、相辅相成。没有共享谈不上公平正义，没有公平正义更不可能共享。"①

第五，消灭旧式分工，消除贫困。经济共享还包括经济成果在城乡、工农之间的共享。但是，旧式分工造成了城乡、工农差别。因此，消灭旧式分工是经济共享的必要内涵。分工既是生产力发展的表现，也是生产力发展的结果。马克思、恩格斯说："一个民族的生产力发展的水平，最明显地表现于该民族分工的发展程度。"② 分工与生产力一起推动了大工业时期以前人类历史的发展。但是，当人类历史前进到资本主义社会时，分工又阻碍、束缚了人类历史前进的步伐，特别是造成了劳动者的片面化、畸形化发展。这种分工是自发形成的，是强制性的、固定化的，它使劳动者被划分到社会经济活动的某一特定范围，固定于某种劳动形态，从而片面化、畸形化发展。恩格斯认为这种分工"把一个人变成农民、把另一个人变成鞋匠、把第三个人变成工厂工人、把第四个人变成交易所投机者"③，它"引起工商业劳动同农业劳动的分离，从而也引起城乡的分离和城乡利益的对立"④，而工农分离、城乡分裂和利益对立显然与共享相悖逆。因此，只有通过高度发展生产力、消灭私有制的办法，消灭这种旧式分工，代之以自由自觉的劳动分工，才能消灭城乡差别、工农差别，从而才能实现人们自愿共享工种和福利。

社会主义市场经济条件下的经济共享也意味着消除贫困。贫困的存在显然也不是共享，不能共享就不能共富。市场经济对于贫困的作用是

---

① 任理轩：《坚持共享发展——"五大发展理念"解读之五》，《人民日报》2015年12月24日。
② 《马克思恩格斯文集》（第1卷），人民出版社2009年版，第520页。
③ 同上书，第689页。
④ 同上书，第520页。

二重性的：一方面，市场在某些条件下是克服贫困的重要手段，恩德勒认为市场"可以消除经济上的集权，使贫困者能更好地参与市场，促进生产率和增加收益，以供进行有利于贫困者的再分配"①；另一方面，市场在某些条件下又是加剧贫困的经济体制，"缺乏市场适应能力来维持自身生存保障的人口部分正在日益增多。即使具有市场适应能力，也会受到市场的排挤，只能在市场上处于弱势地位，或者因为市场的失灵而难以确保自身的生存"②。从这一意义上看，企图通过市场经济自发消除贫困是一种天真的幻想。但是，贫困不是社会主义，社会主义要消灭贫困。"反贫困的伦理学基础只有一个，那就是必须借助合适的措施从多方面来反贫困。"③ 反贫困的措施包括实施就业政策、教育政策、社会政策等，而这些政策显然不能靠市场，只能由政府制定并实施。根据国家统计局数据，党的十八大以来，我国政府采取强而有力的扶贫措施，2013年减少贫困人口1650万人，2014年减少1232万人，2015年减少1442万人，在消除贫困上成绩斐然。但同样不容忽视的是，现行标准下我国目前还有7000万贫困人口，要想在"十三五"期间消除贫困，任务还很艰巨。贫困人口同样是生活在社会主义制度阳光下的中华民族同胞，我们不能对他们抱以冷漠、视而不见。因此，为了实现经济共享，我国政府就必须担负起消除贫困包括城市中的贫困和乡村贫困的责任。

第六，扶持弱势群体，加强社会保障制度建设。社会主义市场经济下的经济共享具有普惠性、均等化、可持续等特性，这些特性保证享有者对财富、权利、机会、规则、资源、信息等的享有是"共"而非"独"。因此，共享并非只关注贫困，还包括关注其他社会大众特别是弱势群体，针对他们的有效措施就是扶持弱势群体，加强社会保障制度建设。市场一方面提供了社会保障所需要的物质产品和服务，使社会保

---

① ［德］乔治·恩德勒等主编：《经济伦理学大辞典》，王淼洋、李兆雄、陈泽环译，上海人民出版社2001年版，第45—46页。
② 同上书，第45页。
③ 同上书，第46页。

障得以可能，但另一方面，市场运作机制又难免会造成一些弱势群体。目前我国的弱势群体主要是"1800万左右的低保人口、1.3亿多65岁以上的老年人、2亿多在城镇务工的农民工、上千万在特大城市就业的大学毕业生、900多万失业人员等特定人群"①，社会绝不能忽略这些弱势群体，有责任特别关注、扶持他们，使其生存发展的基本需求得到满足，保证他们实实在在地共享改革发展成果。社会主义之所以是社会主义就在于包括弱势群体在内的社会大众共享社会财富、权利和机会，获得感和幸福感强，对社会有强烈的归属感，而这就要求政府作出有效的制度安排，增加基本公共服务供给，强化以权利公平、机会公平、规则公平为核心内容的社会保障制度建设，建构公平的可持续的社会环境，确保人人参与、人人尽力、人人享有。只有如此，才能真正体现"发展为了人民、发展依靠人民、发展成果由人民共享"这一中国特色社会主义的基本宗旨。

---

① 张兴茂、李保民：《论经济社会的五大发展理念——研读中共十八届五中全会文件体会》，《马克思主义研究》2015年第12期。

参考文献

一　中文

《马克思恩格斯文集》（第一至十卷），人民出版社2009年版。

《列宁专题文集》（第一至五卷），人民出版社2009年版。

崔宜明、强以华、任重道：《中国现代经济伦理建设研究》，上海书店出版社2013年版。

樊浩等：《中国伦理道德报告》，中国社会科学出版社2012年版。

甘绍平：《伦理学的当代建构》，中国发展出版社2015年版。

高兆明：《道德文化——从传统到现代》，人民出版社2015年版。

韩东屏：《人本伦理学》，华中科技大学出版社2012年版。

何建华：《发展正义论》，上海三联书店2012年版。

黄云明：《马克思劳动伦理思想的哲学研究》，人民出版社2015年版。

江畅：《论当代中国价值观》，科学出版社2016年版。

厉以宁：《超越市场与超越政府——论道德力量在经济中的作用》（修订本），经济科学出版社2010年版。

刘可风主编：《企业伦理学》，武汉理工大学出版社2011年版。

陆晓禾：《经济伦理学研究》，上海社会科学院出版社2010年版。

罗能生：《产权的伦理维度》，人民出版社2004年版。

毛勒堂：《经济生活世界的意义追问》，人民出版社2011年版。

乔法容：《宏观层面经济伦理研究》，人民出版社2013年版。

乔洪武：《西方经济伦理思想研究》，商务印书馆2016年版。

任丑：《伦理学体系》，科学出版社2016年版。

汤剑波：《重建经济学的伦理之维：阿马蒂亚·森经济伦理思想研究》，浙江大学出版社 2013 年版。

唐凯麟、陈科华：《中国古代经济伦理思想史》，人民出版社 2004 年版。

唐凯麟：《伦理学》，高等教育出版社 2001 年版。

万俊人：《道德之维：现代经济伦理导论》，广东人民出版社 2011 年版。

汪丁丁：《新政治经济学讲义——在中国思索正义、效率与公共选择》，上海人民出版社 2013 年版。

汪荣有、程世平：《经济道德论》，江西人民出版社 2016 年版。

王玲玲、冯皓：《发展伦理探究》，人民出版社 2010 年版。

王露璐、汪洁：《经济伦理学》，人民出版社 2014 年版。

王淑芹、曹义孙：《德性与制度：迈向诚信社会》，人民出版社 2016 年版。

王小锡：《经济伦理学》，人民出版社 2015 年版。

韦森：《经济学与伦理学——市场经济的伦理维度与道德基础》，商务印书馆 2015 年版。

吴瑾菁：《古典经济学派经济伦理思想研究》，中国社会科学出版社 2015 年版。

向玉乔：《分配正义》，中国社会科学出版社 2016 年版。

姚开建主编：《经济学说史》，中国人民大学出版社 2011 年版。

叶航等：《超越经济人：人类的亲社会行为与社会偏好》，高等教育出版社 2013 年版。

余达淮等：《中国经济伦理学发展研究》，合肥工业大学出版社 2015 年版。

张鸿翼：《儒家经济伦理及其时代命运》，北京大学出版社 2010 年版。

张华夏：《道德哲学与经济系统分析》，人民出版社 2010 年版。

张维迎：《经济学原理》，西北大学出版社 2016 年版。

张卓元主编：《政治经济学大辞典》，经济科学出版社 1998 年版。

周中之、高惠珠：《经济伦理学》，华东师范大学出版社 2016 年版。

朱金瑞：《当代中国企业伦理模式研究》，北京师范大学出版集团、安徽大学出版社 2011 年版。

朱贻庭主编：《伦理学大辞典》，上海辞书出版社 2002 年版。

［丹麦］尼古拉·彼得森、［瑞典］亚当·阿维森：《道德经济——后危机时代的价值重塑》，刘宝成译，中信出版社 2014 年版。

［德］彼得·科斯洛夫斯基：《伦理经济学原理》，孙瑜译，中国社会科学出版社 1997 年版。

［德］黑格尔：《法哲学原理》，范扬、张企泰译，商务印书馆 1961 年版。

［德］康德：《道德形而上学原理》，苗力田译，上海人民出版社 2002 年版。

［德］康德：《实践理性批判》，韩水法译，商务印书馆 1999 年版。

［德］柯武刚、史漫飞：《制度经济学——社会秩序与公共政策》，韩朝华译，商务印书馆 2000 年版。

［德］马克斯·韦伯：《世界宗教的经济伦理·儒教与道教》，王容芬译，中央编译出版社 2012 年版。

［德］马克斯·韦伯：《新教伦理与资本主义精神》，于晓、陈维刚译，生活·读书·新知三联书店 1987 年版。

［德］乔治·恩德勒：《面向行动的经济伦理学》，高国希、吴新文等译，上海社会科学院出版社 2002 年版。

［德］乔治·恩德勒主编：《经济伦理学大辞典》，李兆雄、陈泽环译，上海人民出版社 2001 年版。

［古希腊］柏拉图：《理想国》，郭斌和、张竹明译，商务印书馆 1986 年版。

［古希腊］亚里士多德：《尼各马可伦理学》，廖申白译，商务印书馆 2011 年版。

［古希腊］亚里士多德：《政治学》，吴寿彭译，商务印书馆 1965 年版。

［美］阿瑟·奥肯：《平等与效率——重大的抉择》，陈涛译，中国社会

科学出版社 2013 年版。

［美］巴里·克拉克：《政治经济学——比较的视点》，王询译，经济科学出版社 2000 年版。

［美］保罗·萨缪尔森、威廉·诺德豪斯：《经济学》（第十九版），萧琛等译，商务印书馆 2012 年版。

［美］弗朗西斯·福山：《信任：社会美德与创造经济繁荣》，郭华译，广西师范大学出版社 2016 年版。

［美］罗伯特·诺奇克：《无政府、国家和乌托邦》，姚大志译，中国社会科学出版社 2008 年版。

［美］诺曼·E. 鲍伊：《经济伦理学：康德的观点》，夏镇平译，上海译文出版社 2006 年版。

［美］约翰·罗尔斯：《正义论》，何怀宏等译，中国社会科学出版社 2009 年版。

［美］约翰·罗尔斯：《作为公平的正义——正义新论》，姚大志译，中国社会科学出版社 2011 年版。

［瑞典］克里斯托弗·司徒博：《环境与发展——一种社会伦理学的考量》，邓安庆译，人民出版社 2008 年版。

［印］阿玛蒂亚·森：《伦理学与经济学》，王宇、王文玉译，商务印书馆 2014 年版。

［印］阿玛蒂亚·森：《以自由看待发展》，任赜、于真译，中国人民大学出版社 2013 年版。

［英］F. A. 哈耶克：《自由秩序原理》（上、下），邓正来译，生活·读书·新知三联书店 1997 年版。

［英］亨利·西季威克：《伦理学方法》，廖申白译，中国社会科学出版社 1993 年版。

［英］杰里米·边沁：《道德与立法原理绪论》，时殷弘译，商务印书馆 2000 年版。

［英］穆勒：《功利主义》，徐大建译，商务印书馆 2014 年版。

［英］休谟：《人性论》（上、下），关文运译，商务印书馆 1980 年版。

［英］亚当·斯密：《道德情操论》，蒋自强译，商务印书馆1997年版。

［英］亚当·斯密：《国富论》（上、下卷），郭大力、王亚南译，商务印书馆1972、1974年版。

［英］约翰·米德克罗夫特：《市场的伦理》，王首贞、王巧贞译，复旦大学出版社2012年版。

二 外文

Amitava Krishna Dutt and Charles K. Wilber, *Economics and Ethics: An Introduction*, New York: Palgrave Macmillan, 2010.

B. L. Toffler, *Managers Talk Ethics: Making Tough Choices in as Competitive Business World*, New York: Wiley, 1991.

C. J. Wilber, *Economics, Ethics, and Public Policy*, Rowman & Littlefield Publishers, 1998.

David A. Crocker & Toby Linden, *Ethics of Consumption*, Lanham: Rowman & Littlefield Publishers, Inc, 1998.

D. M. Hausmand & M. S. Mcpherson, *Economic Analysis and Moral Philosophy*, Combridge: Combridge University Press, 1998.

Elizabeth Anderson, *Value in Ethics and Economics*, Mass, Combridge: Harvard University Press, 1993.

Flynn & Gillian, "Make Employee Ethics Your Business", *Personnel Journal*, Volume 74, 1995.

K. W. Rothschild, *Ethics and Economic Theory: Ideas-Models-Dilemmas*, Edward Elgar, 1993.

Robin Hahnel, *Economic Justice and Democracy: from Competition to Cooperation*, London: Routledge Press, 2005.

Samuel Bowles, *The Moral Economy*, New Haven and London: Yale University Press, 2016.

后　　记

本书是我主持的 2012 年度国家社会科学基金项目"中国企业经济伦理实现机制研究"（项目编号：12BZX079）的最终成果。从 2009 年起，我把研究兴趣从企业伦理转向经济伦理研究，尤其是集中精力探讨经济伦理价值原则和经济伦理实现机制问题，并陆续发表了一系列论文。2012 年我把各种材料进行整理，以"中国企业经济伦理实现机制研究"为题，申报了当年国家社科基金年度项目，并顺利通过通讯评审，经过国家社科基金项目评审专家的评议，课题顺利获得立项，经过几年的研究，于 2017 年被国家社科规划办批准结项。本最终成果每一章都以论文的形式在各类学术刊物上刊发过。当然，我在把相关论文纳入本书时对每章都按课题结项成果的匿名通讯评审专家的意见和建议做过认真修改。

在本书付梓之际，我要感谢这些年来在我研究经济伦理的过程中给予我指教和帮助的师友。

感谢建议立项的匿名评审专家、国家社科规划办负责同志、最终成果的匿名评审专家！

感谢一直以来全力支持我的刘可风教授、王雨辰教授、陈食霖教授、哲学院特别是伦理学学科的所有同仁！

感谢《哲学动态》《光明日报》《伦理学研究》《北京大学学报》《中国人民大学学报》《武汉大学学报》《华中科技大学学报》《东南大学学报》等报刊的编辑同志！

感谢一直以来关注并大力支持我的南京师范大学王小锡教授、上海市社会科学院哲学研究所陆晓禾研究员、河北大学马克思主义学院黄云明教授！

感谢本书写作中引用、参考过的文献的作者！

感谢本书的责任编辑杨晓芳老师！

需要指出的是，我在研究过程中力图讲清楚我所理解的经济伦理价值原则及经济伦理实现机制的建构方法，但是，由于本人学识能力、视野、资料、时间及篇幅的限制，书中肯定存在这样或那样的不足，甚至错讹之处，尤其是没有很好地运用案例分析等实证研究方法，因而本书仍显空洞，在此我诚恳地请求时贤多多批评指正，也恳请大家多多见谅，但愿以后有机会再版时能够弥补这些缺陷。

本书的出版受到中南财经政法大学哲学院重点学科建设经费的资助，在此一并致谢。

龚天平　谨识
2019 年 11 月 30 日